天下文化
BELIEVE IN READING

供應鏈戰爭

砂、鹽、鐵、銅、鋰、石油的戰略價值

Material World

A Substantial Story of Our Past and Future

by Ed Conway

埃德．康威——著
譚天——譯

獻給愛麗莎

目錄

前言

我站在懸崖邊上，俯瞰一個我這輩子僅見過最深的坑。坑底站著一群頭戴安全帽的人——至少我聽說是這樣的，因為洞太深，用肉眼根本看不清底下真況。這群人身邊地上擺著幾百磅高爆炸藥。他們告訴我，這些炸藥足以炸平一條市街。

我的面前是一個有兩顆鈕的金屬板，身旁則站著一名手持對講機的男子。控制室傳來倒數計時聲。我奉命要在倒數到「零」的時候，將兩顆鈕同時按下。引爆器的火線不到半秒就能到達坑底，在我們眼前蒸發足以填滿一座足球場的內華達州砂土。

那名手持對講機的男子說，「你會先感受到震波。隨即見到塵土飛起，然後聽到爆炸。這是先後秩序。怪吧？」

我不辭千里來到內華達沙漠，為的可不是來引爆炸彈；我來這裡是因為一張電腦試算表。幾個月前，在研究英國貿易數據時，我發現一件怪事：黃金流量的數字出現扭曲，從而改變了我們對英國經濟景觀的評估。我發現，黃金短暫取代了汽車與製藥，成為英國最大宗出口。由於英國沒有金礦工業，這件事令人不解。一個沒有大量黃金儲備的國家，怎能成為黃金生產大國？我絞盡腦汁，猜想出現這種狀況的部分原因，或許在於全球大量實體黃金經由倫敦，分送到其他地方。為解開這個謎團，我決定走訪金礦礦場，拍攝黃金從採礦到進入煉金廠、到以金塊形式送往全球各地的全過程。但就在我們展開這場攝製之旅時，我恍然醒悟：這整件事背後其實有一個更動人的故事，一個以人類與自然界關係為主軸的故事。

我的製作人花了好幾個月，總算說服巴里克黃金公司（Barrick Gold Corporation）敞開了門，我們又花了幾天時間才從倫敦飛到柯提茲（Cortez）礦場。柯提茲礦場不是那種你想去就去的地方。以我們的例子來說，我們轉了兩班飛機，然後開四小時車，往西穿越猶他州鹽灘，之後再搭巴里克礦區工作人員的車走了兩小時。前往礦場有一條公路，除了偶爾駛過的重型卡車，公路上幾無人跡。公路之後是一條漫漫沙土路，再之後是一條泥土路，蜿蜒進入一處冗長、乾燥、沒有人煙的山谷。這是牛仔之鄉。礦場本身坐落在提那波山（Mount Tenabo）山坡上。提那波山是「西肖肖尼」（Western Shoshone）部落土著的聖山。採礦過程相對簡單，除了規模巨大以外，與十九世紀金礦業者採礦技術並無多大差異：首先從土中炸出礦石，然後將礦石搗碎、磨成細粉，最後與氰化溶劑攪拌。氰化溶劑能幫著將金本身分離出來。

這是二十一世紀資源開採實境秀：先將大量礦石打成礦粒，再用化學手段處理礦粒。整個過程既令人敬畏，也讓人惶恐。化學處理過程中使用的氰與汞，有溢出、侵入周遭生態的風險。儘管巴里克這類業者堅持他們完全遵照美國環保署（Environmental Protection Agency, EPA）訂定的一切法規，但無論如何，環保團體仍然提出警告說汙染物能溢出礦區。事實上，幾年前，環保署確曾向巴里克與附近另一家業者開罰六十一萬八千美元，理由是他們沒有依法申報就釋出氰、鉛與汞等有毒化學物。不過，在觀察各階段煉金過程中，最讓我震驚的是，只為取得小小一撮閃閃發光的東西，我們竟會不惜耗費那麼大的工夫。

首先談開採規模之大，就讓人不寒而慄。在俯瞰那個深坑時，我只能隱約分辨在坑底作業的幾輛卡車的身影，直到這些卡車開上來以後，我才發現它們每輛都比三層樓房屋還大；單是它們的輪胎就有雙層巴士大小。你得鏟下多少土才能造一塊金條？我問陪在我身邊的巴里克工作人員。他們不知道，但他們知道這些卡車單在一個工作天，就能移除重量相當於一座帝國大廈（Empire State Building）的岩石。之後我自己做了一番計算：想生產一塊標準金條（四百金衡盎司），得挖約五千噸的土。這與十架世上最大客機空中巴士A380「超級巨無霸」的滿載重量相當——而如此大興土木，為的只是造一塊金條。

或許你已經知道今天的黃金是怎麼開採的——黃金並非成塊狀出土，大自然也沒有為我們造就藏金豐富的金脈。或許你已經知道，黃金其實是一種化學反應的產品，這種化學反應牽涉到人類已知毒性最烈的溶劑。或許你已經知道，開採金礦的作法不是從地表借利，而是將整座山完全炸毀。或許我很無知，但我怎麼也想不通。

看著深坑底下那些樓房般的卡車，以及在爆炸現場周遭像螞蟻一樣穿梭進出的礦工，我開始覺得有些反胃。不單只為了眼前這一幕幕景象，也為了我戴在手指上的那個東西。

我新婚不過幾個月。新娘與我站在家人親友面前交換金戒指，作為我們愛的表徵。身邊對講機繼續傳來倒數計時聲，我撫弄著那只金戒想著，它可能也是我正在見證的相同技術下的產物。為什麼我事先沒有檢查一下它是從哪裡來的？在給妻子買訂婚戒時，我執意弄清婚戒上的是不是血鑽石（conflict diamonds），既然如此，為什麼我不查一下，人類與土地為了生產黃金而犧牲了什麼？後來我才知道，在過去，使用更傳統的開採手段，想取得製作一只典型婚戒所需黃金，需要開採約〇．三噸礦石，但今天需要四到二十噸礦石才行。站在這裡，望著眼前的引爆器，我覺得自己彷彿剛用完一頓豐厚的香腸、雞蛋早餐，就被帶到屠宰場參觀一樣。

再談這座山的本身。我盯著看的這個深坑不只是靠近提那波山而已。它就是提那波山。這座礦根本就在這座山的肩上。望向深坑另一邊，提那波山山腹內，層層疊疊、各種顏色的岩層盡展眼前。我不相信西肖肖尼部落土著崇拜的水神，但即便如此，眼見山丘遭到剝皮，內臟暴露的慘狀，仍難免感到這種作法野蠻、殘暴。

倒數計時繼續，我轉過頭，幾近祈求地望著我的製作人。「妳來引爆好嗎？」

她狐疑地看著我，隨即走到我的位置。我面有慚色地後退，看著。

倒數計時數到「零」了。「一彈點火，柯提茲山」，我身旁那名男子對著對講機說，一邊指著那兩個按鈕。她將兩個按鈕同時按下。一切暫時靜止了——大約有一秒鐘。一股壓力向我們襲來——它不很厲害，比較像是一陣風。然後地表開始搖動，我望向幾百呎下方的坑底，發現那裡的土已經成為液體。爆炸撕裂了礦的基部，把塵土拋向空中。之後我們聽見隆隆鳴響，它引起山谷合鳴，似乎足足經過幾分鐘才停歇。

經濟學家約翰·梅納德·凱恩斯（John Maynard Keynes）曾說，黃金是一種「野蠻的遺跡」。凱恩斯的觀點是，掛在脖子上或藏在石棺裡的金飾或許很美，但它們其實沒多大效用。

黃金顯然有它的價值——不然我們怎會為了取得幾塊金條，把幾座山給炸了？但略停片刻，稍想一想，黃金到底能做些什麼。它在電子與化學上扮演一種重要、但多少有些邊緣性的角色，不過近年來這類需求的占比已經不到十分之一。今天的黃金主要用於珠寶、裝飾，而且是擔心經濟災難將至的人的避險資產。我在內華達親歷的這次開採過程所產出的黃金，有部分可能某天會戴在一個人的手指上，也可能化身金條，藏入銀行金庫，重新回到地下。如果有一天突然沒了黃金，對珠寶商與神經質的投資人而言，這或許大逆不道，但世界應該不至於就此停擺，文明也不會因此戛然而止。[1]

就這樣，在從內華達回來以後，我不斷探討幾個問題。如果只為了取得我們沒了它也能安然無恙的金屬，就得勞師動眾、花費這麼大的工夫，若是為了取得我們真正需要的物質，得花多少力氣才成？既然談到這個問題，究竟有哪些物質是我們非有不可，沒了它們，我們便無法生存？一旦缺了哪些物理成分，我們的文明真的會停擺？這些成分又從何而來？

直覺告訴我，鋼鐵必然是其中一項。大多數建築物與汽車都是用鐵、碳，與幾樣其他關鍵成分結合而成——至於我們用來製造其他各式各樣東西的機器，就更不必說了。沒有混凝土也造不出現代建築。銅當然必不可少，因為我們依賴的電氣網路以銅為基礎。既然我們需要使用的能源仍然少不了化石燃料，我想化石燃料也夠格，算得上必要物質——不過或許我們還應該考慮鋰，鋰是我們日後生活所需各種電池的核心元件。但如何量化我們對這些物質的依賴？想取得它們，一定得透過我在柯提茲金礦見證的那種大毀滅嗎？

我的絕大部分專業生涯投入在經濟學領域，但面對這類問題，經濟學似乎提不出明確的答覆。根據標準解釋，一樣物品的價值，取決於人們為了取得它而願意付出多少。如果一樣物品供應短缺，人們會減少需求，找一個適當代用品（如果有代用品），繼續過日子。問題解決。就這麼簡單。

但在現實生活中，事情沒這麼容易，因為這些東西對我們太重要了。大家都說，我們活在一個愈來愈去物質化的世界：應用程式、網路、線上服務這類無形事物愈來愈值價——但除此而外，物理世界仍是其他一切的基礎。你若只是觀察我們的資產負債表，這事情並不特別明顯——以美國為例，每生產五美元，其中就有四美元可以回溯到服務業，而且來自能源、礦務與製造業的比例不斷縮水。但從社交網路到零售業、金融業，幾乎一切的一切，都完全仰仗促成它們的實體基礎架構，以及為它們提供動能的能源。沒有混凝土、銅與光纖，就沒有數據中心，沒有電，沒有網際網路。我敢說，推特（X）或 Instagram 突然消失不會帶來世界末日；但如果我們突然沒了鋼鐵或天然氣，事情就嚴重了。

我們憑直覺就能知道這一切。而且這類原則在戰亂、物資短缺或金融崩潰期間不證自明。但從國內生產毛額（GDP）這類極其重要的統計指標看來，無論花在臉書（Facebook）或花在食物上，一塊錢就是一塊錢。這種觀點當然有它的邏輯，而且言之成理，但它不能真正答覆我的問題。我們能把一些東西的價格弄得清清楚楚，但價格不等於重要性。

我想找出這些問題的答案，寫這本書的心路歷程也就此展開——我關注的，主要不是物質的市場價值，而是我們對它們的依賴。但隨著時間一天天過去，我跨出久已慣習的傳統經濟領域，這趟探索之旅也成了一次「驚異奇航」。因為對這些平庸、單調，而且沒錯，往往還很便宜——的物質了解得愈多，它們對我的誘惑力也愈大。

以砂粒這樣簡單的物質為例。地表上最平淡無奇的元素除了「氧」以外，首推矽粒的主成分「矽」。但一旦你彎下腰來檢查地上的砂，很快就會發現自己進到一個複雜的世界。有些砂粗糙，稜角分明，是建築構工的上選材料。海砂躺在海床上，直到有一天撈上來，成為新的陸地。沙漠砂礫久經風蝕，放在顯微鏡下檢視，你會發現它們的邊緣歷經千萬年腐蝕早已光滑如洗，像一堆圓珠一樣。有些古熱帶海洋殘留的砂由於光滑純淨，還是世界各地交易的商品。

將砂礫、小石子與水泥攪拌，加一些水，就成了混凝土，這是打造現代城市最最基本的材料；把砂礫、碎石與瀝青攪拌可以製造柏油，大多數不使用混凝土的道路，都用柏油鋪設。若是沒有矽，我們無法製作支援現代世界的電腦晶片。用高溫將砂礫融化，加上正確的添加劑，可以製成玻璃。事實證明，單純的玻璃是材料科學中最大的謎團之一；它既非液體，也非固體，直到今天，它的原子結構我們還不能完全了解。你架在擋風牆上的玻璃只是個開端。將它編織成縷，摻入樹脂，玻璃就成了玻璃纖維，可以用來製作風力渦輪機的扇葉。將它精製成細絲，可以製成編織網際網路的光纖。混入一些鋰，它可以製造有韌性的強化玻璃；加入硼，產品叫做「硼矽酸玻璃」（borosilicate glass）。

你多半見過這種硼矽酸玻璃——因為你很可能用過康寧（Corning）出廠的「派熱克斯」（Pyrex）耐熱玻璃。硼矽酸玻璃結實、清澈，堅固耐用，可以抵擋本生燈的高溫，還能承受外太空的刺骨酷寒，是現代文明的無名英雄。一般玻璃在與強效化學物質接觸時會釋出微粒、滲入溶液，但硼矽酸玻璃不會起化學作用，它也因此成為製造試管、實驗室燒杯與藥水瓶的絕佳材質。史上幾乎每一種藥劑或疫苗——包括新冠肺炎（COVID-19）疫苗——都有一個共同點：它們在研發、儲藏與運輸過程中都使用硼矽酸玻璃容器。

不過除非供應短缺，我們通常不很注意這類物品。硼矽酸玻璃絕對屬於這樣案例：新冠疫情爆發後，由於當局擔心疫苗無法順利分送的主要障礙或許不是疫苗本身，而是裝運它們的容器，硼矽酸玻璃一夕爆紅，成為市場新寵。為阻擋這波大疫，成千上萬人力投入，築起一條從礦場到煉製廠、工廠的複雜供應鏈。康寧還推出一種不用硼，而用鋁、鈣與鎂製成的全新類型玻璃，以滿足藥瓶的需求。

其他產業的運氣就差多了。隨著疫情爆發、擴散，口罩、棉花棒與診斷試劑缺貨，水泥與鋼材、木材與衛生紙、工業用氣與化學物質、肉類、芥末、蛋類與奶品也供不應求。一般稱為半導體的矽晶片尤其缺貨到不行，迫使全球各地汽車製造業者放下工具，關閉廠房；電腦與智慧手機製造業者無法按單交貨；新一代遊戲機在推出一年後仍然一機難求。直到差不多兩年後，缺貨現象才逐漸步入尾聲。

有意思的是，這些供應鏈危機似乎每一場都讓全球各地政府與決策人完全措手不及。他們怎麼也沒想到，汽車製造業大量需求的半導體竟會缺貨，迫使新車難產，二手車價格飆漲。

二〇二一年底，英國政府也因突然出現的二氧化碳荒而手忙腳亂。他們這才發現，少了二氧化碳，食品業者不僅無法讓氣泡飲料冒泡，無法保存、儲藏食物，還無法在將豬、雞送往屠宰以前先將牠們迷昏。導致這場危機的源頭是位於柴郡（Cheshire）與提賽德（Teesside）

的兩座肥料廠突然關閉。經調查發現，英國的二氧化碳補給，主要來自這兩座以阿摩尼亞（氨）為主產品的工廠。由於天然氣價格高漲，而阿摩尼亞得從天然氣中提取（見以下各章），A的價格震盪於是造成看似不相關的B突然短缺。

但這一切難道非得如此慌亂不可嗎？為了回答這個問題，不妨考慮一下美國經濟學家李奧納·黎德（Leonard Read）一九五八年寫的一篇著名論文。這篇以《我是一枝鉛筆》（*I, Pencil*）為題的論文，在一開始這麼寫道：「我是一枝鉛筆，就是所有會讀書寫字的男孩、女孩與成年人都經常使用的那種木質鉛筆。」黎德——或許應該說，這枝鉛筆——繼續寫道，「但這世界上竟找不出一個知道怎麼製做我的人」。[2]

鉛筆使用的木料來自長在美國西部的雪松，用高爐煉製的鋼鋸將之鋸下後，送往廠房製做。它們先得磨成板條、烘乾染色，再烘乾。經過這些處理的板條要開槽、黏合。鉛筆筆芯使用的鉛，是由斯里蘭卡的石墨煉成後、混入密西西比產的黏土，再加上動物脂肪與硫酸製做的化學成分。鉛筆的木與鉛，得塗上一層用蓖麻種子提煉的蓖麻油製作的漆，得用人工樹脂加上標籤，包在鉛筆頂端的那圈黃銅，則加工自地球彼端礦場的銅與鋅。筆頭橡皮擦來自印尼生產的菜籽油，經過氯化硫到硫化鎘等無數化學物質處理製成。

這一切工序為的就是生產一枝簡簡單單的鉛筆。黎德的這枝鉛筆繼續寫道，但從生產每一個成分的製造業者，到運送各式各樣零組件的運輸業者，再到為製造過程提供電力的電廠工作人員，「總有好幾百萬人參與我的製作，卻沒有人能對其他幾個人的製作也有所了解。」

這篇文章帶出幾個直截了當的教訓：第一是我們對日常用品的製造過程幾近無知，第二是它們的生產過程過於複雜，沒有人能憑藉一己之力，完成或指導這無數工序。基於明顯的理由，冷戰高峰期間完成的《我是一枝鉛筆》一文特別強調這第二個教訓。自由市場經濟學家米爾頓．傅利曼（Milton Friedman）也支持這篇論文，認為蘇聯透過中央企劃委員會經營經濟的作法錯了。

但有關二十一世紀供應鏈斷鏈問題的思考，使我猛然醒悟到，我們或許也應該記住這第一個教訓。如果能多花一點時間，想想賴以生活的這些東西究竟是怎麼造的，一旦缺了它們，我們才不會如此慌亂。拜黎德這篇文章之賜，數以百萬計的經濟學學生現在摸清了鉛筆的供應鏈，但智慧手機、疫苗，或電池的供應鏈呢？二氧化碳或硼矽酸玻璃的供應鏈呢？

原料之外，將原料轉為精密產品然後交到我們手中的這些人員與專業技能築成的網絡，是本書的另一顆亮點。在以下篇章中，你會發現由基本上互不相識的人組成的網路，可以合作無間，將一些看來不起眼、生氣全無的東西化為神奇妙器。談到神奇，我發現最神奇的莫過於生產矽晶片的供應鏈。

早在晶片荒發生很久以前，我曾經下過一番工夫，了解一粒砂從採石場到晶圓代工裝配廠、成為智慧手機一部分的全過程。我很快發現，就像黎德的鉛筆，甚至是在供應鏈本身工作的人，也沒有一個人能將供應鏈每一階段的過程向我完全解說明白，就連最簡單的過程也不例外。在晶圓代工廠工作的人對「微影製程」（photolithography，一譯「光刻」）與化學磨損知之甚詳，但不知道他們手邊這些超純矽晶圓究竟是怎麼製成的。在採石場挖掘石英岩（原來晶圓生命的初階段，不是砂粒，而是拳頭般大小的石塊）的人，也對這些岩石的最終命運一無所知。

但最讓人震驚的，是這項供應鏈的漫長與精采。從藏身的採石場內被炸出來，到最後成為智慧手機的一部分，一粒矽砂得在我們這個世界穿梭無數次。它必須加熱到一千攝氏度，然後冷卻，而且這個過程得重複不是一次或兩次，而是三次。它要從一個不定形的東西化身為一種宇宙最精純的結晶結構。它要經過一種你看不見、暴露在大氣中也無法存活的雷射光反覆照射。將矽轉化為小小矽晶片的這個過程，是我所追蹤過最令人嘆為觀止的旅程。

但這只是開端而已。之後幾個月，我走訪更多採石場。我來到歐洲最深礦穴，下到它炙熱的深處。我眼見鹽從哪裡來，如何轉換成我們賴以生存的化學物質。我看著紅色岩石熔為金屬液，再捶打成鋼。我往訪稀奇古怪、提取鋰的綠色池子，還跟著提出來的鋰走，看著它幾經黏貼、翻滾，塞進電動車使用的電池。我不斷探索著，愈來愈發現自己這大半輩子根本生活在另一世界：一個虛無飄渺的超凡世界。

或許這也是你生活的世界：它是個相當可愛的地方，是個理想世界。我們在這個飄渺的世界出售服務、管理與行政；我們打造程式與網站；我們把錢從一處匯到另一處；我們主要買賣點子與建議，也做理髮、外送這類交易。就算地球另一端有幾座山不見了，對這個飄渺世界而言似乎也不痛不癢。

在飛往內華達，攝製那支炸山影片時，我原本只是想攝製一種視覺隱喻，將實體化為一種超凡：我想製作一個讓人更了解貿易流通這類想法的新聞報導。但站在那座深坑邊緣時，我猛然醒悟，發現自己的省思竟然如此膚淺。就在那一剎間，我察覺自己正從一個世界的邊緣凝望著另一個世界：原料世界。

我們的日常生活得靠原料世界支撐。少了原料世界，你那設計精美的智慧手機打不開，你嶄新的電動車沒有電池。原料世界不能為你提供美輪美奐的住所，但能保證你的房子不會垮。就算你沒當回事，它能保你溫暖、乾淨，吃得好、睡得飽。

走進原料世界，你會發現一些你可能從沒聽過、卻極端重要的公司，例如寧德時代（CATL）、瓦克（Wacker）、智利銅業（Codelco）、沙鋼集團（Shagang）、台積電（TSMC）與艾司摩爾（ASML）等等。這些公司名對你或許沒有意義，但與那些家喻戶曉的品牌——那些沃爾瑪們（Walmarts）、蘋果們（Apples）、特斯拉們（Teslas）與谷歌們（Googles）——相形之下，它們的重要性不僅不會稍遜，或許還猶有過之。這些全球著名的品牌，全得仰仗來自原料世界這些名不見經傳的公司協助，才能製造它們的產品，才能實現它們聰明的點子——這是現代經濟守得最好的祕密。點子在這裡「原料化」，成為具體現實。

為什麼今天這些大品牌這麼樂意仰仗其他公司替它們幹這些實際活？坦白說，部分原因是，在原料世界幹活，你得開挖、提煉，把原料變成實體產品。這類工作不僅艱難、危險，而且骯髒。我們在下文就要見證，在二十一世紀，為了取得這些原料，你得不辭千辛萬苦，就算必須挖一個像峽谷一樣深的洞，或必須掃遍海底，尋找比陸地上所能找到的濃度更高的金屬，也在所不惜。

這就得談到主宰超凡世界的一個或許堪稱最危險的迷思：我們人類正逐漸擺脫實體原料。有些經濟學者以美國與英國境內數據為例指出，我們為賺取每一美元或英鎊而耗費的資源愈來愈少。在大部分人類史上，我們的經濟產值與我們對天然資源的開發——也就是我們的能源消耗——總是密不可分。但在過去幾十年，這兩條線分岔了：我們的國內生產毛額不斷上揚，對天然資源的消耗卻沒有增加。這些學者說，這是我們「以少換多」的鐵證。[3]

這個說法振奮人心——特別是在全球氣候暖化，大家都忙著找好消息的今天——但不久前眼見一座聖山為了一些我們並不真正需要的東西而被毀，我對這個說法有些存疑。或許，我在想，我們對天然資源的消耗並沒有停滯，只是把這些骯髒活外包到一個我們不必去想的地方？簡言之，外包到原料世界？

經過一番進一步探討，我發現，在美國、英國這類後工業時代國家，原料消耗確實持續下滑，但在世界另一邊，在美國與英國進口商品的主要輸出國，原料的消耗正以駭人的高速不斷增長。事實上，內華達金礦不過是這龐大作業的冰山一角。為了從地下提取銅與石油，鐵與鈷，錳與鋰，我們還做了太多、太多。我們以驚人的速度挖砂，挖岩，挖鹽，挖石。這類活動不但不是龍套，重要性還有增無已。談到這裡又回到時下最引人關注的氣候變遷議題。極具反諷意味的是，為追求各種環保目標，就短、中期進程而言，為取代化石燃料，我們得耗用更加多得多的天然資源，建造電動車、風力渦輪機與太陽能板。結果是，今後數十年，我們很可能得比過去從地下挖掘更多的礦才行。

而這只是一段漫長史實的最新篇章。這樣的事已經發生了。在二〇一九年（撰寫本文時，有數據可查的最新一年），我們透過開採、挖掘與爆破手段從地表攫取的原料，比自從人類誕生以來直到一九五〇年這整段時間，從大地取用的一切東西的總和都要多。稍想一想。與過去——從最早期礦業時代到工業革命，到世界大戰等等——相比，我們在二〇一九年短短一年間取用的資源，比人類在過去這些年取用的總和都多。而且二〇一九年並非一次性特例。事實上，自二〇一二年起，每一年的狀況都正是如此。我們對原物料的胃口非但沒有變小，還在持續增長，以二〇一九年為例增加了二．八％，從砂與金屬，到石油與煤，沒有任何一個採礦產業類別出現衰退。

你不會聽到太多有關這類主題的訊息，就算你聽到，它們基本上也只是透過化石燃料角度傳遞的訊息。基於各種可以理解的原因，我們對仍在開採中的碳氫化合物（hydrocarbon）關注頗多。你或許已經知道我們幾十年來不斷從地表下方挖掘巨量的煤與石油；你或許已經發現，我們正一步步遠離這些燃料——或許應該說，我們正逐漸放緩從地下開採它們的速度。

或許你會因此以為，就整體而言，我們對礦物的胃口變小了。但完全不是這麼回事。事實真相是，在我們從地表攫取的龐大資源中，石油與其他化石燃料只占了一小部分。我們每開採一噸化石燃料，就會開採六噸其他原料——大部分是砂與石，但還有金屬、鹽與化學物。生活在超凡世界的我們，就算在化石燃料消耗上有所節制，對其他資源的消耗卻在倍增。不過我們總能想辦法自欺欺人，相信與事實正好相反的說法。

直覺告訴我，我們之所以如此，部分得歸咎於數據——或缺乏數據。我們非常擅長生產毛額的計算，至於從地下挖了多少東西，了解卻有限得出奇。聯合國與英國「國家統計辦公室」（Office for National Statistics）等幾個國家數據機構，近年來已經展開所謂「原料流分析」（material flow analyses）——評估我們從地表開採、消耗，之後流通或丟棄的原料。但這些數據只追蹤開採出來的「原料」，為開採而挖出來的、與十架超極巨無霸客機等重的土、石並不計算在內。從統計學角度而言，這些「廢土石」——這座聖山——根本就是忽略不計。換言之，人類在這地球上留下的真正足跡，遠比我們察覺的大得多。我過後還發現，相形於開採鐵與銅這類金屬，開採金礦的足跡只能算是小巫見大巫，但與我們挖掘、引爆的砂與石相比，鐵與銅的開採又形同兒戲。

這種取得礦物的衝動，一直就是驅動人類的一股最強大的動力。發生在肖肖尼祖先土地提那波山的故事，不是這股動力的開端或終點；它會從美國推進到中國，到非洲與歐洲，甚至進入大西洋海底深處。由於它愈來愈遠離我們的視野，也由於它不在傳統經濟數據上露面，我們也愈發相信、以為它不存在。

情況並非總是如此。在大部分的人類史上，各國政府總是極力強調對這些資源的控制。下文就會談到，我們直到今天仍在嘗試了解、調和的一些歷史紀元，如帝國、殖民與戰爭，都是這種資源控制欲作祟的結果。當柏林圍牆倒塌時，有些經濟學者說，我們已經進入一種全球資源新時代，一旦有了真正的全球貿易與供應鏈，奪取資源的競賽也走入尾聲。就這樣，包括美國在內的許多國家，開始釋出它們半個世紀以來囤積的關鍵礦物。貿易壁壘拆除了，製造成為一種真正全球性、由遍布世界各地「及時」（just-in-time）供應鏈組成的產業。

但到了今天，全球各地政府已經迅速發現，掌控這些資源與處理程序比過去任何時刻都更重要。喬・拜登（Joe Biden）在就任美國總統後，首先採取的行動之一就是簽署了「美國供應鏈」（America's Supply Chains）行政命令，開始檢視美國對其他國家供應鏈的依賴程度。在半導體方面，美國依賴矽晶片，我們將在下文談到矽晶片製造；在電池方面，美國依賴他國的包括鈷、鎳、鋅，還有最重要的：鋰的供應鏈。

這本與「原料世界」有關的書討論了六種原料：砂、鹽、鐵、銅、石油與鋰。有鑒於大多數有關人類進步的故事來自我們本身的觀點，以這六種原料為主角似乎略有不近情理之嫌。為什麼有些國家欣欣向榮，其他國家疲憊凋零？為什麼工業革命發生在英國，而不發生在衣索匹亞？根據這些天來的時髦觀點，興衰成敗的主要關鍵在於以下因素的組合：歷史、機遇，以及能不能擁有正確的體制讓人創新與發揮。但這種說法不能道盡全貌，因為人類成功的祕密不僅只是我們的基因，或我們的政治體制而已。我們的命運總是與我們從地下挖了什麼，以及用它們做了什麼難分難捨。

我們總用「石器時代」、「青銅時代」、「鐵器時代」這些名詞指稱古早以前、久已遺忘的年代，但事實上對物理工具（physical tools）與原料的依賴非但沒有減少，還有暴漲之勢。有鑒於我們仍在引爆如此巨量的砂與石，說我們仍在石器時代絕不為過。我們對鋼與銅的需求近年來飆漲數倍，所以我們今天其實仍處於鐵器時代，更遑論銅、鹽、石油與鋰的時代了。

對於你在讀這本書時置身其間的環境而言，這六種原料是必不可少的成分——少了電池，你的手機無法運作，沒有混凝土，你的房子會垮。在人類發奮或創新的故事中，這些原料很少有出場的機會，真的出場時，也一定是偉大發明家化腐朽為神奇過程中的那個「腐朽」。

但讓這些原料揚眉吐氣，讓我們從它們的角度訴說故事的時機已至。或許沒了這六種原料，我們還能苟延殘喘，但想活得意氣風發絕無可能。大多數情況下，這六種原料找不到理想的替代品。它們協助打造我們的世界，一旦無法取用它們，我們會陷於混亂——的確，我們將在下文中見到，一個或幾個這樣的原料可能導致一個文明的瓦解，或一個文明的勝利。

我們要在下文中探討，對這些原料的追求如何塑造了地緣政治史，以及如何開始塑造它的未來；我們要探討，地球環境如何因我們對這些原料的貪得無厭而承受令人難堪的苦果。特別也因為我們對這些原料如此需求孔急，若干程度上，對今天的環保苦果都難辭其咎，讀到有些地方，或許會讓你心有惴惴。你或許因此感到，為今之計，最好的解決辦法是我們每個人都想辦法少丟一些、多回收一些，而老實說，這確實是個不壞的辦法。

但在這本書的結尾，我們還要談到一種誘人的前景：自工業革命以來頭一遭，我們有可能不必炸山、挖坑，也能滿足我們對商品的需求。我們永遠也不會生活在一個真正去原料化的世界；自人類撿起石頭、磨成工具以來，我們就一直在開發這個世界，留下我們的印記。但我們可以減少我們的足跡。這麼做能使溫室氣體排放升高走勢放緩，對抗氣候變遷。只不過矛盾之處在於，想抵達那塊「迦南樂土」，我們或許先得變本加厲，大舉炸山、挖地才成。

一旦進入那塊樂土，我們或許可以不再依賴化石燃料，但就目前而言我們仍然只能依靠它們，毫無翻盤可能。二〇二二年初，俄羅斯入侵烏克蘭，也把這個現象說明得一清二楚。這次入侵使歐洲能源價格創下新高，從而推升了生活成本。這波漲幅規模之大讓經濟專家跌破眼鏡——畢竟，對生活在超凡世界的人來說，能源與原物料那些髒兮兮的東西早已與我們脫節了。但你若空降原料世界就會迅速發現，在經濟學領域，幾乎一切的一切都能回溯到能源，甚至是一些你最料想不到的東西。肥料與鹽，化學物質與塑膠，食物與飲料——某種程度，它們或多或少都是化石燃料產品。

這場烏克蘭衝突，如果沒有把我們打回過去燒煤炭的世界，很可能讓我們加速邁向再生能源——不過這也會帶來新挑戰。就算能減少對化石燃料以及對俄羅斯這類石油產國的依賴，為了製造機械、生產乾淨能源，我們將會更加依賴來自其他國家的一些名不見經傳的金屬。此外，由於再生能源的能量密度（energy-dense）遠不及化石燃料或核能，我們得打造更多結構才能取得同樣的能量——結果是，我們仍然得向「原材世界」索求。

為什麼只舉出六種原料？為什麼只提砂、鹽、鐵、銅、石油與鋰？無論怎麼說，在現代世界，在生產我們依賴的產品、我們需用的服務過程中，數以百計的元素、化合物與材質扮演著重要角色。以「硼」（Boron）為例，在流行病防治清單上，硼從來不是什麼重要的物品，但事實證明，要生產與分發新冠肺炎疫苗，就得取得足夠的硼——由於地表只有寥寥幾處火山活動頻繁、氣候乾旱的地點產硼，想取得足夠的硼並不簡單。全球的硼儲藏幾近三分之一位於土耳其境內，其他幾處產區則散在加州沙漠與俄屬遠東地區。

不僅如此，混入硼的硼酸鹽還有其他許多用途：它們是一種肥料成分，能幫助種子發芽，作物收成；它們能保護林木，免遭昆蟲與真菌侵蝕。將硼加入鋼材，可以增加鋼材強度；將硼酸鹽灑入泳池可以降低泳池水的酸度，防阻藻類滋生。

或者，為什麼不提錫呢？錫既是電路板重要成分，也是我們老祖宗最早學會運用的一種金屬。或者，為什麼不提鋁呢？鋁是地表最常見的一種金屬，不過直到不很久以前，我們才學會煉鋁之術。或者，鉑（platinum）與它的姊妹金屬鈀（palladium）與銠（rhodium）呢？這些稀有金屬是電氣元件與觸媒轉換器的重要成分。或者，鉻（chromium）呢？鉻在不鏽鋼的製造過程中扮演必不可缺的重要角色。又或者，為什麼不提製作精密磁鐵的鈷（cobalt）與釹（neodymium）等稀土金屬呢？

我根據一個標準舉出這六種原料：雖說作為本書主角的這六種原料並非世上唯一重要的原料，但很難想像現代文明若少了它們會是什麼樣。我們不用鈷也可以製作電池。我們不用釹磁鐵也可以製作耳機與電動馬達——只不過產品會比較大、效率也較差罷了。而這本書聚焦的這六種原料都是最難以取代的。

曾有一群記者纏著阿爾伯特·愛因斯坦（Albert Einstein），請他解釋他的相對論。愛因斯坦說，「我這麼解釋吧。過去大家都認為，如果一切物質都從宇宙中消失，時間與空間會留下來。但根據相對論，時間與空間會隨著它們一起消失。」這話也可以用來描述原料世界。這些原料是文明的構件，少了它們，我們所知的正常生活就會解體。[4]

我們以矽作為開篇第一章，並非偶然，因為矽是人類利用得最多、最廣的原料，也最能為原料世界提供一個概述。我們用矽製作世上最古老（玻璃）與最先進（半導體）的產品。矽是我們用來製作東西的原料，鹽則是用來加以轉換的神物，也是我們健康與營養的重要成分。這本書先討論了鐵，再討論銅，其中有關鐵的故事與有關煤的故事糾葛交纏，而銅是電的媒介。之所以將它們這樣先後排列，是因為我們可以依序討論現代史上第一與第二次能源大轉型：化石燃料與電力的應用。有關石油的幾章介紹了第三與第四次能源轉型，談的其實是石油與天然氣。在以大多數篇章討論了數百年來為我們帶來幾次工業革命的原料以後，本書最後將討論帶來下一場能源轉型的鋰。跨出化石燃料、邁向再生能源的鋰，是下一場能源轉型的重心。

在寫作的過程中，我做了一些自由發揮。正統派或許會質疑我將石油與天然氣擺在一章裡，或是在談到鹽的時候，我沒有只談氯化鈉（sodium chloride，即食鹽），而是繞個彎討論其他幾種鹽的作法；還有我將其他一些原料——例如煤，以及以氮為基礎的肥料，儘管名義上不在這六種原料之列——不時穿插在書中的作法。

這趟原料世界之旅，是我半生職涯歷程中最美妙、最長知識見聞的經驗。但它還為我帶來一種始料未及的療癒：隨著我一步步深入探討現代生活的基本成分，一種與周遭世界更親密接觸的感覺開始一絲絲展現在我心頭。當然，我仍然像之前一樣，造不出一個車用電池、一塊玻璃或一支手機，但它們對我不再是徹底的謎團。在超凡世界度過大半輩子嬌生慣養歲月的我，早已把我們怎麼製造、怎麼取得物品的過程拋在腦後。這趟旅程讓我大開眼界。我希望這本書能為你帶來靈感，讓你再仔細看看我們棲身的這個世界，體驗簡簡單單日常生活用品的美好與神奇。

本書討論的六種原料或許並不奇貨可居，看起來、給人的感覺也未必引人入勝；它們本身並不特別值價。但它們是構築我們這個世界的基本組件。它們幫著帝國欣欣向榮，幫我們打造城市、拆毀城市。它們改變了氣候，或許有一天還能幫我們拯救氣候。這些原料是現代的無名英雄，現在讓我們聽聽它們的故事吧。

第一部——砂

第一章　創造之人

這則故事以一聲巨響揭開序幕。

如此規模的爆炸應該在附近兩個、或許三個大洲都能聽到聲響。不過那附近沒一個人有聽到。因為它大約發生在早於人類誕生很久很久的兩千九百萬年前，爆炸地點約在今天埃及與利比亞的邊界左近。

一顆殞石劃破長空，在大砂海（Great Sand Sea）沙漠爆炸。這次爆炸威力絕對駭人聽聞，造成的火球與聲響讓遠在地中海彼岸的劍齒虎與猿都一陣騷亂。

與據信發生在六千萬年前那次造成恐龍滅絕的殞石撞擊事件相比，這次事件名氣小得多。根據我們所知，它沒有造成大範圍滅絕。這顆殞石究竟是在半空爆炸，還是在撞擊地面後爆炸，科學家們看法不一，事件可能造成的殞石坑仍在搜尋中。不過無論怎麼說，這顆非洲殞石有其特別意義，因為它為一個讓考古學家與地質學家困惑百年的神祕故事，帶來了最令人信服的解釋。

從埃及法老圖坦卡門（Tutankhamen）石棺找出的寶物中，有一串描繪太陽神拉（Ra）的項鍊。這串巧奪天工的珠寶，與圖坦卡門那張陪葬的黃金面罩相比，雖說較不顯眼，卻絕對同樣迷人。這串或稱「胸飾」（pectoral）的項鍊，鑲滿珍貴寶石與金屬：金、銀、藍寶石、綠寶石與瑪瑙。但它的中心是一隻用半透明、金絲雀黃色石頭雕成的甲蟲。項鍊上所有其他珍寶都不奇特，而在這座法老王古墓於二十世紀初期出土時，沒有人見過這種黃色石頭。為什麼？它是什麼東西？它從哪裡來的？直到探險家深入沙漠，答案才開始逐漸浮現。「大砂海」一名出自德國探險家吉爾哈．羅爾（Gerhard Rohlfs）。羅爾在一八七三年領導一支探險隊往西，深入法老王時代稱為「亡靈之土」（Land of the Dead）的腹地。在離開達赫拉綠洲（Dakhla Oasis），追循人類遺留的一切痕跡走了一百哩後，他突然撞上一道難以逾越的天險。

「砂丘，一道又一道無窮無盡的砂丘，根本就是砂海，」羅爾寫道。他嘗試穿越砂丘：不可能，砂丘太高，砂又太鬆，沒辦法踩在腳下，就連駱駝也過不去。他嘗試繞過砂丘：不可能，因為它們往南、往北延伸，窮目遠眺，望不見盡頭。羅爾領隊沿著砂丘走了好幾星期，還是過不去。最後他決定折返，往北前往最近的西瓦（Siwa）綠洲。他與他的探險隊寫了一張紙條，裝在瓶子裡，然後用石塊在瓶子上架了一個石堆，以備萬一無法折返，至少還留有一個印記。今天，如果你到大砂海旅行，經過羅爾當年留下的這個石標，根據習俗，你也得寫一張紙條，塞進一個瓶子留在那裡。

羅爾險些沒能活著回來。事實上若不是運氣奇佳，他根本必死無疑，因為他穿越的是全世界最乾燥的地區，這裡有些地方可以幾十年不下雨。但就在回程途中，老天突然喜降甘霖，為羅爾一行人補充了水源。之後，探險隊經過數周艱苦跋涉，憔悴不堪的羅爾與他的同伴終於回到綠洲。他們帶回來的可怕見聞讓人喪膽，之後半個多世紀沒有人敢再嘗試這條路線。

觀察這個地區的衛星影像，你就能發現羅爾撞上的是什麼：由北而南、一道道平行的砂丘，砂丘與砂丘之間是恍若羅馬大道一樣平直的走廊。這些由於長年風吹而形成的垂直型結構，稱做「塞夫砂丘」（seif dunes）——塞夫即阿拉伯文的「劍」之意——有些砂丘長達近一百哩。這些砂丘都有一種一致性，一種對稱性，只不過當你見到它們的衛星影像時，這些影像已經過時了。

塞夫砂丘不斷移位，吞噬一切擋在前面的東西。古希臘歷史學家希羅多德（Herodotus）曾寫過一位波斯親王派軍進入這個沙漠的故事，這支軍隊在進入大砂海後不久就被一場砂暴吞噬，無影無蹤。每隔一段時間總有考古學者提出一些據說是這支失落波斯軍隊的證據。

不過從空中觀察這些砂丘，感受不到站在砂丘腳下看著它們的那種感覺。大多數早期探險家說這些結構像有生命一樣，並非沒有道理。

一九三〇年代在撒哈拉沙漠探險的英國人羅夫．巴格諾（Ralph Bagnold）寫道，「它們會長大。有些砂丘……能獨立存在，能在移動時維持它的形狀不變，甚至還能生出小砂丘。」[1]有時塞夫砂丘碰上斷崖而崩塌，形成叫做「巴清」（barchan）的新月型砂丘。有時一個塞夫砂丘能爬上另一砂丘的背，形成一個鯨背，也叫做「巨巴清」。

這些砂礫與彼此、與風以及周遭環境互動的方式，似乎神祕、不可預測，但事實上這不過是因為砂的物理作用極端複雜而已。在旅經沙漠途中碰上這些砂丘之後，巴格諾開始窮畢生之力研究這些砂。

任何研究砂丘的人都承蒙巴格諾庇蔭。就連美國國家航空與太空總署（NASA）想了解火星砂丘狀況，也得翻閱他的書——他的影響力就有這麼大。沒錯，如果你關注「好奇號」（Curiosity）火星探測車的任務，或許還記得「好奇號」花了兩年時間探討火星的「巴格諾砂丘」（Bagnold Dunes）。

三十年代初期，巴格諾與他的探險同伴完成羅爾在半個世紀以前未能完成的旅程，成為跨越大砂海的第一人。他們用福特A型車（Model A Fords）代步，在遇上砂丘時，他們把車胎的氣放了，像玩衝浪一樣讓車子在砂丘鬆軟的砂礫上滑行。一九三二年十二月，巴格諾的愛爾蘭人同事派特．克雷頓（Pat Clayton）在穿越這樣一座砂丘的邊緣時，突然聽到一陣嘎吱作響。他下車查看，發現沙漠上覆蓋了好幾層黃色玻璃。

直到一九九〇年代末，科學家才終於證實，掛在圖坦卡門項鍊正中心那隻金絲雀黃甲蟲，與克雷頓在五百哩外大砂海輾過的那層黃玻璃同屬一種材質。圖坦卡門王葬在「眾神之谷」（Valley of the Gods），陪葬的項鍊上有一顆從「亡靈之土」挖來的寶石。這顆閃閃發光的寶石，與鑽石、藍寶石等藏身地殼內，經過千、萬年受熱與擠壓而成形的寶石不一樣——它是殞石在一眨眼間造成的。兩千九百萬年前墜落地球的那顆殞石，將砂礫熔成了玻璃——這就是「利比亞沙漠玻璃」。

大自然還造就其他幾種玻璃形式。史前時代人類用作工具的黑曜石（obsidian），其實是火山噴出的岩漿迅速冷卻成為石塊的一種火山玻璃；還有當隕石或慧星撞擊地表時，部分碎片熔成像玻璃一般發亮的圓石，即所謂「衝擊玻璃」（tektites）。還有一種「雷擊石」（fulgurites），在閃電過後，有時你能在海灘或砂丘上找到這種粗糙、中空的天然玻璃管。但克雷頓在沙漠中發現的玻璃與眾不同；它純淨得幾乎令人難以置信。

大多數砂的主要成分是矽（silica）——二氧化矽，有時也稱為石英（quartz）。由於玻璃算是一種熔化了的砂，矽也是玻璃的主要成分。但玻璃的矽含量大不相同。我們飲用的杯子或裝在窗上的玻璃一般含矽七〇%。黑曜石與大多數衝擊玻璃的含矽量一般在六五%與八〇%之間。而利比亞沙漠玻璃的含矽量高達驚人的九八%。它不僅是已知最純淨的天然產玻璃，它的純度也非任何人造玻璃所能望其項背——至少目前如此。[2]

砂是原料世界的一大謎團。

砂總是供應無虞。你爬上砂丘頂端，放眼四顧大砂海，映入眼簾的只有一望無際的矽。你腳底的砂礫都是矽，分隔塞夫砂丘的走廊裡都是矽，地平線上的埃及國家公園吉爾夫・凱比（Gilf Kebir）的古生代砂石也都是矽。除了幾乎碰上任何其他東西都能附身的「氧」以外，矽大概是地表最普通的元素了。

由於矽無所不在，我們用它做出這麼多各式各樣的東西，似乎也不足為奇。我們透過挖掘、爆破取得的砂，數量之大遠超過其他任何原料。但砂有一個令人費解的經濟謎團：某些形式的砂非常珍貴——珍貴到歐盟（European Union）認為，最純、最基本形式的砂是一種關鍵原物料。

土地是砂構成的，但我們卻經常聽到一「砂」難求的故事。全球各地都有爭奪砂的黑幫，為取得矽的控制權不惜鬥毆、殺戮。在夜色掩護下，不法之徒在海灘與河床開挖，將砂走私，賣到黑市。

有些砂因為價值，有些靠美麗，有些憑著砂礫型態，還有些因為純度而奇貨可居。在薩丁尼亞（Sardinia），當局不得不祭出罰款辦法，以防人們從海灘取走它著名的白砂。在土耳其安納托利亞（Anatolia）海岸的克麗奧佩特拉灘（Cleopatra Beach），由於海灘上的砂白得出奇，特別珍貴，遊客得先沖掉腳上的砂才能離開海灘，以免不小心帶走一粒砂。在部分亞洲地區，為滿足建築用砂與集料似乎永遠填不滿的胃口，灰市砂石業者不斷濫挖濫墾，河川生態已經受到威脅。生靈遭到塗炭，環境備受威脅，而這一切為的都是追逐一些似乎無所不在的東西。

不過說它無所不在似有誤導之嫌，因為砂的種類五花八門，每一種砂各有自己獨特的個性。雖說大多數砂基本上就是矽，有些砂，特別是熱帶海灘那些美麗的白砂，主要成分不是矽，而是貝殼與珊瑚經長期沖刷的遺跡。事實上，你若走在加勒比海或夏威夷人跡罕至的海灘，你很可能是踩在鸚鵡魚（parrotfish）的排泄物上：這種魚愛吃珊瑚，汲取珊瑚養分，然後把剩餘的碳酸鈣排泄到海床上。以大多數情況而論，海灘愈白、愈暖，愈有可能是鸚鵡魚排泄物堆積的成果。

砂是什麼構成的？這是個比較鑽牛角尖的問題。地質學者有所謂「伍登—溫渥斯分級」（Udden–Wentworth scale），認定一切固態、一定大小（嚴格說，在〇．〇六二五毫米到二毫米之間）的鬆散顆粒，都是一種砂。似非而是的是，根據這種分級，糖與鹽其實也是砂。不過為了本書討論之便，我們且將伍登—溫渥斯分級撇在一邊，專心討論七〇％、大體上由矽構成的砂。

砂的矽含量很重要，因為矽含量多寡可以決定砂的用途。有些砂，包括大砂海的砂，矽含量相對豐富，利比亞沙漠玻璃之所以如此純淨，部分原因就在這裡。不過你我接觸到的砂，不僅矽含量太少，雜質也太多，不能製造清澈的玻璃，當然也造不出矽晶片。但砂為何如此神祕，部分原因在於你在野外無論用什麼手段，絕對抓不起兩把一樣的矽。

矽同時也是一個化學之謎：它很像金屬，實際上又不是金屬，它能導電，卻只能按照它本身的條件導電。矽可以用來製作聚合物，製作塑膠。矽摸起來非常柔軟，但每一粒矽卻堅硬非常，我們會用矽打造二十一世紀世界的實體基礎，正因為矽堅硬得出奇。人類造出的最古老、最先進的產品，都是用矽造的。矽是人類文明的基石。

矽既是最古老，也是最現代的原料。我們用矽做出珠子、杯子與珠寶，揭開「創造之人」（Homo faber）的紀元。但我們也用它造出智慧手機與二十一世紀智能武器。

我們的第一個主角就出現在海灘上，沙漠裡。有很長一段時間，化學家追尋煉金術的關鍵——怎麼才能將鉛以及其他看來不起眼的金屬變成黃金。他們沒有成功，至少正統是這麼說的。但不要驟下結論。我們現在，每天不斷將矽轉換成價值不輸等重黃金的東西。我們用金光閃亮的矽造出神奇的產品。

既然我們學會如何將廉價、不起眼的原料轉換成高價位的產品，這些技巧如此受到重視自然不奇怪。當貿易戰爆發時，矽往往成為角逐核心。這些天來，中國有沒有能力像台灣與南韓一樣，造出那麼複雜的矽晶片，一直令華府憂心忡忡；中國能否超越美國，研發出更快、更成功的量子電腦？

既然北京近年來已經在這麼多其他經濟領域超越競爭對手，中國取得矽優勢或許也在所難免，但至少在撰寫本文時，中國還差得遠。中國或許能在鋼鐵、建築、電池與智慧手機製造，甚至近年來還能在社交媒體上稱霸全球，但想在半導體產業上擊敗其他對手尚辦不到。

為什麼？部分原因是，如我們在下文所述，將矽轉換為矽晶片的製程是極為了不起的工程大事。事實上，由於它們造的是小到必須以原子計算的產品，許多製程運用的科技，能讓哪怕是想像力最豐富的人也絞盡腦汁、難以想像。此外，西方領導人不惜一切地阻止中國在這項科技上搶占上風，也是原因。他們下定決心保住這項智慧財產，保住這套二十一世紀煉金術。不過，早在矽晶片問世以前很久，矽一直就是尖端科技的核心。

許多世紀以來，為控制另一項同樣以矽為原物料、能為國家帶來無比權勢的科技，世界各國政府也曾激烈競爭，互不相讓。這項科技就是玻璃。就像今天各國政府想方設法打造半導體與電動車產業一樣，他們那些前輩也曾從產業策略到花招詭計，用盡一切手段以控制玻璃交易。今天西方當局用各種方法阻止科學家將機密從西方走私到亞洲，最先學會真正清澈、美麗的玻璃製作工藝的穆拉諾[i]工匠，當年也曾遭遇類似命運：義大利當局威脅他們，膽敢離開位於威尼斯潟湖的這座小島，就會將他們處死。

在得到從穆拉諾逃出來的工匠協助後，英國玻璃製造商喬治・雷文克洛夫（George

---

i Murano，位於義大利威尼斯，是玻璃文化發源地。（譯註）

Ravenscroft）帶領他的工人造出晶瑩剔透的美麗玻璃。當時他不肯洩漏他使用的製作祕方（當時看起來，這樣做有商業道理，但如今看來，他很不負責，因為他使用的祕密成分是鉛，而鉛是一種有毒金屬，能滲入盛在水晶酒壺裡的飲品）。在拿破崙戰爭（Napoleonic Wars）期間，英國想方設法，不讓法國取得玻璃製作技術。在美國建國初期，英國政府運用各種法規與稅務手段保護本國玻璃產業，不讓玻璃製作工匠移民美國。當年英國政府在美洲殖民地課徵茶稅的故事，我們耳熟能詳，比較不清楚的是，英國政府的玻璃稅也讓殖民地居民苦不堪言。

所以說，有關矽的科技戰並不新鮮。不同的超級強國已經在跨越許多洲的許多戰線，打了幾百年這樣的戰爭。這樣的戰爭出現在各式各樣、始料未及的地方，就連遠在距前線好幾百哩外，遭人遺忘的平靜角落，也難逃戰火波及。

玻璃

在考慮人類發展過程時，經濟史學家往往直接透過玻璃進行觀察。工業革命為什麼於十八與十九世紀發生在歐洲？有關理論很多，有的強調政治制度角色，有的強調社會與教育習俗或地理因素；有的相信，一或兩種關鍵性發明的出現導致工業革命，比方蒸氣機或鼓風爐的問世。但如果你說，玻璃或許也是導致工業革命的原因，多半沒有人懂你在說些什麼。

但有了光學透鏡，我們才能觀察太空，伽利略（Galileo）等早期天文學家才能發現地球繞著太陽運行。透鏡讓人可以延時工作，從而提振國家經濟力量；在透鏡問世以前，視力減退的人只能提前退休，但戴上雙凸透鏡眼鏡以後，數以百萬計的人可以延長工作年限。印刷術這類突破性科技的重要性盡人皆知，但就在印刷術突飛猛進之際，讓一大群識字人口可以閱讀的大眾市場也同時出現，你可曾想過，或許這並非純屬偶然？

羅伯・胡克（Robert Hooke）與安東尼・范・李文慧（Antonie van Leeuwenhoek）等科學家，運用透鏡與稜鏡造出世上最早期的顯微鏡，一窺沒有人見過的世界。有了這些玻璃工具，我們才發現這世上還有細菌，有細胞繁殖。歐洲園藝專家也借助玻璃溫室操控氣候。

拜玻璃鏡問世之賜——在玻璃鏡問世以前，人們基本上只能將金屬表面磨光當作鏡子，但這類金屬鏡只能反映約五分之一的光——文藝復興藝術家突然能從一種不同的角度觀察這個世界。翻閱李奧納多・達文西（Leonardo da Vinci）等文藝復興早期大師的有關記述，你會對玻璃鏡扮演的角色深信不疑。李奧納多寫道，這種作畫時當參考工具使用的鏡子是「畫家的主子」。的確，以英國藝術大師大衛・霍尼（David Hockney）為首的一派藝術家就認為，許多古典畫作必須藉助透鏡與曲面鏡等光學工具才能完成。[3]

文藝復興的發源地，無論是北義大利或是荷蘭，也正是突然可以取得平價、有效鏡子的地點，這難道是巧合嗎？擁抱玻璃製造的國家正是先後出現啟蒙運動（Enlightenment）與工業革命的地點，而放棄這種工藝的地區，例如中國與大部分中東，之後幾世紀都在經濟上委靡不振，難道這是巧合？幾年前，亞蘭．麥法蘭（Alan Macfarlane）與蓋瑞．馬丁（Gerry Martin）等兩位歷史學家，以條理分明的作法找出推動人類知識進步的二十項偉大實驗——從羅伯．波義爾（Robert Boyle）與羅伯．胡克創造的真空室，到艾薩克．牛頓（Isaac Newton）的光學理論，到麥克．法拉第（Michael Faraday）對電的研究——結果發現，這二十項實驗中除了四項以外，每一項都離不開玻璃稜鏡、容器或裝置。[4]

換言之，玻璃是一種基礎性創新，像車輪、蒸氣機或矽晶片一樣，是用途廣泛的科技。這種神奇的產品之所以重要，不僅因為它本身，也因為它能讓我們進一步發揮想像力，創新發明。事實上直到今天，它仍在扮演這樣的角色。網際網路大體上是一種用玻璃線織成的資訊傳遞網，下文就要談到，若是沒了玻璃，我們做不出最先進電腦的腦。歸根究底，不過是些用熔砂做出來的東西，它們表現得還不錯。

世上第一個製成品

沒有人確定最先發明玻璃的人是誰。最古老、也最知名的玻璃起源故事，來自羅馬軍人兼博物學家、公元七九年因維蘇威（Vesuvius）火山爆發而罹難的老普林尼（Pliny the Elder）。這個故事是這樣的：許多世紀以前，古代偉大貿易民族腓尼基（Phoenician）的一群海員，來到一處位於今天以色列的海灘。這些腓尼基人當時買了許多塊狀泡鹼（natron，氧化鈉）。泡鹼是一種早期的肥皂，含有豐富的鈉（鈉的化學符號是Na，泡鹼因此叫做natron）。在安頓過夜之前，這些腓尼基人先在海灘築起火堆。由於也沒別的地方能架鍋煮食，他們就把鍋子架在幾塊泡鹼上。升起火，將幾塊泡鹼加熱後，神奇的事發生了。老普林尼寫道：「在受熱以後，這些泡鹼連同海邊的砂，形成一股前所未見的透明流體：據說，這就是玻璃的起源。」[5]

這個故事可以姑妄言之，姑妄聽之。實際情況是，玻璃製作很可能是歷經多年、好幾代人在無數場合的發現與再發現的成果。有人將它歸功於敘利亞人，或中國人，或埃及人；有人認為玻璃早在近一萬年前的釉陶器時代初期就已經創造出來了，也有人說是在西元前兩千到三千年之間。儘管如此，不論是否杜撰，老普林尼說的這個故事強調了玻璃製作化學過程中最重要的一個教訓。

玻璃製作的一大挑戰，是矽的主成分矽（二氧化矽）熔點極高——超過攝氏一千七百度，比一般爐火或原始的鍋爐所能產生的熱都高出太多。但在混拌過程中加入所謂助熔劑（flux）後，就能用低得多的溫度將矽熔成流體。事實上，選對了助熔劑不僅能降低矽的有效熔點，還能吸走玻璃中的雜質，改善最終成品。

老普林尼說的故事雖然像是天方夜譚，但其中有些細節倒很真實，首先是地點。根據他的說法，這整件事發生在貝魯斯河（Belus River），即今天的納曼河（Na'aman）河口。現代分析顯示，在納曼河注入海法灣（Bay of Haifa）入海口的砂，含矽量超過八〇%，其餘主要是貝類與石灰石殘餘。它沒有一般摻在岸邊砂裡的那些雜質。這批腓尼基人碰上的是製作玻璃的最上等砂材。矽與石灰石的比例恰到好處，所以一旦混入泡碱、加熱到一定溫度，就出現今天所謂的「鈉鈣玻璃」（sodalime glass）。與矽一起作用的碳酸鈉（sodium carbonate，泡碱的主要成分）成了助熔劑，撒在混拌過程裡的石灰也強化了最後結構。

老實說，玻璃的結構是一團亂。肉眼看來，它或許清澈明亮，但拆解到分子層面，玻璃看起來更像是雜亂無章、堆滿原子的「波波池」（ball- pit）。這個波波池的專業術語叫什麼，得看你問的是什麼人而異：有些科學家管它叫「無定形固體」（amorphous solid），還有些科學家管它叫「過冷液體」（supercooled liquid）。不過根據它表現的特性，理論上，它既是液體也是固體，而實際上，它應該算是固體。與一般常識相悖的是，玻璃在室溫下永遠不會表現得像液體，即便是那種難以察覺的黏稠液體、即便經過很長一段時間也不會（不過如果在調製混拌過程中加的石灰不夠，它會「流汗」）。有時，你會在老教堂的彩色玻璃窗見到一般不會那樣，一些變了形、底部比頂部要厚的玻璃，那是玻璃隨著年深久遠、逐漸下垂的結果。除非教堂能承受攝氏四百度以上高溫，它的彩色玻璃窗多半不會均勻，因為這就是當初它們吹製、凝固的方式。平板玻璃是十九世紀以後才有的產物，直到二十世紀中葉，真正平而薄的玻璃才問世。

矛盾就在，儘管玻璃是最古老的人造產品之一，科學家仍在絞盡腦汁了解它的習性。玻璃似乎違反大多數分子定律。誠如一位玻璃製造人所說，玻璃不是一種原料；而是一種狀態。它更像形容詞而不像名詞。一九七七年諾貝爾物理學獎得主菲利浦・安德森（Philip Anderson），在得獎二十年後寫道，「固態理論中最深、最有趣的不解之謎，或許就是玻璃性質理論與玻璃轉化了。」這個謎題直到今天仍未解開。6

我們的原料世界大體上也是個未解之謎。人類比史上任何其他物種都更能主宰、影響自然環境，而當我們進行環境實驗時——把這個燒一燒，或把那個的形狀變一變時——我們對於究竟會有什麼變化的了解仍然膚淺得出奇。差不多就像我們不完全了解玻璃的物理一樣，我們也不全然理解混凝土在凝固時的分子面，不全然理解當我們將石英轉換為金屬矽時出現在鍋爐的變化。謎團太多了。

不過這最後的產品雖說神祕，它在一開始只是一些砂礫。有關穆拉諾工匠製作玻璃手法巧奪天工的故事很多，但威尼斯是製作玻璃原物料絕佳產地的事實，卻沒有引來如此熱議。當年穆拉諾工匠用來製作玻璃的砂可能來自麗都（Lido）——附近的一處砂洲——與沿岸其他幾處地點；他們用的蘇打灰可能是從埃及或從阿利坎特（Alicante）運來的；鍋爐使用的柴火可能來自南義大利阿爾卑斯山區森林；黏土來自維琴察（Vicenza），鹽來自達馬夏（Dalmatia）。他們後來發現，將石英石——他們稱為「柯戈利」（cogoli）——烘烤、磨光，可以取得更純淨的砂。最上等的「柯戈利」來自從瑞士阿爾卑斯山流入北義大利的提辛諾河（River Ticino），用這種石英石磨製的砂含矽量約高達九八％。沒有這些砂，不會有威尼斯玻璃工業。因為這樣的砂並不多見，就產生一個問題：我們今天從哪裡才能取得這樣的砂？換句話說，我們從哪裡找尋這類完美的砂？[7]

追尋聖砂

洛哈林（Lochaline）不是蘇格蘭最偏遠的城市，但要到那裡仍得經過好一番折騰：從格拉斯哥（Glasgow）出發，先開車三到四個小時，再搭一趟渡輪，然後沿一條蜿蜒冗長的單線小徑，經過一個又一個愈來愈美得令人屏息的村莊才能抵達目的地。除非有什麼了不起的事，沒有人會這樣不辭勞苦地奔波走訪洛哈林，但我有一個很好的理由。我要尋找最好的砂。

什麼成分的砂最完美？這個問題的答案因人而異。想用它製作水泥或混凝土的人，與想用它蓋沙坑或排球場的人，對所謂「完美」的概念大不相同。不過我要找的，毫無疑問是非常特別的砂：世上最純的矽砂。

所謂矽砂指矽含量超過九五％的砂，用途廣泛。我們可以用它濾水，拿它製造用來傾瀉熔金屬的鑄造模具。沒有矽砂，鐵路系統會停擺，或者更精確地說，會煞不住車，因為現代火車的煞車系統就是用這種砂製做的。但最重要的是，矽砂是製造玻璃的主要成分，想做出最清澈、最精緻的玻璃，你得有最精純的矽砂，有時這種矽砂又叫「銀砂」。

世上最著名的銀砂產地——至少對懂行的人而言——或許首推巴黎南郊的楓丹白露（Fontainebleau）森林。羅浮宮那座著名的玻璃金字塔就是用楓丹白露的銀砂建造的。比利時的摩爾（Mol）、荷蘭的馬斯崔特（Maastricht）、德國的利匹（Lippe），以及加拿大、美國、巴西與世上其他角落也產銀砂。就算銀砂不能算稀少，它們也並不多見。有些國家就沒有這種砂。事實上，英國人有很長一段時間也認為英國不產銀砂，直到約一個世紀以前在洛哈林的發現才出現改變。

我這趟往訪洛哈林的行程，大多數時間在暴雨中度過。我在傾盆大雨中駛經羅夢湖（Loch Lomond）、穿越柯谷（Glen Coe），但在抵達柯蘭（Corran）渡口時，突然雨過天青，溫暖的陽光重新照耀。在渡船穿過林尼湖（Loch Linnhe）時，我站在渡船平台上，眼前出現一幕奇景：海平線上有道一眼望不見底的長裂口，裂口兩邊都是山。

這道裂口是一種地質疤痕，是一度將蘇格蘭分割成兩半的古斷層線。「大峽谷斷層」（Great Glen Fault）是東北走向、直通英維尼斯（Inverness）的巨型冰蝕谷，在大約三億到四億年前，谷北一側的土地在峽谷北方六十四哩處與南側的土地脫離，朝兩邊崩塌。

我們會知道這件事，是因為地質學家將斷層一邊與另一邊的岩石做了比對。這門知識是之後板塊構造學的先聲。巨大的大陸地殼相互擦撞，壓擠出高山、深谷，造成火山與地震，噴發岩漿、形成岩石的概念，實際上新得出奇。不過這些年來，學界關切的主要仍是地球的存在這類地質作用，而不是生物作用。

你或許聽過「地質鐘」（geological clock）或「地質年類推」（geological year analogy），不過這裡仍然值得再說一次。想像我們將地球的整個存在過程壓縮成一年：也就是說，想像地球於一月一日午夜誕生，而現在，當你讀到這裡時，正是地球誕生三百六十五天過後的除夕夜加一微秒。單細胞有機體在二月底開始生成。現存最古老的岩石在三月初成形。在洛哈林以北、海岸邊上找到的「路易斯片麻岩」（Lewisian gneiss）在四月間生成，也就是說，它們是三十億年前出現在地球上。不過我們一般所說的生命，最早的昆蟲與爬蟲類，得等到十二月初才開始出現，約與大峽谷斷層將蘇格蘭分成兩半的時間同時。恐龍時代於十二月十三日展開、十二月二十六日落幕。或許是利比亞沙漠玻璃始作俑者的那顆隕石，於十二月二十九日清晨撞進大砂海。第一個類人動物於十二月三十一日下午五點十八分出現在地球上。但現代人（Homo sapiens，即智人）什麼時候出現？嗯，我們最終姍姍來遲，於幾十萬年前出現在這個世界，也就是說，在新年除夕前大約一刻鐘的時候。

有人認為，我們使用的這些原料的故事，得由將它們從土裡挖出來，或是在工廠裡組裝它們起算。特別是對這些人而言，試著用這種「深時」（deep time）——地質時間的別名——概念觀察我們的世界會很有助益。在穿越大峽谷斷層進入摩文（Morvern）半島，展開前往洛哈林的最後一段車程時，我也沉浸在時光倒流的「深時」之旅中。

想到眼前這一片矮丘、湖泊的風蝕景觀，竟一度是一處熱帶海洋的出海口，實在有些不可思議。曾經有一天，一波波浪濤不斷拍打著這裡水晶也似亮麗的沙灘，溫暖的海水滋生了微生物，也因此成為貝類與甲殼動物覓食的天堂。億萬年過後，海水不斷腐蝕著山，將砂自然而然反覆篩洗，成為愈來愈精純的砂礫。之後，在六千萬年前，一座巨型火山突然爆發，噴出的岩漿覆蓋整個半島，也毀了這一切天堂美景。

你若仔細觀察就能找出許多線索。穆爾島（Isle of Mull）其實是那座火山的遺骸；島的構成主成分就是覆蓋摩文半島的玄武岩。半島上有幾條小河，河水腐蝕玄武岩外殼，露出當地人稱為「魔鬼腳趾甲」的白色砂岩——這些砂岩是成了化石的貝類，如果能將它們完好拔出來，它們有些像是乾癟了的爪子。不過遭那場火山噴發岩漿困住的寶藏還不只如此。

在這些火山岩底下，就是又深又厚的銀砂層。這種含矽量高達九九％、只有一丁點氧化鐵的砂，與你見過的其他砂都不一樣。如果你想築一個砂堡，來這裡就選錯地方了。洛哈林的砂非常精細，用手掌撈一把起來，它們會像精白砂糖一樣從你指縫間滑落。把它放在顯微鏡下觀察，你就知道它為什麼比一般的砂柔軟了：經過千百萬年腐蝕與擠壓，它們都已經磨成圓球形。這使它們成為製作極品清澈玻璃的好原料。

與採砂這行一般作法大不相同的是，從摩文半島地下深處挖出來的砂並不就地處理。對砂礦而言，洛哈林礦場也顯得與眾不同——它的位置太偏遠，只能經由水路把砂運出來，負責將這些原物料做成可用產品的工廠也遠在數百哩外。由於砂很重，與其他許多從地下挖出來的東西相比，也並不特別值價，採礦場通常位在處理廠左近。不過話說回來，洛哈林的砂也不是一般的砂。

想進入洛哈林礦場本身，先得通過一處湖邊坑道——這是進入洛哈林地下天地的開端。像大多數進入坑道的人一樣，我得先跑一趟程序：穿上專用靴子與高能見度夾克，在腰部綁上緊急呼吸器，接受安全簡報，還要填寫表格。在洛哈林礦場，這一切都在礦場入口處邊的一間小屋完成。打從一開始，洛哈林礦場的總部就是這間小屋。小屋牆上掛著一張已經褪色了的一九四〇年代手繪地圖，圖上標示著從這處砂岩中開出的最初幾條通道。手繪地圖旁掛著另一張不久前繪製的新圖。第一張地圖上只有寥寥幾條滲入洛哈林山丘的隧道。在第二張地圖上，原本小小的地道網已經成為一個挖入岩層深處的巨型蜂巢狀地下通道系統。

艾利．努茲（Ally Nudds）在駕車載我進入坑道時告訴我，「沒有人算過，不過這些坑道絕對不只兩百哩。」在這裡擔任領班的努茲，是少數能摸清坑道來去路線的人之一。這些是他的地下通道；每隔一陣子，他總要將其中一條路封了，打開另一條，以保持礦場內部深處通風。

進入坑道沒多久，轉了三兩個彎，眼前已經一片黑暗世界，隧道照明完全來自我們這輛吉普車的頭燈，以及燈光打在白得晃眼的岩壁上造成的反光。沿著純砂岩層往地下愈走愈深，我開始感到我們正走在一處古老、過時的海灘上：一處有著億萬年歷史、已經石化了的天堂。車子彷彿走在雪地般，在砂床上一路蹣跚，走了足有十分鐘，終於來到一處岔路口，艾利熄了火。整個世界只有一片漆黑，一片寂靜，以及幾絲引擎飄來的柴油味。我打開頭上帽燈，攀身下了車。

「這就是我們所曾開採過最好的砂，」艾利說。「每一百萬只有七十個，」他補充道，指的是砂中的鐵含量。在外行人眼中，這裡的砂與礦場中其他每一條隧道的砂並無不同。我們望著整片灰白色岩壁，凝立片刻，只有黑暗中某處偶爾傳來的水滴聲打破周遭寂靜。直到後來，在我們離開礦場，駛經現在已經淹在水裡、只有駕船才能行走的一個地區，穿過迷宮也似的隧道，重新回到蘇格蘭雨水中以後，我才了解為什麼玻璃製造人那麼討厭鐵。回到小屋，辦事處經理維隆妮克・瓦拉文（Veronique Walraven）向我出示兩個玻璃瓶，一個用她所謂「我們的砂」製作，另一個用每百萬含鐵量較多、比較一般的玻璃砂製作。用普通玻璃砂製作的那個瓶子在最厚的部位泛著一層綠彩；另一個用洛哈林砂製作的瓶子幾乎完全清澈。

大概除了最挑剔的威士忌品酒家或整天盯著窗子看的人以外，對一般人而言，比較清澈的玻璃不過是一種非必要的奢侈而已。但事實是玻璃是否清澈極端重要。當玻璃用於光學用途時，玻璃的精純度，換言之製作它的砂的純度影響尤其重大。如果不是為了製作雙筒望遠鏡、潛望鏡、瞄準具這類鏡片，洛哈林礦可能永遠不會開採。這就帶我們來到第一次世界大戰，玻璃在這段現代軍事史上最動人心弦的故事中扮演了一個角色。

玻璃鏡荒

時間是一九一五年夏末。盟軍在西線與德軍膠著在地壕戰中。在更南方的奧圖曼土耳其（Ottoman Turkey），英軍與澳紐軍團（Anzac）聯軍為奪取達達尼爾（Dardanelles）海峽控制權的作戰也苦無進展。

在漫天價響的戰火聲中，倫敦軍火部（Ministry of Munitions）一位特工奉命祕密前往瑞士，負責採購英軍最急需的一批軍事科技裝備：野戰玻璃鏡。在無論什麼人都可以輕輕鬆鬆訂購一具望遠鏡、隔日交貨的今天，軍事優勢的關鍵竟然取決於能否取得這種看似平淡無奇的工具，實在讓人難以想像。但在二十世紀大部分時間，這類工具代表著最尖端科技。的確，我們即將在下文談到，從若干方面來說，它們直到今天仍是最尖端科技。而在一九一五年，它們絕對是。

過去的戰爭大多數都是近距離的短兵廝殺。槍與砲由於射程一般而言非常短，基本上都用肉眼瞄準。但到二十世紀初期，武器系統突飛猛進，砲彈可以攻擊幾十哩外的目標，適當的光學測距儀器於是成為必備軍品。最大的砲也只有在能夠瞄準的情況下才能發揮作用。誰能擁有足夠的雙筒望遠鏡，讓自己的軍隊從戰壕、從波濤中遠眺敵軍動態，誰擁有最優秀的狙擊兵，配備火力最強、瞄準鏡望得最遠的狙擊步槍，誰的勝算就更高。

一九一四年，當奧地利大公法蘭茲・斐迪南（Franz Ferdinand）夫婦遭到暗殺，引發之後導致大戰的連鎖反應時，大家都知道哪一國勝算最高：德國。在戰爭爆發之前幾十年間，德國已經在雙筒望遠鏡、望遠鏡、潛望鏡、測距儀等精準光學工具，以及其他各式各樣科學透鏡的全球供應方面取得主控。德國的控制不純是學術或經濟問題而已。戰爭爆發初期，由於德國壟斷了步槍望遠鏡的供應，德軍狙擊兵享有相當優勢。眼見德軍狙擊手可以在遠距外如此逆天地百發百中，讓盟軍士兵人心惶惶。

幾乎所有這些步槍望遠鏡上，都蝕刻著「蔡斯」（Zeiss）的廠牌名，望遠鏡裡面的鏡片則來自另一家公司「蕭特」（Schott）。奧圖・蕭特（Otto Schott）是德國化學家，曾投入大半生實驗改善玻璃之道。他將周期表上的元素一一加入熔融混合物，觀察反應。直到今天，我們用來製作耐熱器皿，用來運送新冠肺炎疫苗的藥瓶使用的硼矽酸玻璃，都是蕭特發明的。今天世人公認的精準玻璃，製造它們的關鍵要角就屬當年都在耶拿市（Jena）的圖林根鎮（Thuringian）一起工作的蕭特、卡爾・蔡斯（Carl Zeiss）以及恩斯特・阿貝（Ernst Abbe）。

到一九一四年，英國需用的一切精準玻璃，有六〇％仰賴德國進口，或者應該說仰賴蔡斯，另三〇％來自法國，只有約一成來自以西密德蘭郡（West Midlands）史麥斯威克（Smethwick）的錢斯兄弟公司（Chance Brothers）為首的本國業者。那一年六月，就在斐迪南大公遇刺前不久，英國科學公會（British Science Guild）還撰文指出：

> 英國在光學儀器製造方面已嚴重落後，不僅無力供應她的科學與工業需求，而且就目前而言，在沒有外力協助的情況下，她還無力為她的陸軍與海軍生產數量夠多、現代戰爭中極為重要的光學儀器。8

一經宣戰，來自德國的那些供應立即切斷。法國得滿足本國軍隊的需求，意味著對英國的出口也停滯了，英國軍方於是陷於極其凶險的供應短缺。一九一四年九月，英國陸軍重要領導人羅伯茨爵士（Lord Roberts）元帥發表一篇「幾近絕望的懇求」，要求社會大眾捐出擺在家裡的任何雙筒望遠鏡、小型觀劇望遠鏡等等，交給開赴戰壕的軍隊。不到幾周，兩千多具望遠鏡捐了出來，包括英王與王后各捐了四具。這姿態當然好，但遠遠無法滿足軍方幾萬、甚至幾十萬具望遠鏡的需求。

秋去冬來，轉眼又是春天，報紙上出現垂死掙扎般的廣告與請求，要求民眾為開赴前線的將士提供野戰玻璃鏡。有人稱這個現象為「玻璃鏡荒」——這就是當一個國家幾近壟斷一種靠砂礫建立的特定工業時，帶給人們的難忘教訓。英國雖說有許多能夠組裝望遠鏡的公司，卻都仰賴來自德國的玻璃。

再讓我們回到一九一五年，以及那位英國軍火部派往中立國瑞士的特工。為什麼要祕密行動？因為他奉命幹一件非比尋常的事。根據英國軍火部官方史錄，他奉命向與英國交戰的德國購買雙筒望遠鏡：

> 初步調查讓我們達成以下結論，唯一可以大量供應光學儀器的國家是德國，為了避免這

種必備儀器的供應中斷，軍火部於一九一五年八月派遣一位代表前往瑞士，以確定從德國方面取得儀器的可能。

接下來，一件比英國人向德國人求助這事更不可思議的事發生了：德國人同意幫助英國人。「透過瑞士方面的管道，根據從德國接獲的情報，我們已經確定，德國作戰部（War Office）準備將以下雙筒望遠鏡交給英國政府，」官方史錄寫道。它隨即列出德方同意的供貨清單：三萬兩千具雙筒望遠鏡立即交貨，之後每個月一萬五千具——簡言之，英國的缺貨問題差不多可以解決了。還不只如此：德國人還會先提供五百具步槍瞄準鏡，之後每個月再提供五千到一萬具。史錄中繼續以一種好似理所當然的語氣寫道，「本部建議，英軍可以先檢視被俘德軍軍官與大砲使用的這些裝備。」[9]

這件事令人難以置信，但根據英國官方記錄的多項相關佐證細節，它絕非玩笑。為什麼德國肯為英國提供這些可以用來殺德國人的科技？事實證明，主要原因是，德國人也急需英國的橡膠。英國與其盟國——比較正確地說，是殖民地——不僅是世界最大橡膠產國，還成功封鎖德國進口，限制他們無法取得橡膠膠乳此一天然資源：它是輪胎、管材與引擎用風扇皮帶的必備材料。就這樣，根據這份官方史錄，德國人要求英國人用橡膠交換他們的雙筒望遠鏡，「在德國邊界瑞士境內進行交換」。[ii]

這項交易的後續發展仍有爭議。根據軍火部官方記錄，雖說達成這項不法協議，英國後來仍決定從包括美國在內的其他地方尋求補給。不過交易數據顯示，英國確實在接下來幾年接到幾批德國雙筒望遠鏡。已故軍事科技史學者蓋・哈卡（Guy Hartcup）在許多年前調查這件事時，於英國國家檔案館（National Archives）找到一份備忘錄，上頭說德國在一九一五年八月交付了三萬兩千具雙筒望遠鏡。之後，那份備忘錄似乎從相關文件夾中刪除了。[10]

橡膠與玻璃。曾有一段時間，這類物資的短缺影響太大，能迫使大國不得不撇開正常的戰爭規範。這類場合值得我們研究，一個原因是它們並不常見。我們總認定在我們這輩子，無論是需要一具望遠鏡，一個半導體或一塊賤金屬，都能輕鬆下單，從世上一個或另一角落取得；只是偶爾禍從天降，或是爆發戰爭或瘟疫，或是貨船卡在蘇伊士運河（Suez Canal），都能迫使我們重新思考。

奇的是，這類商品的價格很少能真正反映它們的重要性。隨便找一個大國，翻閱它的國

ii　英國人主宰全球橡膠買賣的過程，基本上是個工業竊盜的故事。直到十九世紀末葉，橡膠樹（Hevea brasiliensis）栽培得最成功的原生地都在南美洲。但在一八七六年，亨利・魏克漢（Henry Wickham）將幾萬棵橡樹籽走私到倫敦「邱園」（Kew Gardens）。這些橡樹籽只有小部分發芽，不過它們長出的小苗都送往英國在亞洲的殖民地。隨後幾年，馬來亞，就是今天的馬來西亞，超越巴西成為全球最大橡膠產地。但歸根究底，若是沒有玻璃，這項走私行動不可能成功，因為這些脆弱的小苗所以能飄洋過海、安全運抵亞洲，只因為它們都裝在用木材與玻璃打造的移動小花房，一種叫做「華德箱」（Wardian case）的箱子裡。（作者註）

家檔案，原物料反映在國內生產毛額的比重都能讓人震驚：因為它太微乎其微了。

這有一個明確、有說服力的經濟邏輯：國內生產毛額這類統計數字，基本上是人們願意為取得一樣指定物品而支付多少費用的評估指標，而一百種原物料中——無論是金屬、礦物，或是食物——有九十九種都相當便宜。但價格與價值不是同一回事，而且偶爾，在戰爭這類極特殊的環境下，當經濟學者稱為「供給衝擊」（supply shocks）的情況發生時，你會碰上英國人與德國人在一九一五年碰上的同樣遭遇：準備用相互廝殺的工具交易關鍵性商品。你會像一九一六年英、德兩方艦隊在北海「日德蘭戰役」（Battle of Jutland）中那樣，雙方海軍軍官用同一家工廠出廠的望遠鏡相互攻擊。一位當年參戰的英國海軍軍官寫道，當砲彈如雨點般落在船艦周圍時，「躲在遠方桅桿上的那個德國兵用蔡斯雙筒望遠鏡」望著英國艦隊，「我也用同樣蔡斯出廠的望遠鏡盯著他的船」，這事真是「有意思」。11

玻璃與產業策略的發明

反諷意味濃厚的是，在平行宇宙中，那些關鍵性野戰玻璃鏡原本不該是耶拿蔡斯廠製造的，而是史麥斯威克的錢斯兄弟公司。直到十九世紀，全球公認優質玻璃最頂尖的製造商一直是英國，而來自波希米亞（Bohemia）的玻璃則是人們眼中品質不達標的劣品。早在奧圖．蕭特實驗玻璃配方以前很久，英國政界人士威廉．佛能．哈庫（William Vernon Harcourt）已經在做類似的實驗：把鈹（beryllium）、鎘（cadmium）、氟（fluorine）、鋰、鎂（magnesium）、鉬（molybdenum）、鎳（nickel）、鎢（tungsten）與釩（vanadium）丟入熔化物，看能得出什麼。他甚至一度加入鈾（uranium），造出一種紫外線光照射下會發出古怪綠光的玻璃器皿。早在蕭特因發明硼矽酸玻璃而聲名大噪之前數十年，因有關電磁學與電解的發現、協助開啟電的世紀而享譽後世的英國科學家麥克．法拉第，已經造出一種硼矽酸鉛玻璃。

光學領先優勢從英國轉入德國手中——經濟超級強國拱手讓出科技領先寶座——在原料世界中屢見不鮮。的確，十八世紀的英國雖說或許是全球首屈一指的玻璃製造者，但在悠久的玻璃製造史上，這個位子已經多次轉讓：英國之前有威尼斯的穆拉諾，再之前有羅馬、敘利亞與埃及。人類文明就是這樣一長串的創新鏈結而成的。

今天我們早已將玻璃視為理所當然，沒有人還會記得玻璃的組成成分。但在過去幾個世代情況並非如此。事實上，當喬治．雷文斯克羅夫特（George Ravenscroft）在十七世紀創造出鉛晶玻璃（lead crystal glass）時，或許較正確的說法是，當他的一位義大利籍員工造出這種玻璃時，他以英格蘭東南部隨處可見的燧石，稱它為「燧石玻璃」（flint glass）。之後許多年間，玻璃主成分從燧石轉為矽砂，但名稱沿用了下來。

燧石玻璃一開始用作餐具，但沒隔多久，鏡片製造人發現一件有趣的事——你想知道這是什麼事，最好的辦法就是將一個玻璃杯注滿水，然後在杯子裡插一根吸管。看著那杯子，你大概會注意到那根吸管看起來是彎的。為什麼？因為光穿過水中需用的時間，比它穿越空氣或真空的時間長——精確說，要長一．三三倍。這個稱為折射率（refractive index）的數字在科學上極其重要，因為你得先了解如何讓光折射，才能讓光按照你的想法折射。

事實證明，燧石玻璃的折射率比一般的鈉鈣玻璃（soda-lime glasses）——有時稱為「冕玻璃」（crown glasses）——都高。結合一層燧石玻璃與一層冕玻璃，就能造出水晶般透澈的鏡片，能放大影像卻不折射影像。這個結合不同折射率玻璃的原理，直到今天仍是現代光學主流。光纖纜線可以成功將光遠距輸送，是因為它將一條內層玻璃內核與一條折射率不同的外層玻璃相結合；光在觸及光纖邊緣時不會走散，而會折回內側。或許你已經見證過這種稱為「全內反射」（total internal reflection）的現象：當你從水底往上看時，游泳池或水族箱的表面像是鏡子一樣，原因就在這裡。

由於這項發現，在大部分十七與十八世紀，英國是商業玻璃生產與先進光學的領先中心。回顧歷史，你會見到一種神祕的模式：新興經濟強國往往也是全球玻璃製造重心。這在任何時代都是經驗法則。從古埃及人到羅馬人，到十三世紀的威尼斯人、十六世紀的荷蘭人，到十八世紀的英國人與法國人，一直到一九一四年的德國人皆然。

德國所以能在這場科技競賽中超越英國，奧圖．蕭特——他在耶拿的實驗，創造了現代光學工業——當然功不可沒。不過這其間或許還有另一個平淡無奇得多的原因：稅。你或許聽過威廉三世（William III）國王在位期間，於一六九六年首次開徵的「窗戶稅」。當時早在所得稅問世很久以前，政府為籌款而打了這個主意：愈有錢的人、住的房子一定愈大，房子愈大、窗戶一定愈多，所以政府根據住宅窗戶的數目課稅。結果是，許多屋主為了省稅，用磚塊把屋子窗戶封了起來；直到今天，你仍然可以在英格蘭各處見到這類「瞎眼窗」建築。

但窗戶稅不是唯一的玻璃稅。當時英國當局還對玻璃生產本身徵了一套如今大多已遭人遺忘的稅，課徵期間在一七四五到一八四五年間，從窗戶玻璃到燧石玻璃、原物料，後來連成品也成為課稅對象。玻璃愈重，稅課得愈高，於是有好一段時間，英國境內只有最有錢的人才會買沉重的水晶玻璃，才會建造溫室。這些加在產業活動上的重擔讓玻璃產業陷入癱瘓。雖說威廉．佛能．哈庫這類業餘愛好者繼續實驗著新的玻璃配方，大多數玻璃製造業者已經整合。當「玻璃消費稅」（Glass Excise）於一八四五年廢止時，損害已然造成。英國首席科技玻璃製造商錢斯兄弟公司的業務，只是聚焦於標準玻璃品質的改善，並不聘用科學家設計新配方。

英國可能喪失它在玻璃產業龍頭地位的議題，偶爾也有人在國會提出討論，但在十九世紀，經濟最首要的當務之急是開闢新市場，而不是保護舊市場。誠如英國政府在第一次世界大戰結束幾年後發表的一份報告所說，「將近一個世紀以來，英國因自由放任個人主義而繁榮昌盛；自由貿易熱絡了七十多年」。12

另一方面，在普魯士，政府採取一種類似十九世紀產業策略的獎勵辦法，為新興玻璃產業提供財務支援與擔保訂單。而且說來似乎有些古怪的是，推動這項策略的領導人是詩人約翰・渥夫根・馮・歌德（Johann Wolfgang von Goethe）。蕭特、阿貝與蔡斯都因此受惠，得以全力投入實驗。他們發現許多作用與折射率各不相同的新玻璃配方，還在新配方量產方面取得成功，就這樣，在短短幾十年間，德國成為精準光學領域的絕對霸主，直到一九一四年一戰爆發仍然保有這個地位。

但把英國的「玻璃鏡荒」歸咎於稅法與自由放任經濟政策，似乎有些太超過了。德國玻璃製造業的崛起並非事出偶然——完全不是這樣。事實上，德國的化學與製藥業也與他們的玻璃業同行一樣，採取類似作法：過去強調傳統工藝的化學與製藥業開始商業化，輔以嚴謹的科學技術。在十九世紀的德國，研究與發展於焉誕生。原料世界開始受到重視。

但接下來的發展同樣讓人稱奇：英國迅速趕上了。經過一九一五年的低谷，以及那次玻璃—橡膠祕密交易後，英國軍火部將大筆金錢與人力投入玻璃製造。不出幾個月，英國科學家已經能夠針對許多德國鏡片展開逆向工程，到大戰結束時，生產的鏡片已經足夠供應本土與一些盟國的軍隊。如果這件事能帶來教訓，那就是：只要夠努力，給予足夠支持，重振國家的工業相當有可能。不過專業技能固然可以學來，製作產品的原物料卻無法憑空得來。

在一戰期間，英國還算走運，仍有楓丹白露的砂——光學工業的主要成分——可以取用。但德國碳酸鉀的補給已經完全切斷。玻璃製造業者用碳酸鉀作為助熔劑，就像近兩千年前腓尼基人使用泡碱塊一樣。沒了碳酸鉀，英國必須變通。根據官方紀錄，為了取代來自德國的碳酸鉀，英國當局：

> 廣納各式各樣建議，從使用仙人掌果、蕨菜、椰子殼，直到城市垃圾焚化爐的煙灰等等。每一項建議都經過考慮，必要時還會進行實際操作，調查。

最後，英國終於搞到足夠的碳酸鉀，其中部分來自煉鋼鼓風爐殘餘灰燼這類非傳統來源，部分仰賴從俄羅斯與印度進口。13

第二次世界大戰情況不一樣。楓丹白露採砂場在納粹侵入法國時遭占領。英國的光學廠儘管技藝高超，沒有適用的砂進行熔製，什麼也做不出來。官員於是從格拉斯哥出發，穿越柯蘭海峽（Corran Narrows）與大峽谷斷層，沿摩文半島南下來到洛哈林，調查這處英國最偏遠角落的砂能不能為玻璃工業續命。

洛哈林石英砂礦於一九四〇年夏開採，之後幾年成為英國戰爭機器必不可缺的一環，它生產的矽運往南方的光學工廠，熔製成望遠鏡、潛望鏡與槍砲瞄準鏡的鏡片。早在所謂「關鍵礦物」（critical minerals）的構想出現前很久，洛哈林已經成為一處國家軍事要塞。像今天一樣，當年知道它存在的人寥寥無幾。在倫敦、考文垂（Coventry）與英國其他地方遭到炸彈洗禮時，洛哈林的銀砂擔負起從納粹鐵蹄下拯救英國的重要角色。

除了二〇〇八年因不景氣停擺了三年以外，洛哈林石英砂礦自開採以來一直運作至今。它不是大礦：在那座湖邊小屋與隧道進進出出，以及操作開採機械的員工，總共只有約三十人，不過在大約僅兩百居民的洛哈林，這家礦場仍然穩居全城最大顧主寶座。

今天的洛哈林石英砂礦是義大利公司「礦物工業」（Minerali Industriali）與日本公司「板硝子」（NSG 集團）的合資企業。板硝子於幾年前收購了英國著名玻璃製造業者「皮爾金頓」（Pilkington）。我淋著雨，在礦外小立片刻，望著銀灰色的砂——世上最純的砂——源源堆進倉庫。每隔約一星期就有一艘船開到這裡，運走這些砂堆。這些砂有些做成透亮的瓶子，讓你迷戀純麥威士忌的絕頂芬芳，有些的用途則更耐人尋味。

洛哈林的砂有一小部分運往挪威，製成「碳化矽」（silicon carbide），它正迅速成為全球車輛電動化進程的一項最重要成分。碳化矽變流器能讓特斯拉（Tesla）Model 3 這類電動車比之前的車款跑得更久、充電更快、耗電更少。這種神奇的原料可以在拯救地球的聖戰中扮演重大角色。

但從洛哈林地下挖出的這些矽，絕大部分會送往南方的皮爾金頓，熔融後鋪在一個液態錫床上，製成非常平的薄板。與古腓尼基人當年在海灘上的作法相比，這些工廠的處理手法雖說先進得多，但兩者基本上並無不同：化學成分一樣，製程核心的反應也一樣。的確，直到一九三〇年代以前，沒有人能想出任何大相逕庭的作法。

網際網路是玻璃做的

一九三四年，年輕的美國化學家詹姆斯・富蘭克林・海德（James Franklin Hyde）在紐約州北部一處康寧（玻璃製造業者）實驗室工作時，將四氯化矽（silicon tetrachloride，將矽砂熔在氯化物裡形成的液體）灑在焊接炬的火焰中，用化學合成方式造出了一塊玻璃。這塊玻璃之所以了不起，不只因為它的製造方式是幾千年玻璃製造史上頭一遭的重大改變，也因為它的化學成分。海德製造了一種幾近完美、像利比亞沙漠玻璃一樣精純——事實上更加精純的玻璃。大自然透過隕石撞擊大砂海造出的東西，現在可以在實驗室裡生產了。

在適當時機，熔矽玻璃（fused silica）將掀起光學工業革命，但像大多數這類創新的先例一樣，康寧的研究人員得先花時間了解用它來做什麼才行。他們將它加入烹飪用具，做出比

「派熱克斯」韌性更強的鍋子。它的抗高溫性意味，熔矽玻璃可以用來製造飛彈鼻錐，以及太空梭（Space Shuttle）與國際太空站（International Space Station）的窗戶。但真正造成腦洞大開的一刻，出現在倫敦郊區一棟辦公樓——它最後帶來了我們的數位生活。

這棟位於埃塞克斯（Essex）哈洛（Harlow）市郊、外表不起眼的建築，是如今已走入歷史的標準電信實驗室（Standard Telecommunication Laboratories, STL），它一度是世界上最重要的科研重鎮，而這與一位名叫高錕、來自上海與台灣的電氣工程師的研發成果，關係不可謂不深。

自亞歷山大・葛拉漢・貝爾（Alexander Graham Bell）在一八七〇年代發明電話以來，大多數資訊都透過銅線傳遞——銅線是不錯的解決辦法，但有些嚴重的問題。電話訊號傳遞得愈遠，會變得愈薄或「衰減」。貝爾的美國電話電報公司（AT&T）與AT&T的研究部門貝爾實驗室（Bell Labs）花了幾十年時間，設法克服這個問題。他們製作更粗、更硬的銅線，裝設線圈與放大器；他們發明真空管（用精心吹製的玻璃製作），以加強傳遞途中的訊號。AT&T憑藉這些可靠而有效的新技術，建立跨越美國全境的銅線電話線路，並且在一九五〇年代，從加拿大的新斯科夏（Nova Scotia）架設跨過大西洋抵達洛哈林南郊奧班（Oban）的銅線電纜（以取代十九世紀所建，速度慢、已不敷使用的跨大西洋電報電纜）。

但銅線運載的資訊有限，傳輸速度也有限。隨後在一九六〇年代，標準電信實驗室研究員高錕完成上述改變長途通信景觀的突破，揭開了我們今天生活其中的光纖時代序幕。

這項突破的意義重大到難以形容。所有現代通信無論如何都得透過光纖，當我們利用無線或電話網路，用手機與全球各地通訊時，很容易以為我們已經將資訊時代非物質化了。但若沒了一種非常實體的原料，這一切通信，無論是視訊、網際網路搜尋、電子郵件、雲端伺服器、串流套裝，都不可能出現。因為，除了最後幾碼以外，在你與你的路由器、或在你家與本地的交換所之間，數據在線上傳輸的幾乎每一哩，都是一種光束在玻璃線上運行的過程。

光纖基本上就是一條玻璃製成的長電線，或者應該說是兩條長玻璃線，一條包在另一條裡面——夾在中間那條玻璃線傳輸資訊，包在外側那條將光朝中央彈回、折射，不讓光外溢。要造出這樣一條電線得鍛造一個分為兩層、狀似巨型玻璃罐——即所謂瓶坯（preform）——的厚管，然後在高溫下將它拉長，直到它的徑長彷彿毛髮般細為止。高錕在一九六〇年代的發現是，只要玻璃夠清澈，光可以在這樣的線路上長途傳輸。

當時的問題是，用傳統方法製作的最優光學玻璃，也只能將光傳輸約十公尺，於是高錕著手尋找更清澈的玻璃。他終於在極純淨的熔矽玻璃中——就是最早由海德於一九三〇年代在康寧實驗室發現的那種玻璃——找到了答案。高錕估計，使用熔矽玻璃製成的光纖，光可以傳輸許多公里而幾乎不流失任何數據。此外，由於光纖雖細，頻寬卻比粗厚得多的銅線大得太多，就算非常細的光纖，載運的資訊也比銅線高出許多倍。

像大多數科技大躍進一樣，光纖的發明也是腦力與材料科學結合的產物。提到這些突破，不能不想到高錕爵士——他在二〇〇九年贏得諾貝爾物理獎，翌年獲英女王伊莉莎白二世封爵。在哈洛標準電信實驗室拆除後，於原址建立的商業園區即取名「高園」（Kaopark）。沒有玻璃，我們今天仰賴的一切資訊基礎設施都將無法運作，卻沒有人花一點時間沉思它驚人的特性。然而就在全球各角落地下看不見的所在，就在海洋深處，一條由細若髮絲的玻璃線結成的電纜，讓現代世界運轉起來。

就像沒有人重視為我們提供電力的銅線、養活我們的肥料、強化我們建築物的鋼材一樣，也沒有人重視這些光纖。不過話又說回來，主要重點在於這種東西雖說無所不在，卻又無蹤無影。幾年前，一位美國最高法院法官在為「淫穢作品」下定義時說：「我看到它時就知道了。」換到原料世界，你得把這句子反過來唸才行。歸根究底，對人類文明真正重要的是什麼？「你看不到它時就知道了。」

我們用砂打造周遭的世界，而似乎沒什麼比砂更不入我們眼的物質了。砂是現代生活的基礎，而事實是，我們完全不重視它們，連它們有多重要都不了解。

第二章
築在砂上

凡聽見我這話不去行的，好比一個無知的人、把房子蓋在砂土上；
雨淋、水沖、風吹、撞著那房子，房子就倒塌了：並且倒塌得很大。

——《馬太福音》七：二六—七

這則兩個造屋人——其中一個把屋子造在石上，另一個把屋子造在砂上——的《聖經》故事早已深植我們心中。如果你像我一樣，也在基督教信仰中長大，也篤信這類《聖經》教誨，一定也相信只有瘋子才會把東西搭建在砂上。

不過就本質而言，把東西搭建在砂上並無不妥。我們一直就在做這樣的事：我們在砂上搭蓋，我們用砂建造，我們拿成分主要是砂的磚塊造房子。我們用砂填海造陸。我們所了解的建築世界——摩天樓、停車場、道路等等——大體上皆用砂製成。

或許我們對這則節自《聖經．馬太福音》「山上寶訓」（Sermon on the Mount）的寓言，可以稍加補充。主要問題不是那傻子把房子蓋在砂上，而是他選錯砂材了。或許他用的是沙漠裡的砂，這類的砂邊緣圓滑，無法凝結。比較可能的狀況是，他用了沖積砂。這種砂在乾燥季節又平又硬，一旦雨季到來，河水氾濫，它會突然間變得鬆軟、不穩固。

但就算面對這類問題多多的砂，只要知道怎麼處理——無論所謂處理，指的是挖掘夠深的地基，或運用適當技術，將砂翻鬆或凝固——我們照樣能利用得很好。以世上最高建築物、杜拜的哈里發塔（Burj Khalifa）為例，它完完全全建在不斷移動的沙漠砂上。它用一百九十二根又長又圓、深入地下四十七公尺的混凝土樁打造地基，運用砂與基層砂岩的摩擦將整棟建築牢牢固定。

沿海岸從哈里發塔往北走，就是珠美拉棕櫚島（Palm Jumeirah）：用好幾百萬噸從波斯灣（Persian Gulf）海床挖出來的砂築成的幾座人造島。工人得將這些挖來的砂灑在工地，振動壓縮之後，建成平整、結實的地面。但並不是什麼砂都能用來築島；就算是最高明的壓縮科技也不能將沙漠砂轉為新土地。而且從建成的一刻起直到今天，這些人造島就在與大自然不斷戰鬥。海潮持續侵蝕著地基，緩緩將砂帶走。地方當局在島周邊築起防波堤，但證據顯示，儘管速度減慢，但珠美拉棕櫚島仍在緩緩沉入海中。

不斷移動的砂

杜拜與海爭地只是一長串人類與大自然抗爭故事的最新一章。至少自十四世紀以來，荷蘭人一直就在做差不多同樣的事。不過近年來，「土地重墾」（land reclamation，一直就叫做土地重墾，就算那所謂重墾的土地從來就沒有經人墾過）熱已達前所未有的高峰。最熱中土地重墾的首推亞洲人。自十九世紀起，東京已經透過填海造陸方式新增兩萬五千公頃土地，中國也在無分新、舊，逐漸擴建它的沿海城市。

由於國家的領海取決於海岸線，海岸沙灘的位置也成了二十一世紀外交的新前線，領海海域愈大，國家可以漁撈、開採外海資源的區域也愈廣。此外還有軍事後果。在二〇〇六與二〇一〇年間，中國每年平均在它的外海「重墾」了兩百七十平方哩的土地。近年來，中國在南中國海填海造陸的活動規模，更大到讓一位美國海軍將領稱它們是中國的「萬里砂城」（Great Wall of Sand）。中國、台灣、馬來西亞與其他幾個亞洲國家都宣稱擁有的南沙群島，原本是些只有鳥類棲息的島礁；今天，在這處引起爭議的水域，許多島礁已經擴建，上面築了混凝土跑道與軍事基地。[1]

隨著全球對抗氣候變化與海平面升高威脅的呼聲漸隆，為了取得適當砂礫、壓縮成海堤與防洪設施，各國的採砂競賽也不斷升溫。以馬爾地夫為例，如果今後百年海平面升幅像科學家預測的一樣，大部分國土都將泡在水裡，馬爾地夫正用砂與岩在首都馬利（Malé）周遭建造龐大海堤。新加坡由於領導人將土地重墾視為對抗氣候變化、海平面升高與水資源匱乏的重點工作，而成為全球領先的砂進口國。新加坡的填海造陸作業目前以每十年十餘平方哩的速率推進，由於更多土地代表更多居民、更多公園、更多建立醫療中心、學校等等的空間，新加坡對砂的渴求將有增無已。而隨著新加坡土地不斷增加，鄰國土地卻在不斷縮水。為新加坡提供大多數砂的印尼不久前提出警告說，由於採砂規模過大，印尼有幾個島已經完全消失，縮小了海疆。

但想完全掌握這類「治砂國政」的規模很難，因為相關數字始終讓人霧裡看花。比如：新加坡說，它在二〇〇〇年到二〇二〇年間進口約六億噸砂。但幾個將砂出口新加坡的國家說，它們只輸出了兩億八千萬噸。換言之，新加坡還用了三億兩千萬噸不知哪裡來的砂。這些砂當然其來有自，只不過沒有人要認。[2]

砂的競賽

我們這就得談一個更有深度的議題：一般總是將砂視為一種隨處可見、基本上取之不盡的原料。如果天下的砂都一個樣，這種看法倒也很有道理。但我們已經知道它們不一樣了：如果一樣，像杜拜這樣的沙漠國家為什麼還要從比利時、荷蘭，甚至（信不信由你）英國進口砂？簡單的答案是，有些砂比其他砂更有用。大砂海有數不盡的砂，但純度能媲美洛哈林或楓丹白露的砂卻少之又少。[3]

與其他大多數礦產不同的是，針對每年從地表挖掘、移轉的砂，我們並沒有相關的規則與管控，也沒有一套監控統計數字。所以說，想答覆以下這個簡單問題，會比我們想像的難得多：有史以來，人類從這個星球上挖掘、移轉了多少的砂？為了求解，幾年前，一群地質學者翻閱了各種資料。他們評估，與地球自然界的腐蝕進程——河流沖刷，將砂石推往海中的進程——相較，我們每年挖掘、開採的砂、土與岩石，數量大了約二十四倍。換言之，人力比自然界地質力大上許多倍，而且根據相關數據，早自一九五五年起，情況就是如此。或者我們還可以從另一角度觀察這個問題——從鐵到混凝土，到其他一切人造產品的總重，在二〇二〇年已超越地球上一切自然生物的總重。[4]

這類分析相當有用，因為它們為「人類世」（Anthropocene）概念——人類帶來一個嶄新、與過去截然不同的地質紀元——提供了一種統計骨幹。愈深入探討我們究竟挖了多少砂石，愈讓人嘆為觀止，惶惑不安。過去一百年，由於從地下挖出來的原料總噸位實在太過龐大，我們用了一個幾乎不曾使用過的重量單位「太噸」（teratonne，即兆噸）——總噸位為六・七太噸（更精確的數字是六、七四二、〇〇〇、〇〇〇、〇〇〇噸）。根據一項評估，人類製造的一切產品總重約一・一太噸。我們還可以這麼看：假想把我們在地球上製造的一切，包括所有的建築物、飛機、火車、汽車、電話機的總重相加，再想像用泥土、砂石堆一個總重為前述人造物總重六倍的大土堆。而且隨著每一年過去，那個大土堆也愈來愈大。[5]

砂從哪裡來？這不是一個小問題。大多數砂都以砂礫形式經由河流沖刷，流向海洋。儘管它們看起來似乎全無生氣，無足輕重，砂礫在流動全過程的每一階段，都在地方生態系統中扮演重要角色：有時它們攜帶沉渣順流而下，造成河口地區沖積沃土，有時它們能像蓄水土層一樣，防阻洪澇，保護海岸地區免遭侵蝕，有時它們還能為各種生物，從烏龜到鳥類到微生物，提供庇護所。你如果必須採砂（很難想像生活在現代世界而不需採砂），不能選在這些活動中的沉積系統，你得尋找所謂「化石沉積層」（fossil deposits）：曾經是活動河流或生態系統一部分，但在億萬年後的今天已經死寂。

在採砂與土地重墾受到嚴厲規範的已開發世界，大多數的砂來自化石沉積層。但在其他地方，強有力的證據顯示，人們在活動中的沉積系統採砂。摩洛哥與西撒哈拉沙漠大片海岸已經因採砂而失去蹤影，這些砂運往歐洲與加那利群島（Canary Islands），用來造屋與補充觀光海灘（歐洲海灘竟有這麼多是進口砂做成的，說來或許讓你稱奇）。幾千年來自然堆積而成的防波堤已被剷平。在近年來的亞洲，建築用砂需求爆增，帶動經濟飛速成長，也對地方生態系統造成破壞。這種現象最明顯的地方莫過於湄公河三角洲（Mekong Delta）。這片極其肥沃的溽暑之鄉一直是越南的米倉，是越南主要的魚、米產地，而過度採砂與上游築壩攔阻進入盆地的水流，已經對湄公河三角洲底層土壤與淤泥構成影響。6

有時砂遭到非法開採；有時官方鼓勵礦工超額開採。無論哪一天，搭一艘快艇駛經湄公河上，除了河邊在稻田裡工作的農人，你會見到一群人駕著小船或駁船，還有一組人用鏟子、水桶、籃子與液壓泵在河底挖砂。研究發現，實際開採的數量比官方統計數字要高得多。7

原本矗立的河岸如今因為砂被掏空，只能墜落水中。現在在湄公河三角洲地區，每年有大約兩平方哩的土地流失，在河水來勢洶洶、可能吞噬道路、學校與醫院的情況下，地區內六個省宣布進入行政緊急狀況。另一項研究顯示，由於原本作為填補的沉渣遭到掏空，整個湄公河三角洲正逐漸下沉，進一步的影響是造成海岸線被海水以每天一個半足球場的速度吞噬。而且研究指出，這還只是開端而已。根據一項研究提出的警告，若不介入協調，到二一〇〇年，幾近半個湄公河三角洲可能將處於海平面下，其餘位於海平面以上地區也會鹽鹼化（salinization），經常氾濫成災。8

再一路往北，中國當局幾十年來一直與採砂黑工玩著貓捉老鼠的遊戲。流域廣被中國陸地面積五分之一、居民人口占全中國三分之一的長江，由於濫採情勢過於嚴重，多處河岸潰入長江，危及江上橋梁，對生態系統造成的危害更無需贅述。中國當局的對策不是禁止濫採，而是將許多小型業者趕到上游的鄱陽湖。據信，由於採砂採得太多，鄱陽湖水位已經降低。事實上，有人認為，鄱陽湖可能是全球第一大單一砂礦。[9]

沿長江往下，在靜悄悄的支流中，採砂人藏身偽裝成載貨船的船上，或利用夜晚、或趁雨天或起霧的時刻工作。二〇二一年，當局發動又一波非法採砂查禁行動。那一年年初，當局宣布逮獲一個十一人團夥，單在過去兩個月已經開採、賣出了兩萬噸的砂。[10]

在中央與地方政府管控比較鬆散的印度，「販砂黑幫」已經形成一個既深又廣的貪腐網絡，從那些在河床與灘頭上挖砂的工人，到把砂送往建築工地的供應鏈，到房地產開發商，警察，甚至據說還包括一些政客，都是這個黑幫的一份子。殺人、綁架、毒打與數不清的逮捕——這一切為的都是追逐「砂」利。這裡舉幾個在寫這本書的幾個月期間發生的事：比哈爾邦（Bihar）的納瓦達（Nawada）區，警方遭暴民擲石攻擊；十八名比哈爾邦警員因保護當地販砂黑幫而遭調職；昌巴爾（Chambal）地區林務官遭一個用拖拉機非法挖砂的販砂黑幫槍擊。[11]

砂的重要性非比等閒。根據聯合國環境計畫（United Nations Environment Programme）的研究，如果想避免砂荒危機，我們就不能再把砂當成一種普通資源，而必須視之為一種戰略礦物，像對待銅，甚至像對待鋰這類電池製材一樣。砂礫看來似乎平淡無奇，但你若小停片刻，稍想一想，就會發現它們非常有用。沒有砂就沒有建築環境，沒有經濟成長。砂不僅能幫數以百萬計的人脫貧，還能讓人更長壽。[12]

這麼說似有誇張之嫌，直到你發現這些砂礫的一個主要目的地之後。海砂可以填海造陸、改變世界疆界；矽砂可以製成玻璃，集料可以做成瀝青、鋪設道路，砂還扮演一種更神奇的角色。這些千百萬年前從岩壁侵蝕脫落、順著河水流入海中的砂，在重組後成為一種新型態的岩石。

最為人低估的原料

它是這世上最神奇的原料之一，但它大部分隱身地下。就算它從地下冒出頭來，看到它的人往往也對它不屑一顧。法國建築師、設計評審喬治·葛洛莫（Georges Gromort）對它的評語，頗能代表世人心聲。葛洛莫說，「混凝土？它不過是泥巴罷了！」（*Le béton? Mais c'est de la boue!*）[13]

儘管遭人如此詆毀、瞧不起或誤解（它當然不是泥巴），用砂、集料與水泥混製而成的混凝土一點也不平凡。或許想了解混凝土的重要性，最好的辦法是先問一個問題：如果你想改善開發中世界貧窮地區低收入家庭的命運，應該給他們什麼？一疊鈔票，一包營養品，還是一袋水泥？

你當然知道答案是什麼，不過容我解釋一下：貧窮國家兒童面對的最大問題之一是腸道寄生蟲。腸道寄生蟲有害健康，讓他們沒辦法上學。這種寄生蟲一般生活在排泄物裡，往往附在孩子腳底板上、帶回住家。如果住家是簡陋的棚子，沒有鋪地板，這種寄生蟲可以躲藏更長時間，傳給更多孩子。

幾年前，墨西哥開始提供家庭水泥，為住屋鋪設水泥地面，結果使寄生蟲感染減少七八％。兒童腹瀉病例數減少了一半；患貧血的人數減少五分之四。還有其他各式各樣值得慶祝的成果——孩子在學校表現得更好，原本憂鬱的媽媽笑容增加了。而這一切都得歸功於一袋廉價的水泥。[14]

這種物質的好處還不僅於此。研究數據顯示，用鋪設路面（就是鋪上混凝土）代替泥土路，可以讓在附近工作的人工資增加超過四分之一，孩子入學率也會因此提升。[15]

我們往往低估建築世界的重要性。住房是人類的一項基本需求，但一旦頭頂有了可以遮風避雨的屋頂，腳下踩著堅實牢靠的地板，你很容易忘記它們的重要性。而談到建築世界，沒有任何其他東西能像水泥這麼快就產生如此巨大的影響。

用磚造房子得先經過鑄形、燒製過程，最後還得費神耗力、用砂漿將它們層層鋪設，但使用混凝土，只需將它們灌入模子就行。過去得用許多人花好幾天、甚至好幾星期才能完成的工作，現在只許幾個人在幾小時內便能完成。兩百年前，幾乎所有建築都用磚塊或木材建造；今天我們使用的建材約八〇%為混凝土。只是混凝土不夠新潮，科技史一般將它撇開不提，只重鋼材與半導體等更閃閃發光的材質。

不過，愈深入鑽研，混凝土的神奇愈令人嘆為觀止。像玻璃一樣，我們直到今天仍無法完全了解混凝土核心在凝固時發生的事。就若干方面而言，與都市環境中任何其他東西相比，矗立在市中心那些單調、粗獷的巨型建築更有生氣。建構它們的混凝土仍在固化，石材仍在與周遭環境互動。就連大蕭條時代在科羅拉多河（Colorado River）上建造的胡佛水壩（Hoover Dam），直到今天也仍在固化，強度隨著一年年過去而不斷緩緩增加。

雖說我們有時會將它們的名稱錯置，但混凝土與水泥並非同一回事。最簡單的區分之道是，水泥是將混凝土黏在一起的神奇成分。水泥本身是一種粉末，將石灰石與白堊，連同黏土、砂，有時加上一些氧化鐵這類附著劑，混在一起加熱、搗碎，就能製成水泥。在水泥上加水，水泥中的鈣與矽與水互動，形成一種糊狀灰色凝膠，凝膠內有數以百萬計微小的石質捲鬚。這些學名「水化矽酸鈣」(calcium silicate hydrate）結晶體捲鬚會長大，像撒網一樣將觸角伸向凝膠，在水裡形成一種骨架般的石質結構。若再加入碎石與砂礫，這些捲鬚不僅自我凝聚，還會黏在碎石與砂礫上，成為混凝土：液態石頭，一種可以灌入模子的岩石。[16]

灌模、塑型是一種藝術。幾年前，我眼見一位工匠用混凝土製作鐵路地下隧道牆，那情境於今記憶猶新。只見他小心翼翼、幾乎像愛撫般，把瓦刀抹在牆面上，將那面大概永遠也不會有人再看一眼的牆抹平。就像在看雕刻師工作似的。

有人說，混凝土雖說有各種科學優勢，卻少了一種「場所感」[i]。畢竟，最光鮮的都市環境不只是建築工藝，也是所用特有材質的呈現。牛津（Oxford）方形庭院用的蜂蜜石灰石，紐約布魯克林區（Brooklyn）的褐砂石，蘇格蘭亞伯丁（Aberdeen）的花崗石——這些建築物用的都不是灰濛濛、沒有個性的混凝土，而是附近採石場採來的石材。它們都是從環境中鑿出來的。

但混凝土同樣有場所感。由於它歸根究底只是用石灰黏著在新石層上的一種砂礫與石礫重構，它同樣也是在地產物。把手放在曼徹斯特（Manchester）混凝土街道路面上，你很可能能觸到峰區（Peak District）採來的碎石。紐約的混凝土路面，往往本是採自長島（Long Island）牙買加灣（Jamaica Bay）的砂。倫敦的混凝土路面來歷更撲朔迷離，因為它使用的砂與集料主要來自北海一處叫做多格灘（Dogger Bank）的淺砂洲。在上個冰河季，海平面較低，這處沙洲是一條連結英國與歐洲的陸橋。多格灘浸在水中的土地——有時人稱多格地（Doggerland）——為荷蘭人提供許多填海造地需用的砂，倫敦的金絲雀碼頭（Canary Wharf）也用了大量採自多格地的砂。下次當你走在倫敦街頭，覺得腳下的混凝土路面平庸、醜陋時，不妨稍想一想：它們或許來自北海某處神祕的水下世界。

在混凝土世界，平淡無奇往往與神祕精采並肩，看來死氣沉沉的岩石其實活著，古物經過塑製能成為代表未來的東西。在多格地採砂的駁船，機器經常遭史前巨獸的長牙卡住；我們博物館裡陳列的那些披毛犀牛的牙齒與舊石器時代的手斧，許多是建築用砂在開採過程中發現的。我們能夠這麼了解史前世界，主要歸功於我們對混凝土、對用來製作它們的砂與石永無止境的胃口。

岩石的歲數

作為建築材質的混凝土，年歲可以非常古老，但也可能年輕得出人意表，這一切取決於你怎麼看。人類用石灰烹飪，用石灰建屋已有幾千年歷史。證據顯示，在土耳其境內出土的、一萬多年前的新石器時代遺跡中，有用水泥製作的地板與台柱。生活在敘利亞南部與約旦北部的貝都因人（Bedouin），在大約西元六千五百年前已經造了混凝土一樣的結構。而最著名的，首推羅馬人用混凝土打造的許多建築物。羅馬的圓形競技場（Colosseum）以混凝土為地基，特別是萬神殿（Pantheon）的巨型圓頂——仍是世上最大的未加固混凝土圓頂——尤

i sense of place：地理場所為人帶來的一種人對地方的特有感情。（譯註）

其壯觀。

羅馬帝國殞落後，混凝土的原始配方也隨之流失了數百年，直到羅馬建築師維特魯斯（Vitruvius）的手稿《論建築》（*On Architecture*）於十五世紀現身，才重燃人們對混凝土的興趣。《論建築》先後譯成法文版與英文版，引發一場再發掘混凝土之密的科學研發熱潮。在整個十八與十九世紀，發明家與工業家競相推出新配方，意圖複製，甚或做出比羅馬更好的混凝土。事實上，甚至直到今天，科學家仍在設法透過逆向工程重現羅馬人當年的配方。就在二〇二三年，麻省理工（MIT）研究人員還宣稱有了新突破。[17]

不過，我們今天使用最多的水泥配方，是來自約瑟夫．阿斯汀（Joseph Aspdin）於一八二四年申請的專利。阿斯汀稱它為「波特蘭水泥」（Portland cement），因為它的顏色很像來自杜賽（Dorset）採石場的波特蘭石。但事實真相是，當時相互競爭的配方很多，不很老實的阿斯汀是否真贏了這場競爭，或他其實只是從其他人那裡偷來這項配方，沒有人能說得準。[18]

但發明一個東西是一回事，將它成功推廣又是另一回事。水泥基本上是一種配方，就像在烘烤馬芬（muffin）或舒芙蕾（soufflé）時，成分比例不對可能造成慘重後果一樣，調製水泥也差不多。早期的水泥配方五花八門、光怪陸離，不同批次出廠的水泥成分各不相同。於是就像玻璃製作一樣，如何改善水泥配方，針對水泥稱重、攪拌與加工施以科學紀律的工作，又一次由德國人完成了。到十九世紀結束時，德國水泥已經比英國出廠的水泥好太多。

不過，可能是水泥發展史上最重要的一號人物，卻是一位因為其他發明而非發明水泥享譽全球的人物：湯瑪斯・愛迪生（Thomas Edison）。下文中還會提到的愛迪生，往往以一種有趣註腳的方式出現在有關水泥的著述中，因為他曾經突發奇想，用水泥造了一個家，包括水泥家具、水泥床、水泥留聲機等等。但他的貢獻比今天世人普遍了解的意義更加重大，因為愛迪生完善了水泥量產之道。

為了解箇中由來，我走訪位於英格蘭西密德蘭郡魯比（Rugby）郊外的一家現代水泥廠。早在維多利亞女王統治時代，這座水泥廠自一八六五年起就存在了，用來自附近採石場開採的石灰石製造水泥，協助打造工業英國。由於附近石灰石早已採盡，水泥廠如今用的是經由一條五十七哩長的輸送管，從貝德福郡（Bedfordshire）採石場運來的石料。

魯比水泥廠的核心——事實上，整個水泥產業這一行的核心——就是一座窯。不過這座窯，與仍然保存在英國陶瓷業發源地特倫河畔斯多克（Stoke-on-Trent）博物館的陶爐不一樣，不是那種瓶狀磚爐。一開始，我在廠房各處繞了一圈，卻完全沒有發現它，因為迴轉窯（rotary kiln）不是一個煙囪，而是由一處庫房通到另一處庫房的一條巨型金屬管。望著它轉動是一種極其催眠的經驗：你看不見火花，看不見煙，除了機器運轉的低鳴，以及偶爾傳來、讓原料成分不停移動的氣爆聲，也聽不見其他噪音。不過你可以見到迴轉窯上方那團熱氣造成的薄霧，當下雨時，雨水觸及迴轉窯表面，瞬間化為水汽。

迴轉窯必須一天二十四小時不停運轉，因為一旦停下來，時間稍長，窯內可怕的高溫會開始熔融結構體，導致結構體下陷、崩解。魯比廠經理告訴我，這是他最大的夢魘，也是任何一家水泥廠經理最大的夢魘。就這樣，迴轉窯得不斷輪轉，所有成分不斷在它裡面翻滾向前，直到成為色澤烏黑、硬塊狀的熟料（clinker）。最後將熟料磨成粉，就是將原料世界綁在一起的黏劑——水泥。

愛迪生的突破，是造了世界最長的迴轉窯，全長一百五十呎，比魯比廠那座迴轉窯短不了多少。他在配方上採納了德國人提出的一些改進，加入自己的一些步驟，然後將他的迴轉窯申請專利。事實證明，這是他獲利最豐的一項發明，而且有鑒於它對全球造成的衝擊，說這是他最重要的一項發明也不為過。然而，混凝土出現了：平淡無奇、一點也不時髦的混凝土——寫到這裡時，在維基百科（Wikipedia）愛迪生的網頁上，甚至連這點都沒指出。[19]

愛迪生為水泥工業帶來一項無比重要的貢獻：規模。使用他發明的巨型迴轉窯，水泥廠一天可以生產一千桶水泥——除去燃料與需用的石材成本，還有厚利可圖。大量生產某件東西的能力或許聽起來不很了不起，但走進原料世界的人會發現這是一再面對的重要課題。原料所以能夠幫我們改善生活，讓數以百萬計的人脫貧，靠的不僅是我們能發明、創造它們，也因為我們能量產、散播它們，從混凝土到銅，從鐵到鋰，情況皆然。換句話說，水泥所以能夠改變我們的世界，不僅因為它神奇，也因為它廉價、無所不在。

混凝土的黑暗面

說混凝土無所不在，一點也不誇張。儘管我們直到一個多世紀前才開始大量生產這種砂、集料與水泥的混合物，今天世上，每有一個活人就有八十多噸的混凝土——總重約為六千五百億噸。為了將這個似乎不怎麼有意義的數字形象化，我們不妨這麼想。今天世上混凝土的總重，比世上所有一切生物——包括每一頭牛、每一棵樹、每一個人、植物、動物、細菌與單細胞生物——加起來的總重還要重得多。每年全球各地生產的混凝土都足以覆蓋整個英格蘭土地。[20]

且以天津為例，說明這種現象代表的實際意義。天津是個人口一千五百萬的大型城市，從海岸線直到距北京不遠處，都屬天津地界。天津原以沿海水塘產鹽、廣銷各地而馳名，但近年來，它因為投入難以計數的巨量混凝土打造都市區而舉世知名。這些混凝土有些鋪在土地上，把原先的沼澤與農田變成道路和停車場，而不比這少的混凝土用來打造一棟又一棟的摩天樓。

天津在二〇一四年成為「世界高樓建築之都」。單在這一年內，全世界所有新落成的摩天樓，有六％坐落在這個中國二線城市，工程總高度達到驚人的一．二五公里（四千一百呎），中國的水泥生產也以令人目不暇給、大約每十年增長一倍的速度成長。或許你對新冠肺炎的散播情況圖記憶猶新，知道指數曲線陡然上升的圖型像什麼樣，只不過這一次散播的不是病毒，而是包著砂礫、集料的水泥結晶捲鬚。一位學者根據直到二〇一三年為止的數據寫道，不超過五十年，整個地球都將為混凝土覆蓋。21

天津最高的建築叫做「高銀金融117」，但一般稱它為「枴杖」，這是因為它根據設計，要在頂端造一個像拐杖把手一樣的東西——這把手是一棟三層樓高、鑽石狀的綜合建築，裡面有世界最高的觀景台、最高的酒吧—餐廳與最高的泳池。在「高銀金融117」建造施工過程中，出現許多科研調查報告，討論在地震如此頻繁的地區打造如此又高又薄大樓的極端工程挑戰。這些報告指出，這棟大樓的工程祕密，端在它複雜的鋼筋混凝土「巨型框架」結構體、支撐的「巨型鋼架」，還有最重要的是，貫穿整個結構的混凝土核心筒。它是全世界最先進的鋼筋混凝土結構之一。但有關這棟摩天樓最有趣的事是，它沒有完成。在預定落成啟用日過去多年之後，它仍是一棟「爛尾樓」。

工程進度先於二〇一〇年喊停，之後又於二〇一五、二〇一八年停頓。在這段期間，打造摩天樓的熱潮逐漸降溫。天津的建築泡沫崩裂；一度高踞中國經濟成長率王座的天津地區，現在甩落中國經濟成長車尾。即使在天津市內所謂「天津曼哈坦」的蛋黃區，已經竣工的辦公樓使用率也令人失望。二〇二〇年，中國政府下令限制全國各地新建摩天樓建案數與高度。二〇二一年，中國政府展開拆除計畫，將許多爛尾樓夷為平地。「枴杖」是這些爛尾樓中最高的，矗立在天津天際線上，講述著泡沫崩裂的警世故事。

中國現在或許有許多鬼城和爛尾樓，混凝土年產量也不再呈指數飛漲，但混凝土的絕對規模仍大得嚇人。在你讀完這一頁的短短幾分鐘之間，足以堆滿十二萬五千台手推車的混凝土已經倒進中國工地。中國在二〇一八到二〇二〇年三年間耗用的混凝土，比美國從一八六五年第一座水泥廠開工、生產波特蘭水泥起，直到今天——包括用混凝土建造胡佛大壩、美國公路系統與曼哈頓——耗用的混凝土總量都多。[22] 混凝土的誘人之處：強硬、易於應用，還有廉價——同時也是它的詛咒。它無所不在：不僅必要基礎設施與房屋建築少不了它，不僅世界最高大樓與最長橋梁少不了它，不僅法蘭克・勞伊德・萊特（Frank Lloyd Wright）或奧斯卡・尼梅耶（Oscar Niemeyer）的經典作品，或雪梨歌劇院或一九六〇年代那些單調、粗獷的建築少不了它，其他一切各式各樣的用途都少不了它。它在世界各地遭人濫用，人們用它建造死氣沉沉的停車場、高樓，打造庸俗不堪的立交橋、工廠與辦公樓。除了濫用，誤用事故也層出不窮。

混凝土的另一個詛咒是，取得正確配方雖說很簡單，也很容易搞混它。海地二〇一〇年的大地震，遭受二十五萬棟建築物被毀、數萬人喪生的慘重損失。而遭遇如此重創的部分原因是建築品質不佳。萬神殿能矗立兩千餘年，而中國境內一些新落成的混凝土房屋由於品質太差，平均只能保存約二十年。美國聯邦公路署（Federal Highway Administration）的數據顯示，美國境內橋梁每十座中有將近一座有建築缺失，羅德島與西維吉尼亞兩州每五座橋梁就有一座有問題。英國境內情況更嚴重：高速公路上的橋梁幾近半數確有瑕疵。[23]

這一切後果部分也歸咎於混凝土史上又一偉大創新：用混凝土與鋼條或鐵條混製的鋼筋混凝土（Reinforced concrete）或簡稱鋼筋，可以打造更壯觀的建築與橋梁，一旦配方有錯，種下的禍根也更大。有時鋼材腐蝕，造成嚴重變形：二〇二一年邁阿密北郊蘇夫賽（Surfside）一棟公寓倒塌，事故調查當局說，混凝土斷裂與鋼筋腐蝕很可能是罪魁禍首。義大利熱那亞（Genoa）的莫蘭迪橋（Morandi Bridge）在二〇一八年斷塌，倫敦的哈默史密斯天橋（Hammersmith flyover）因緊急維修而封閉，也是差不多的原因。而這一切不過是混凝土構造不良所帶來後遺症的開端。

混凝土與氣候變遷

不過，與造成的環境衝擊相形之下，上述問題幾乎不成問題。這就得談到混凝土的又一詛咒：它是地球上最大的碳排放源頭。談到溫室氣體，航空與森林砍伐兩個產業總是成為我們矚目的焦點，但製造水泥產生的二氧化碳，比這兩個產業造成的碳排放量加起來還多。水泥生產造成的碳排放占世上所有碳排放總量的七％到八％。

在寫這本書的時候，全球水泥生產造成的這種碳排放，大致有兩個來源，一是石灰石在燒製成水泥的化學反應過程中會釋出碳，一是燒窯需用的能源，兩者占比約為六比四。第二個問題的解決之道相對簡單：只要用非化石燃料替代化石燃料燒窯就行了。魯比水泥廠已經用「氣候燃料」（Climafuel），基本上是一種廢棄物加工製成的燃料，取代大部分的煤。一方面多虧了這類代用燃料，一方面也因為在水泥中加入了其他產品，英、美等已開發經濟體已將水泥製造過程造成的碳排放減少了一半以上。

但化學反應這部分的問題就棘手得多。數千年來，人類一直透過加熱碳酸鈣來生產俗稱生石灰（quicklime）的氧化鈣，這是製造水泥的核心反應；事實上，這個過程是人類首次大規模排碳，比化石燃料時代早了一千年。直到今天，我們還找不出能夠除碳而不產生二氧化碳的簡單辦法。

我們已經有一些解決之道：你可以添加其他粉末稀釋「熟料」，而不削弱成品水泥的強度。你可以加入粉煤灰（fly ash）與石灰石等其他東西。這類技術如今已經廣泛使用，儘管它們有助於減少、但無法徹底根除碳排放。為解決這個問題，水泥業現在寄望於「碳捕存」（carbon capture and storage, CCS）的技術。碳捕存可將二氧化碳從煙囪中濾出，轉換成一種可以貯存（一般貯存在地下）的物質。走進原料世界，你會很快聽到有關「碳捕存」的事。「碳捕存」的問題在於，儘管理論上可行，實際運作卻所費不貲，對產量高、利潤低的水泥業並不划算。

混凝土排碳問題另有一些較激進的解決辦法，但它們也遭受同樣規模議題的困擾。有些另類水泥的製程可以完全撇開化學反應、排除排碳問題，但這類製程最有前景的配方得使用鼓風爐廢料，而鼓風爐運作本身就得大量排碳。另類水泥不乏令人鼓舞的事例，它們主要來自烏克蘭與東歐，是一九五〇年代傳統水泥荒迫使蘇聯科學家另謀出路的結果。但沒有人能確定這些另類水泥就長遠而言是否管用。

「如果工程手段正確，規劃正確，這種水泥的表現可以趕上或超越傳統波特蘭水泥」，在雪菲爾大學（Sheffield University）從事「鹼激活水泥」（alkali- activated cements）研究工作的布蘭特・華克利（Brant Walkley）告訴我。「這些新材質才剛問世不久，我們只有三十到四十年的數據。與波特蘭水泥兩百年的使用經驗數據相比，挑戰還很巨大。」

就這樣，突然間，研究人員開始檢驗蘇聯時期用這類水泥打造的建築物，看它們使用的混凝土能夠保存多久。俄羅斯利佩茨克（Lipetsk）龐大的高樓、芬蘭的混凝土塔——這些單調乏味的建築物現在成為科研關注的重心。當俄羅斯於二〇二二年砲轟烏克蘭港都馬里烏波爾（Mariupol）時，一些用鹼激活水泥打造的最早期產品樣本也遭到砲擊。除了造成人命損失與顛沛流離的苦難，俄軍的砲擊還毀了一樣東西：我們原本擁有、如何量產這種神奇原料而不造成環境破壞的最佳線索。

有時這類線索也慘遭無心破壞之災。英格蘭東北史金寧格洛夫（Skinningrove）有座老碼頭，早在那些蘇聯建築問世以前很久便建成，而且使用的是鹼激活水泥。只不過幾年前這座老碼頭翻修，原有那些珍貴的老混凝土都覆上了傳統波特蘭水泥。

在有些國家，由於缺乏製造水泥本身所需材質，碳排放問題變得更加嚴重。石灰石資源雖說看似充足，許多國家在簽發新的石灰石開採許可時，態度變得愈來愈謹慎，而沒有石灰石就製不出作為水泥核心的黏著劑。二〇二一年，瑞典最高土地與環境法院（Supreme Land and Environmental Court）裁決，拒絕為瑞典最大水泥製造商希曼塔（Cementa）發給在哥特蘭島（Gotland）開採石灰石的新許可證，而面對突如其來的混凝土荒，許多施工項目正受到停擺的威脅。

石灰石也不是唯一看似資源充足，實際情況未必如此的原料。混凝土生產為取得必要化學反應，極度仰賴持續不斷的供水。由於用度實在太大，單單混凝土一項需用的耗水量就占全球工業用水總量約十分之一。在擁有可靠水源供應的地區，滿足這樣的需求不是問題，但今天世上大多數需要混凝土供應的國家，一般都在面對乾旱與水資源短缺的問題。

然而一些有助於解決問題的雛型科技，以及可以掀起革命性改變的新型混凝土已經出現。與傳統另類產品相較，以麻為基礎的混凝土更結實、環保。曼徹斯特石墨烯工程創新中心（Graphene Engineering Innovation Centre）的研究人員說，他們已在生產一種「混凝土烯」（Concretene）的另類波特蘭水泥，較傳統另類產品更堅固、更環保。現在你可以在市面上買到有自我修復功能的混凝土：浸入一種特定的「酶」，它可以在遇水出現裂縫時，排出方解石礦物質。市面上還有自我清潔的混凝土。有關這種人造岩石的研究已經愈來愈多。

今天，全力投入負碳混凝土（carbon- negative concretes）量產、令人振奮的新興業者已經不少。「負碳混凝土」乍聽之下有些匪夷所思，但即使是波特蘭水泥，也會在存放時逆轉它在窯中燒製期間的化學反應，緩緩吸收空氣中的二氧化碳。問題是，傳統水泥只能將它們在生產過程中排放的碳收回一七%。在這個新領域，名為「固化技術」（Solidia）的美國公司是比較突出的業者。固化技術研發出一種每生產一千公斤水泥、保證能吸收兩百四十公斤二氧化碳的水泥。不過這中間有兩個問題：首先，它的水泥在生產過程中會排碳——只是排碳量比波特蘭水泥少得多。第二個或許更具挑戰性的難題是，固化技術生產的水泥過於仰賴二氧化碳，你得將它保存在一個富含碳的閉鎖空間才行。由於全球絕大部分混凝土最後都得在建築工地灌入模子與洞孔，如何保存、運送它也是一項重大挑戰。但無論怎麼說，或許突破總會來自另一個地方。有鑒於中國是世界上耗用混凝土最多的國家，中國公司與科研機構包辦五成以上新類型混凝土專利，這類突破來自中國的可能性或許很大。24

問題似乎有望解決。就像十八與十九世紀的科學家、建商與愛好者競相發掘羅馬混凝土的配方，一場發掘零排碳混凝土配方的新競逐也已然展開。可能的結果是，明天的約瑟夫·阿斯汀不會出現在英格蘭，而是在中國。無論怎麼說，就算排碳問題解決，混凝土仍將是原料世界的產品。就好像最環保的電動車、風力渦輪機或太陽能板也有屬於自己的環境足跡，最環保的水泥也是。它需要水，需要石灰石，最重要的是它需要砂——正確的砂。換言之，我們得從地底挖更多的砂，但這麼做又對生態系統構成新的威脅。原料世界這場躲不開的矛盾就這樣不斷繼續下去。

但砂的矛盾在於，它不僅因為是玻璃——世上最古老製品——的基質（substrate）而成為營造世界的結構。我們不僅用砂打造建物的基礎，還用砂擴充國家的疆域。砂訴說的，不僅是規模大得驚人，也是規模小到令人難以想像的故事。組成混凝土骨幹的原子，也正是我們用來打造電腦世界的同一原子。

砂的矛盾在於，我們用自然界最豐富的一種原料創造人類最寶貴的一項發明。這項創造過程涉及一套甚至比發明玻璃、或發明混凝土更驚人的轉型。它還涉及世上最不可思議的一趟旅程。

第三章
最漫長的旅途

自然界有許多不凡的旅程。歐洲鰻魚（European eel）不辭千里、神祕地遷往馬尾藻海（Sargasso Sea）；北極燕鷗（Arctic tern）每年往返南、北兩極，用畢生時間完成一百五十萬哩旅程；帝王鮭（king salmon）逆流而上數百哩，掙扎著躍過瀑布，衝入激流。

穿越原料世界的旅程同樣令人感嘆，特別是從時間的維度。以微不足道的一粒石英砂礫為例。歷經千百萬年，甚至幾十億年時間洗禮，它曾是岩石，之後成為顆粒，然後又成為岩石；它埋在地底，經過億萬年地表擠壓、成石，然後或因河水浸蝕或因風蝕，重見天日。它捲入激流，沖刷而下，形成河口與灘頭，在浪濤中奔騰、翻滾，撞擊、擠壓，回復岩石面貌。冰河將它磨碎，歪歪倒倒穿過水渠與瀑布，這粒砂躺平在河床上，直等到被拾起，週而復始展開又一趟旅程。

一般認為，所有的石英砂礫大約半數都經歷六次這樣的週期，從岩石變成砂，再回復為岩石。岩石或許因年深久遠而磨損，但砂礫依舊，繼續未竟之旅。或許這是原料世界第二個最了不起的旅程。

為什麼只是第二個？因為這趟旅程雖說高潮迭起，與另一史詩級探險之旅相形之下，卻只能算是小巫見大巫。我們的史詩級探險之旅以一片從地表開採的岩石為開端，經過一番改頭換面，成為世上科技最先進的機具，最後走進你的衣袋。這趟旅程帶著它在地球繞兩、三圈，或許更多圈；它跨越大洲、穿梭時空，還引領我們深入化學、物理與奈米科技的最前沿，涉及的程序新到不可思議，讓人彷彿置身科幻故事中。不過可別搞錯了：它正以巨型規模在真實世界每天不斷地上演，因為這趟原料世界最長的史詩級旅程，就是將矽變成矽晶片的供應鏈。

所謂晶片帶動現代世界運轉的說法，就目前看來很有道理。每個人都知道晶片代表我們電腦與智慧手機的腦，但它們究竟有多「潮」？知道的人卻寥寥無幾。它們無所不在。你手機的主處理器只是幾十種各式晶片中的一種，每種晶片各有其功能。一輛現代汽車可能有好幾百個晶片：有負責娛樂系統、導航的晶片，有控制引擎、車窗等等的晶片。甚至在名目上沒有「智慧」字樣的裝置裡，機械性連結也早已為一種半導體網絡所取代。晶片不僅只是我們這個世界的腦，甚或神經系統，而且還逐漸成為它的筋骨、血脈與感覺器官。幾近每一項經濟活動，全球 GDP 的幾近每一塊錢，都經由一種或另一種方式仰賴半導體這個微型開關。

瞥一眼這類純矽晶圓電路，你可能很難聯想到眼前這片閃閃發光的金屬似物體，竟然是矽：砂、石或混凝土裡的主要成分。但矽之所以神奇，不僅因為它有可以做成玻璃的獨特屬性；不僅因為它能製作堅實的混凝土、撐起建築物；它還擁有電氣屬性，使它與周期表上大多數其他元素都不相同，因為它是一種半導體。

半導體是讓科學家困擾了幾十年的一種特殊材料。它們不能像銅一樣導電，但也不像玻璃一樣絕緣。起先沒有人知道該怎麼運用它們，直到科學家終於發現用以製作開關非常理想。一九四七年聖誕節前兩天，在威廉．蕭克利（William Shockley）的領導下，兩位科學家華特．布拉坦（Walter Brattain）與約翰．巴丁（John Bardeen）在美國的貝爾實驗室發明了第一個這樣的開關（或稱電晶體）。當你今天見到它（華府史密森尼博物館〔Smithsonian Museum〕有個它的複製品），會覺得它看起來很簡陋，像一次搞砸了的焊接實驗。這個開關裝在一個塑膠玻璃罩裡：一堆糾纏的電線插在一個楔形塑膠塊上，而這一切都架在一塊看起來髒兮兮的暗色金屬上——這個複製品用的是鍺（germanium）金屬。

但這第一個固態開關代表一場革命。因為，這每一個開關都是一個小小的、零或一的兩進位代碼的物理呈現，只要結合夠多這類開關，你就可以把一小片矽晶圓做成電腦。這類躍進式創新：從開關本身到由羅伯．諾伊斯（Robert Noyce）於一九五九年在快捷半導體（Fairchild Semiconductor，俗稱仙童半導體）用矽晶圓開發出的世上第一個積體電路（integrated circuit），為電腦時代奠定了物理基礎。

在這裡，「物理」一詞很重要。有時創新是純腦力的成果。約翰・凱伊（John Kay）在一七三三年發明飛梭，為羊毛編織產業帶來革命性進展。但誠如史學家安東・郝維斯（Anton Howes）所說，沒有理由證明飛梭不能提早幾千年發明。但在構想成為實際可行的新發明以前，往往需要幾十年、或幾百年的材料進展。李奧納多・達文西畫的直升機草圖就是這樣的例子。在材料進展趕上腳步以前，達文西的直升機構想不可能成真。電腦也是。早在電晶體發明一個多世紀前，愛達・羅夫萊（Ada Lovelace）與查爾斯・巴貝吉（Charles Babbage）已經有電腦的概念了。從一九四〇年代起，出現了用玻璃真空管擔任開關角色的電腦，但長久以來，固態開關始終是科學家努力的目標。比玻璃真空管開關更有效、可靠、不占空間，而且除了在開關之間無聲穿梭的電子，沒有移動零件——電晶體就是揭開現代電腦新時代的材料進展。今天，最新型智慧型手機與裝置，最新型汽車與冰箱都得仰仗這種東西——這種在小小的矽薄片上「塗」（一種化學溶合形式）上各種其他材質，刻上一套微型電晶體而製成的東西。[1]

一九四七年問世的第一個開關裝置，約有幼兒手臂一般大，但真正重要的電晶體本身大約是一公分。現在讓我們看看之後七十五年的進展。當英特爾（Intel）於一九七一年推出第一款現代電腦晶片「Intel 4004」，同樣大小的晶片擠了略多於兩千個電晶體，每個電晶體約有一滴紅血球大小。到了二〇二〇年代初期，智慧型手機處理器可以在略小於一平方公分的面積內植入約一百二十億個電晶體。

英特爾共同創辦人高登．摩爾（Gordon Moore）在一九六〇年代說，積體電路板上的元件將成倍數不斷增加——電腦業界對增加積體電路板上元件的癡迷，讓這句名言坐實成一種形式。而且這場現代奇觀之一的晶片大賽是一場良性競爭，電晶體愈小，效果也愈好：它們（別忘了，每一個電晶體基本上只是一個電開關）可以更迅速、節電地又一次開開關關。

電腦晶片用途極廣：最簡單的晶片可以像開關一樣，開啟或關閉車頭燈。你或許沒想到身邊竟有這麼多這種「動力矽」晶片：但從吹風機、吸塵器，到你的電話線，每一件現代電子產品都少不了它們。半導體無所不在：智慧手機裡就有許多各類型半導體，有些作為攝影感應器，還有些貯存你的家人照片。但最可觀的是那些作為裝置頭腦的晶片，這類晶片上的電晶體愈多，帶給你的運算能力愈強，電腦功能也愈強。最新型的這類晶片能在一個大小與句點相仿的裝置內，裝上大約一千五百萬個電晶體。今天智慧手機內的電晶體，不僅比一滴紅血球小（小了約一千倍）；甚至比新冠肺炎病毒都小。事實上，你可以將四顆電晶體植入一個新冠病毒株，每一個電晶體的大小約與病毒株表面的蛋白刺突相當，電晶體的棒狀捲鬚則從中心幅射而出。

將這種特性歸類為「微觀」是人之常情，但這麼做略嫌迂腐。今天的電晶體比可見光的波長還要小，因此就算透過最強力的傳統顯微鏡，用肉眼仍然完全看不見。它們的量度單位不是「微米」（micrometre）而是「奈米」（nanometre）。根據英特爾的推算，今天的我們距離「埃米世代」（Angstrom era）事實上只有區區幾個晶片世代之差（每隔兩年就有一種更小的新世代晶片問世）。在「埃米世代」，電晶體的量度單位是埃米，一個埃米等於〇．一奈米，即0.00000001 公分。供你參考：一顆矽原子只比五埃米略長一點。

這絕對是令人瞠目結舌的科技發展，但放眼今日世界，為此瞠目結舌的人似乎不多，或許一個原因是這些晶片都藏在日常用品內部深處、我們看不見的地方。也或許因為它們與過去的經典工藝產品不同——以七十年代的協和號（Concorde）噴射機為例，由於票價過於高昂，只有最有錢的人才能搭乘這種飛機享受超音速飛行經驗；但幾乎每個人都能享用晶片帶來的好處，就連開發中世界的窮苦大眾也不例外。或許，矽谷在這場原料世界競賽中逐漸為人淡忘的原因是，這些日子以來，矽谷已不再生產矽晶片了。矽谷最後一家大型半導體製造廠已於十五年前關閉。今天的矽谷仍有幾家專精半導體設計的公司，但投入軟體開發：應用程式、平台與服務……的業者比它們多得多。

所以，如果想了解這趟世上最了不起的旅程，你必須另尋一個完全不同的地方。我們且假設你運氣好，買到一支最新的蘋果 iPhone（這裡只是用 iPhone 舉例，實際上，無論你用 iPhone 或用最新版 Android 手機，對這趟即將展開的旅程而言都一樣，因為 iPhone 或 Android

使用的半導體往往來自同一家工廠）。檢視手機包裝說明。它會說，它在加州設計，在中國組裝。這太過簡化了，因為這台小小電腦是結合全球各地科技集大成之作。它的屏幕、玻璃面板、電池、鏡頭、加速感測器、數據機與收發器、貯存與電源管理晶片等等皆來自不同工廠，只是最後在中國組裝，然後運到你手中。

這些元件大多不會在中國或加州製造。事實上，在這個階段值得注意的是，這支手機的實體零組件幾乎都不是蘋果自己做的。蘋果其實不是一家製造商，而是一家將其他人的科技進行再包裝的傑出公司。即使是掛上蘋果名號的晶片——在寫作的此時，最新的iPhone晶片是A16 Bionic——實際上也是通稱「台積電」的台灣積體電路製造公司（Taiwan Semiconductor Manufacturing Company, TSMC）的產品；而台積電又全靠另一家更名不見經傳的業者艾司摩爾（ASML）生產的機器才能製作出這些晶片。而艾司摩爾生產的這些機器，關鍵性組件又來自其他公司，其中有知名業者（例如蔡斯的鏡片、蕭特的玻璃），也有一些較不知名的公司，例如德國公司創浦（Trumpf）的雷射。

以上這些活動只是這趟旅程的一小部分——它只是矽原子在進入你的智慧型手機以前的最後一段旅途。想要了解全程，我們應該以電腦晶片使用的矽出土一刻為首站，不能先參觀裝配廠，或負責電晶體蝕刻的晶圓廠。這趟旅程的起點不是找不到一粒塵埃的製造廠，而是一處髒亂不堪，又是煙、又是火的地方。

矽晶片的誕生

我們走在西班牙加利西亞省（Galicia）聖地牙哥繁星之原（Santiago de Compostela）南方約十五哩一處森林內塵土飛揚的石徑上。每年總有超過二十五萬來自全球各地的朝聖者前來，參觀聖地牙哥天主堂的使徒聖雅各（St James the Apostle）古墓。

石徑兩邊山丘一片鬱鬱蔥蔥，幾座中世紀修道院與漂亮的石造村舍點綴其間。早晨的雲彩總是懶洋洋地低懸山谷，讓其上的山頂彷彿飄掛在半空。這些山丘中最有名的首推沙克洛峰（Pico Sacro）：皮柯・沙克洛是一座突出地表的岩層，金字塔似的矗立在肥沃平野上，幾哩以外就能見到。

本地人有幾則有關這座石山的神話故事。其中一則說，兩名使徒抬著聖雅各的遺體來到聖地牙哥，找上神話中當地的統治者魯帕女王（Queen Lupa），希望女王賜給他們一輛車，幫他們載運遺體。狡詐的魯帕女王騙他們上沙克洛峰，因為她知道山裡有一條龍，希望龍能把他們都吃了。兩名使徒上了山，惡龍果然出現，但不敵使徒畫出十字架符號而立即潰敗。另一則說法是，兩名使徒原本計畫把聖雅各的遺體葬在沙克洛峰山頂，但惡龍出現，迫使他們臨時改變計畫。

有關沙克洛峰如何成形的地質學解釋同樣令人稱奇。約三億五千萬年前，這裡是勞亞大陸（Laurasia）與岡瓦納大陸（Gondwana）兩個超級大陸塊撞擊的地方，陸塊撞擊擠壓、地表隆起，造成一座數百公尺高的石英石岩山。走上沙克洛峰，你可以在花崗岩邊見到白色石英石；俯瞰山谷，沿著高速鐵路，你會見到另一樣東西：青蔥綠野與山邊叢林中有一條長長的深溝，映著陽光，熠熠生輝，有如白雪覆蓋的雪原。順著石徑穿過那片森林，你會見到一座寫著「塞拉保」（Serrabal）的路牌。

早在進入礦區之前很久，你已經可以聽到卡車載著礦石、鏗鏘作響駛過的聲音，但直到進入塞拉保之後，你才知道那耀眼的一帶雪原究竟是什麼：它是一座巨型採石場。塞拉保是一處石英礦。將沙克洛峰與附近小丘舉向半空的岩脈，是全世界已知最純的石英礦藏之一，這裡開採的石英異常潔白，是全球各地爭相取用的珍品。

塞拉保石英有時用來製作廚房料理台，有時打磨成碎石與白砂，用來裝飾花園與高爾夫球場沙坑，不過我們來這裡真正要看的，是來自山邊較大塊的石英。經過幾個月，或更可能的是經過幾年工夫，這些灰濛濛的白色巨石將從原物料華麗轉身，成為新一代的矽晶片。這裡才是我們這趟史詩級探險的起點。

塞拉保採石場的主人「全球費洛」（Ferroglobe）集團是一家西班牙公司，是除中國以外全球最大的金屬矽生產商。「除中國以外」這幾個字特別重要，是因為近年來，發動這場科技革命需用的原料絕大多數在中國開採、在中國精煉，而在美國、加拿大與南非都有石英礦的全球費洛，是少數的例外。

你在這裡看到的石英岩並不多見，但也不是非常罕見。挪威、俄羅斯、中國、土耳其與埃及境內也有石英岩脈。聽起來或許令人不解的是，塞拉保採石場採出的石英儘管白得像雪，矽含量卻比洛哈林、楓丹白露與其他許多採砂場採的砂略遜一籌。但矽含量並非一切；如果你要製造金屬矽，礦石的形狀遠比矽含量更重要。事實上，我們來這裡找的不是砂——至少不是「伍登－溫渥斯分級」所謂的砂。我們找的是一種比較大、像曲棍球般大小的礫石。

從地下炸出來、洗淨、裝進貨車以後，塞拉保礦石會經過一小時左右車程，運往北邊拉科魯尼亞（A Coruña）港埠外一處名叫薩邦（Sabón）的工業園區。薩邦有一套厚重的藍色瓦楞箱狀鐵皮屋與倉房，廠區入口有座屬於某天然氣發電站的巨型煙囪。全球費洛這座處理廠與一家發電站緊鄰的事實並非偶然；因為將石英製成金屬矽需要耗用大量的電。

塞拉保運來的礦石傾倒在倉房外的地上，在灰色混凝土地面築起一個白石堆。不久，加入了焦煤（一種經過烘製的煤）、木屑後，一起倒進冶煉爐，加熱到攝氏一千八百度以上，然後在這些石英與焦煤混合料上輸入電流。之後冶煉爐內出現的事，直到今天仍是一個謎。

「儘管已經這樣生產了一百多年，出現在這個反應過程中的一些事仍然讓人不解，」艾肯（Elkem）的主管哈佛・穆伊（Håvard Moe）說。艾肯是一家挪威公司，也是歐洲最大的矽生產商之一。「過程太複雜。有許多化學反應；全部發生在一個非常強的電場之下，而它也影響著反應。想做一個有關數學模式非常困難。」

過程雖說令人費解，結果仍然出爐：石英石中的矽熔化，與氧分家、沉到冶煉爐底下，從一個口流出來。每六噸倒進冶煉爐的原物料——石英、煤與木屑——大約可以生產一噸的金屬矽。附帶一提，這種冶煉爐運作，也說明了何以顆粒狀砂不能做為生產矽晶片的原物料：顆粒狀砂的化學成分沒問題，就是大小不對。

「這些都是巨型冶煉爐，二氧化碳冒著泡，在其間不斷穿梭對流，」德國科學家雷納・郝斯（Reiner Haus）說。當今世上了解這條供應鏈複雜運作的人很少，郝斯是其中之一。他說，「如果你用砂，它會被炸飛，鑽進濾網，不會熔解。所以你得用拳頭般的大石英石才行。」

在這個階段，如果你開始覺得這一切似乎與生產鋼或鋁的工業製程並無不同，這感覺沒錯。這些巨型冶煉爐像燒得發紅、狂吼冒煙的鍋爐，盛著熔融了的金屬與煤。如果不穿防火服——就像火山研究人員在火山口附近工作時穿的那種衣服——你根本無法接近這些冶煉爐。

事實上，用來描述石英處理的術語確實與火山有關。從石英岩取矽的製程叫做「提煉」（smelting），熔爐中心叫做「火山口」（crater）。看著這些岩石熔為金屬形式，彷彿見證一場滿火復活的工業革命。誠如一位產業分析師對我所說的，那情景「彷彿回到中世紀。工人鏟著煤堆，就像《魔戒》（*The Lord of the Rings*）中那個黑暗之礦『摩瑞亞』（Moria）」。

這種燒煤、加熱製程的成果，與中世紀工業革命帶來的成果也並無不同。要讓這樣一座巨型冶煉爐運轉約需耗電四十五兆瓦——足以維持一個小城運轉。穆伊說，要以量產方式將石英變成矽而不釋出二氧化碳，老實說根本不可能，就算用水力發電啟動冶煉爐，爐子熔融石英的過程中仍得排碳。不過沒有人真正關心矽晶片製程造成的排碳。無論如何，反正我們這趟探索之旅才剛起步而已。

從薩邦的熔爐流出的金屬矽，要先搗碎製成一種顆粒狀金屬。這個階段的金屬矽，矽純度約為九八％到九九％，在我們大多數人看來，這已經很純了，但想製作一個矽晶片或一個太陽能板，這樣的純度還差得很遠。

比純淨還要純淨

接下來，全球費洛出廠的顆粒狀金屬矽要運往另一家大多數人從沒聽過的公司，製成純度更高的所謂多晶矽（polysilicon），我們的下一站旅程也於焉展開。這家名不見經傳的公司是德國業者瓦克（Wacker）。瓦克是中國以外，全球最大的多晶矽生產商，總廠位在慕尼黑以東約一個半小時車程的奧地利邊界。伯格豪森（Burghausen）號稱擁有全世界最長的城堡：沿著俯瞰薩爾察河（River Salzach）河彎、曲折蜿蜒的山嶺而建。此地自古以來就是「小而富」的代名詞，因為它是古時奧地利與德國之間鹽路的中心重鎮。過去，順薩爾察河（即「鹽河」）而下的運鹽駁船，在抵達伯格豪森以後要卸貨、打稅，然後繼續未竟之旅。這種食鹽貿易雖早已走入歷史，但伯格豪森仍是德國比較富裕的城市，因為像太多過去的食鹽貿易社區一樣，今天的伯格豪森是化學工業中樞。

這麼說其實還小覷了伯格豪森，因為這裡的化學園區規模之大，一提到伯格豪森就不能不提及這座化學園區。園區內有一處發電站、一座煉油廠，還有數不清的煙囪與一座又一座的化學庫房。這裡甚至還有一個足球專用球場，提供給在巴伐利亞聯盟（Bavarian League）比賽的瓦克伯格豪森體育俱樂部（SV Wacker Burghausen）使用。而這裡——化學園區，不是足球場——正是西班牙金屬矽的下一站。

接下來要進入所謂「西門子製程」（Siemens process）：將純金屬矽拆解成元素碎片，再予以重組。在這裡，金屬矽要磨成粉末，與純氯化氫混和、蒸餾，然後置於一個鐘型罩中加熱到攝氏一千一百五十度。最後做出來的是一些長桿，有些類似老咖啡壺裡的加熱裝置，只不過這些長桿絕無水垢，它們是超純的矽。

伯格豪森化學園區的任務，基本上就是將原子拆開、重組——這又是一項能源密集的作業。根據科學家瓦克拉．史密爾（Vaclav Smil）的看法，生產超純矽的能源成本比生產水泥高了三千倍、比鐵煉成鋼高一千倍。這座園區的產量或許不大，但這項製程不僅費時耗力、成本高，往往還很汙染。不過它的產出卻是純度高得出奇、幾乎比世上任何其他產品都更純的矽，即多晶矽。根據矽溶液蒸餾程度加以分級的多晶矽，每個等級都根據純度數字裡有幾個「九」來命名。2

有製作多晶電池的太陽能級多晶矽，純度達八個「九」（99.999999％純矽）。有製作單晶電池的太陽能級多晶矽，純度達九個「九」（99.9999999％純矽）。事實上，絕大多數多晶矽用於製作太陽能板，其中絕大多數又在中國製造。但讓人稱奇的是，中國直到今天還無法掌握矽世界的「主菜」——半導體級多晶矽——製程。半導體級多晶矽有十個「九」（純度99.99999999％），在這種多晶矽裡，每一個不純的原子有一百億個純矽原子。

矽在從岩壁開採出來之後，雖經鍋爐熔燒、擊碎、磨成粉末、化成溶液、以超高溫蒸餾，再切割成片，但仍然還沒做好成為矽晶片的準備。我們這趟矽晶片之旅才剛走到一半。

世上最純淨的原料

來到這個階段，或許你會問：不就是幾個小數點之差嘛，何必這麼小題大作？這麼做真的值得嗎？就算我們省略一個步驟，難道真有什麼人能發現嗎？簡單的答案是：是的，絕對值得。原本純淨無瑕的矽「基質」（matrix），只要出了一個壞原子，就足以打斷電子在電晶體中的流通。如果說，水泥之所以這麼成功，祕密武器之一就是配方非常寬鬆，就算你稍有失誤，未能嚴格按照指示作業，一般也不會有問題。但矽的狀況正好相反。而且純度還不是唯一關鍵：結構也同樣重要。矽的原子結構愈完美，電子的流通愈暢行無阻。不良率——所謂晶界（grain boundaries）——愈高，電子無法暢通、半導體突然失靈的機率也愈高。不妨這麼想，一盒是擺得整整齊齊的蛋，另一盒是雜亂無章、擠成一堆的蛋。

這是又一個提醒我們原料這一塊在原料世界至關重要的現成例子。電晶體的開創過程一開始受阻，不是因為少了創意或缺乏想像力，而是因為沒有真正可靠的材質。布拉坦與巴丁一九四七年在貝爾實驗室造出的第一個電晶體，使用的材質不是矽，而是鍺，但鍺不適合製作電晶體，因為在高溫環境下運作得不是很好。由於半導體會變得很燙——把手提電腦擺在膝上，工作相當時間後你就知道了——不能在高溫下運作是非常惱人的問題。矽的熔點很高，至少在理論上比鍺適合得多。但西門子製程是一九四七年以後的事，所以坦白說，最初問世的那些半導體純度不佳，是些劣質貨。[3][i]

i 鍺的另一個問題是，至少與矽相比，鍺的產量少得多。在一九四七年，全球鍺的年產量只有六公斤。（作者註）

現在再回到我們的矽身上。這個以西班牙一處採石場為旅程起點的矽，經過熔燒、重組，現在已經是純度極高的多晶矽。下一個任務（這趟旅途的下一站）是將它雖然純、但雜亂無章的原子重新排列，成為一種完美的基質。就這樣，這個多晶矽得飛到地球另一端，一家位於美國奧勒岡州波特蘭郊外的公司。它瀕臨哥倫比亞河（Columbia River），廠區跨越波特蘭市郊，建有許多灰色建築。這是日本的信越化學（Shin-Etsu Silicone），另一間沒有顯赫名聲、卻是原料世界巨人的業者。

這家日本公司成就不凡，其中一項是全球矽晶圓首要生產商。事實上，如果說二十一世紀美國矽產業的中心就在哥倫比亞河濱的這家公司，也毫不為過。哥倫比亞河源起洛磯山脈，一路流經十四座水力發電壩，最後注入太平洋。我們會來到這條大河之濱也絕非偶然，因為就像這條獨特供應鏈的大多數其他環結，將多晶矽製成晶圓——可以送往半導體鑄造廠的純矽結晶結構——也是極耗能源的製程。

這裡的空氣很新鮮，不過我們的矽已經告別外在世界一切難以察覺的微生物與灰塵。它現在極度純淨，需要極度謹慎地處理；它從現在起進入超級乾淨的廠房，密封在無菌室內，直到它進了你府上大門為止。

信越化學的工程師都是全球「柴可拉斯基法」（Czochralski technique）——或簡稱「柴氏長晶法」（CZ）——的頂尖角色。信越化學美國分公司（SHE）的尼爾．韋佛（Neil Weaver）

說，「這裡大家都管它叫 CZ，我到現在還不知道它是怎麼拚的。」

原料世界有許多稀奇古怪的製造技術，但柴氏法是其中最迷人的一種。首先得將多晶矽倒進一個石英坩堝（這個坩堝必須非常純，否則會把雜質送回矽裡面），然後加溫到略低於攝氏一千五百度，再將晶種（seed crystal，即一枝鉛筆大小的矽棒）浸入溶液，緩緩往上拉。一個純淨無瑕的球狀固態錠逐漸在溶液中成形。ii

或許，最能說明這個工法的例子，是在一根籤子上繞出棉花糖。不同之處是，棉花糖在充滿孩子嘻笑聲的遊樂場中製作，柴可拉斯基法卻只能出現在純氬氣（argon gas）的密閉空間。晶棒（boule）緩緩轉動，逐漸升高，直到最後，坩堝上方出現一個形狀奇特、閃閃發光，用一條只有幾毫米粗的線吊著的長形黑色金屬圓柱。不過除非使用X光衍射儀檢視這根

ii 這個工法儘管看起來像是太空時代的新科技，其實是默默無聞的波蘭工程師簡・柴可拉斯基（Jan Czochralski）一九一六年在柏林一座工廠工作時發現的。當時柴可拉斯基已經做完一整天實驗，疲憊不堪地伏在桌邊寫實驗報告，偶爾將筆浸入墨水瓶蘸墨。有些恍神的他有次在蘸墨時，筆不是蘸入墨水瓶，而是一個剛做完實驗、擺在旁邊冷卻、盛錫溶液的坩堝。柴可拉斯基察覺自己弄錯了，將筆抽出，卻驚訝地發現筆尖長出一條又長又細的金屬線。他檢驗這條細長的錫線，發現一件更讓人驚喜的事：這是一條不折不扣的純錫線。柴可拉斯基法為世人淡忘了數十年。柴可拉斯基之後返回波蘭，但在一九四五年被控（似乎是誤控）與德國人串通。當美國的工程師忙著製作第一個電晶體時，柴可拉斯基正被波蘭警方通緝。一九五四年，前貝爾實驗室工程師高登・提爾（Gordon Teal）找到他的工法，證明將一支矽晶緩緩從熔融液體中拉出，可以形成單一晶體，切成完美的晶圓。矽時代就這樣到來。對柴可拉斯基來說，這一切都來得太遲了。在之前一年的一次波蘭警方臨檢中，柴可拉斯基心臟病發去世。他葬在一處無名塚。（作者註）

「矽香腸」，否則你看不到最精采的事：原子開始排列成一個完美無瑕的晶體。

這根矽晶棒在完成時約有兩或三米高，但一支碳化矽鏈鋸很快就會將它切割成許多每片厚度不到一毫米的薄片。這些約有小披薩餅大小的圓形薄片經過化學藥劑拋光、洗淨，直到絕對平整，工序終於完成：出土時的石英岩塊，現在成了矽晶圓。當然，就這樣三言兩語解說這個工法是太過簡了。事實上，這些矽晶還得在信越實驗室待上好幾個月，在一個又一個機器之間穿梭，不斷拉、切、整平、清洗、測試……你知道這是怎麼回事就好。

在過去七十年，這個工法流程既是科學也是藝術。在矽谷崛起之初，大多數晶片製造業者自製晶圓，晶體多用手拉，機械作業員（幾乎清一色是女性）戴著墨鏡用肉眼盯著熔融的坩堝，以判斷將晶片舉高、翻轉的速度是否正確。技術最純熟的拉晶作業員很快就能揚名。這些匠人成為明星員工與新興科技公司爭相網羅的對象。[4]

當然，這一切早已是陳年舊事。今天名號出現在矽晶片上的公司，沒有一家與矽製造業務有多少瓜葛，它們早把這類業務交給信越，或幾家德國、新加坡或韓國的公司處理。晶圓製程只在無菌室內進行，能夠進入這類無菌室的人寥寥無幾，特別是非公司員工更加不得其門而入。

我問尼爾，能不能讓我進入這類操作柴氏長晶法的無菌室，看個幾眼，他聽得笑了起來。「絕對辦不到。我們非常注重這些商業機密的保密，對於防範機密外洩，我們的態度幾近偏執。」

或許這也是預期中的事：出現在這些無菌室裡面的一切都是極其珍貴的智慧財產。從矽晶棒選轉、舉高的速度，坩堝溫度的管理方式，直到避免瑕疵的方法，一切的一切都是商業機密，有些公司——甚至有些國家——為了取得這些機密會不擇手段。

尼爾最擔心的所謂「有些國家」指的是哪一國，不言可喻。過去二十年來，中國已經幾乎壟斷了矽晶製造；近年來，約九成矽晶生產不是供作電腦用晶片，而是太陽能板晶片，而且生產基地幾乎都不在美國東海岸，而是中國。這就帶來幾個重大衝擊。首先，雖然歐洲境內的矽晶生產大多使用替代能源，特別是水力發電，但在中國境內，將石英製成多晶矽需用的龐大電力主要仰賴燒煤。晶圓生產過程本來就比你想像得骯髒得多，在中國尤其如此。其次，中國的一些矽晶生產業者——特別是在新疆維吾爾自治區內的一些業者——以不人道的方式壓榨生產工人，也引起國際關切。

的確，在寫這本書的時候，美國下令禁止進口合盛矽業的產品，它是中國、也是全世界最大的矽晶生產商之一。白宮說，合盛以恐嚇、威脅手段對付它的工人。中國業者與北京則反控美國，說美國只是為了保護本國經濟與窒息中國經濟而制裁合盛。

但關鍵是，中國雖能主控全球金屬矽與太陽能多晶矽供應鏈，但還沒能具備製造最先進矽晶圓所需科技。中國既沒能像瓦克一樣，掌握不良率不足十億分之一的多晶矽製程，也還沒能像信越一樣，掌握柴氏長晶法的奧妙，造出幾近完美的晶圓。你、我不能進入這些製造聖地的原因就在這裡：為了防範產業間諜，不讓這些製造方法與機密被盜，最後在新疆境內的一處工廠複製。

還有一個東西也讓中國無法壟斷先進晶圓市場，這個東西又是矽——一種非常特定類型的矽。信越得先用坩堝熔製成超純的矽溶液，才能拉出完美的矽晶棒，進而切成晶圓。而製造這些坩堝——所有、每一個坩堝——的原物料，都是一種非常特定的石英，全世界只有一個地方有產。

一種關鍵性原物料的全球供應鏈控制在一處地點的事例，不僅不多見，還幾乎稱得上聞所未聞。但如果想製造沒有它們就造不出矽晶圓的坩堝，你就先得取得高純度石英，而它們只產在一個地方：雲杉松（Spruce Pine）。雲杉松是美國北卡羅萊納州藍嶺（Blue Ridge）斷崖邊的一個小鎮，有很長一段時間，這座礦——也因此，推而廣之，整個全球高純度石英供應鏈——是比利時公司矽比科（Sibelco）的獨門買賣。

來到雲杉松，你無須打探也能聽到許多有關矽比科如何想盡辦法保護公司隱私的傳聞。獲許進入礦場的人已經很少，能夠進入石英處理、高純度產品製作設施的人更是寥寥可數。

據一位與矽比科有生意往來的人士表示，往訪矽比科總公司「有些像是進入美國陸軍基地諾克斯堡（Fort Knox）」。總公司園區周邊有一道二十五呎高的圍牆，牆上布滿鐵刺網，還有監視攝影機與頻繁的保安巡邏。

據另一位知情人士透露，其他公司的包工前來廠房做維修工作時，得蒙上雙眼，由專人帶領進入廠房，來到需要維修的機器前，才能解下蒙眼布，「那情景就跟《巧克力工廠》裡的威利．旺卡（Willy Wonka）一樣」。

為什麼要如此鬼鬼祟祟、躡手躡腳？為什麼這麼神祕兮兮？據矽產業分析師雷納．郝斯表示：「你如果能壟斷市場，何必需要跟人多費唇舌？既然沒有推廣產品的必要，自然也不必與任何人討論你的產品。」

現在雲杉松有兩家礦場，除了矽比科，還有一家規模較小的業者「石英公司」（Quartz Corp）。石英公司把採來的礦石運到挪威處理。從外表看，這些礦石似乎並不起眼——比較像花崗石，不像塞拉保出土的那些白得發亮的石英石。這些礦石經過沖洗、碾碎、磨平、磁分離與化學藥劑洗淨，最後成為一種特殊類型的砂——它必須絕對純淨，才能在矽溶液拉成矽晶圓的過程中盛住熔融的矽溶液。目前有五或十家公司還在搜索全球各地其他國家的地質記錄，想找出品質能與這些礦石匹敵的石英礦。中國為生產類似標準的石英礦，已經嘗試了幾十年，但始終不可得。事實證明，想找出其他產地，生產塞拉保出土的那種純如白雪的石英石固然非常困難，想找出其他生產純度媲美雲杉松石英石的產地，更加幾乎不可能。

在原料世界，像這樣整個供應鏈完全依賴一個產地的案例很少。印度與西伯利亞境內雖有幾家很小型的業者，但產品無論就一貫性與品質而言，都無法與雲杉松這兩個礦的產品匹敵。這就帶來一些惱人的問題：這兩座礦萬一出問題了怎麼辦？假設連結這兩座礦與外界的唯一通路因山崩而被摧毀，會怎麼樣？答案很簡單：那會很慘。

「這事想起來真讓人心驚膽戰，」一位業界資深人士說。「如果用一架噴灑殺蟲劑的小飛機，載著一種極特定藥粉飛越雲杉松這兩座礦的上空，你可以在六個月內讓全球半導體與太陽能板停產。」沒有高純度石英就沒有柴可拉斯基法，也就沒有單晶矽晶圓，電腦晶片的製造也將為之停擺。我們會設法調適；找一套新製程或一種代用品。不過我們得經歷幾年令人不寒而慄的可怕歲月。或許高純度石英這一行的從業人員之所以如此神經兮兮，原因就在此。或許前面那位告訴我那個可怕想法的業界資深人士，堅持我不能在文中透露哪一種藥粉會對（悄然在現代世界運作中扮演如此小而關鍵性角色的）北卡這兩座礦造成毀滅性影響，原因也在此。

製造晶圓

自從在西班牙加利西亞山麓展開新生以來，我們的矽已經歷經無數轉型——從固態到液態，到固態，到氣態，再從固態到液態，然後又一次回到固態——現在裝進一個密閉罐，來到世界另一頭。我們現在在台灣古都台南郊外。從市中心驅車往北，辦公樓與住宅很快消失，眼前淨是甘蔗與高麗菜田。空氣有些悶熱，或許一時間你幾乎會有一種馳赴蠻荒不毛的感覺。但你錯了：對任何從事電腦業這一行的人來說，這裡是宇宙的中心。

前方田野中矗立著一個門柱，門柱後方一段距離外，就是一群閃閃發光的銀色建築。這個地方的全名是「南台灣科技園區」，而大家都知道這是一家公司的主生產核心，它的名號以紅色字體標示在建築物上：TSMC。這是十八號晶圓代工廠（Fab 18），全世界最先進的晶圓廠。

就連這裡會有這棟建築，也全虧了這位張忠謀先生。張忠謀是在一九八七年創辦了「台灣積體電路製造公司」（簡稱台積電）。他在一九四九年從中國移居美國，在美國矽產業工作，一路升遷成為德州儀器（Texas Instruments）半導體部門總經理，而之後德儀宣布執行長人選時，沒有選上他。這時五十一歲的張忠謀發現自己已經來到職涯終點，剛好台灣行政院長找上他，希望他能幫忙在台灣建立半導體產業。

有鑒於當時電腦產業完全由美國公司包辦，行政院這項建議堪稱大膽。台灣沒有這方面的工程經驗，也不具備熟練人才基礎。但在隨後許多年，就像當年普魯士政府協助建立「耶拿」玻璃產業，台灣政府也為台積電提供源源不絕的支持。真正使台積電有別於德州儀器或英特爾這類業界老字號競爭對手的，是它的業務模式：德儀與英特爾這類公司自行設計、生產晶片，台積電卻只為其他公司製作晶片：它是一家代工廠。

如果你想找一家能夠具體代表原料世界的公司，台積電絕對是你的不二首選。台積電的業務只有一個宗旨：為蘋果或特斯拉，或為輝達（Nvidia）、高通（Qualcomm）這類無晶圓廠模式（fabless）業者製造處理器。不在電腦業這一行的人雖說未必聽過「台積電」的名號，台積電卻絕對已經將晶圓代工發揮到極致，成為全世界最珍貴、最重要的公司之一。不過，想取得這樣的主控優勢可不便宜：從二〇二一年起三年間，台積電編列的投資預算達一千三百五十億美元，相當於十艘美國福特（Gerald R. Ford）級航空母艦造價，比許多已開發國家的同期間預算開支還多。

一家不過擁有幾處設施，而且這些設施大體上不出單一國家國境的公司，怎能在這短短幾年之間花費如此鉅款？答案就在你面前這處南台灣暑氣逼人的田野中：十八號晶圓代工廠非常、非常、非常昂貴。事實上，十八號廠不是一棟建築，而是六個相互連結的建築單位組合，其中幾個單位在寫這本書的時候還在施工中。這座代工廠總工程成本為一百七十億美元，比英法海底隧道的施工成本（經過通膨調整）還稍多一些。不出幾年，可能出現另一家成本超越十八號廠的工廠，多半也是半導體廠，很可能還是台積電的。這是摩爾定律（Moore's law）的邏輯：每兩年，電晶體必然變得更小，而製作它們的工廠則會更加昂貴。iii

十八號晶圓廠的這些建築單位本身，每個都有多層停車場般大小，但如果把它們的銀色外牆剝開，你會發現外牆內側的大部分空間並不用來工作、辦公或停車，而是用來安置龐大的過濾與空調系統，為的就是確保建築最關鍵部位的無比極度潔淨。十八號廠的辦公建築每小時大約進行五到六次通風與過濾；最關鍵部位的一級無塵室，每小時換六百次空氣。如果你將十八號廠所有不同單位的無塵室加在一起，這總面積約有二十五個足球場大的空間，是地表最乾淨的地方之一——撇開那些準備澆在晶圓上的毒溶劑不提的話。這帶著我們來到無塵室的下方、完全不同樓層的「sub-fab」[iv]，各式各樣用來洗滌、處理晶圓的化學藥劑就在這裡不斷攪拌、搖晃，送入守在上層的機器。沒有化學藥劑的半導體廠基本上一點用處也沒有：沒有化學藥劑，也不可能有電晶體。

sub-fab下方是全球最精密的一套減震裝置，也就是說，整個建築與大地幾乎完全隔絕，有鑒於台灣位於地表地震頻繁帶，這樣的裝置自有其必要。哪怕是再細微的響動都會干擾廠

---

iii 摩爾定律的預言是否果然準確，是否還會繼續準確，一直就是半導體社群持續爭論的話題。不僅如此，所謂「定律」究竟指什麼也有不同的解釋方式，這使問題變得更加錯綜複雜。如果你談的是電晶體的實體尺寸，它們仍在繼續縮小，但自一九九〇年代以來，縮小的幅度似乎已經放緩。如果你談的是電晶體的密度，換言之，你能在晶片的一個指定區內植入多少電晶體，有人認為，晶片製造廠只要把電晶體層層疊高，就能守住摩爾定律。另一方面，如果你談的是處理器速度，近幾十年來改善率放緩是不爭之實。近日來，速度不再是唯一聚焦重心，製造廠不僅要加強處理器速度，還強調節能。想了解更多細節，可以參考美國電子電氣工程師學會（IEEE）的二〇二一年新版「國際裝置與系統道路圖」（*International Roadmap for Devices and Systems*）。（作者註）

iv 半導體廠房的fab就是製造的意思，即生產區，所謂sub-fab就是生產區下方。（譯註）

內機器的運作，所以晶圓製作廠一般不會過於接近機場或公路。

廠房裡擺著一排排機器，它們無疑是廠房裡最昂貴的東西。這些大多是白色、各自獨立的單位，體積跟小型巴士差不多，其中有些負責將化學藥劑塗在晶圓上——稱之為摻雜（doping）——有些負責沉澱奈米層材料，還有些用雷射在矽晶上蝕刻電路。一九五〇年代，半導體裝配廠裡總有一排排女性員工，危坐桌邊，用鑷子操弄電晶體線路。在今天的晶圓廠裡，你或許可以見到一、兩位從頭到腳罩在白袍內、以免將灰塵帶進無塵室的人，在這裡，幾乎所有其他一切工作都由機器人代勞。這些廠房的自動化已經到了幾乎可以完全不用人力操作的地步，因此又稱「關燈」（lights-out）工廠。那是一種超現實、多少有些反烏托邦的景象：一個沒有人的世界。但從矽晶圓的角度看來，人類的指甲藏汙納垢、皮膚屑隨處脫落、呼吸也渾濁不堪，說白了根本就在到處散播雜質。在這樣的工廠，只要有一粒不當流入的原子闖進來，價值千百萬美元的電晶體瞬間報廢。如果一切按照計畫進行，直到表面封妥、準備發送，我們的矽晶圓不會接觸到任何一隻人類的手。[5]

不過這一刻的到來需要相當時間，因為我們的矽晶圓得花三到四個月時間在這樣的工廠裡轉來轉去，裝在一個叫做「前開式晶圓傳送盒」（front- opening universal pod, FOUP）的無菌箱裡，從一部機器送進另一部機器。這些機器中最重要的或許是負責執行微影製程（光刻）的機器。幾十年來，晶圓廠不是用手或實體機器、而是用光將電晶體蝕刻在矽晶圓上。這原則有些類似電影投影機，只不過過程反轉。投影機透過鏡片將小小影像投射到電影院的大銀幕上；微影製程以一張滿載電晶體與特性的矽晶片大型曝光圖為開端，用鏡片將圖上影像投射在小到匪夷所思的面上。電腦晶片般大小的微投影打到矽晶上，藉由雷射光與塗在矽晶表層的化學藥劑的協助，在晶片上刻出細小的溝與渠，等於將電路蝕刻在晶圓上。

或許這聽起來不過是個信手拈來的比喻，但在一九五〇年代的快捷半導體，高登・摩爾與他的同事羅伯・諾伊斯確曾買下十六釐米老電影攝影機做出他們最早先的晶片。早期的矽谷晶片設計者，真正就這樣將他們的初步設計圖一個電晶體接一個電晶體、畫在一片黑板般大小的膠片上，然後由鏡片完成未竟之功。但今天的晶片設計太過複雜，且以英特爾的一款電腦晶片為例，如果你要採取上述早期設計者的作法，得先找一塊像世界第一高樓哈里發塔一樣高、超過一公里寬的大黑板才行。今天的設計者使用光罩（photomasks）——相當於早期設計者用來畫設計圖的黑板大小膠片——這些光罩用熔融石英製成，而熔融石英由矽製成。而這些矽又是其他一些矽、再是其他一些矽的產物。6

如何能將那麼多細節用光投射在僅幾公分大小的晶片上？你得靠一部全世界最貴的機器：TWINSCAN NXE: 3600D。它的單價要上億美元，製造商為曾是飛利浦（Philips）一部分的荷蘭公司艾司摩爾。3600D 光刻機的功能基本上就是讓光在一個箱子裡來回彈射。這樣的機器要價上億美元或許聽起來有些太超過，不過這可不是普通的光，也不是普通的箱子。

畢竟，如前文所述，台積電生產的電晶體都是小到真正看不見的東西，傳統波長的雷射與鏡片不再管用。為取得解析度最優的產品，你需要波長最小的光，也就是極紫外光（extreme ultraviolet〔EUV〕light）。

操作極紫外光是一件極具挑戰性的工作。就像在上世紀五十年代，許多人認為我們永遠造不出完美的矽晶圓一樣，直到不久以前，還有人認為我們不可能造出艾司摩爾造出的這種機器。第一個也是最顯著的挑戰，即創造極紫外光本身。雷射機造不出這樣的光。我們需要進入某種平行宇宙，它聽起來像極了英國科幻小說家亞瑟・克拉克（Arthur C. Clarke）想出來的場景，而非真實世界的一處製造生產線。

首先將錫熔融為液體。熔融了的錫液不斷滴入3600D光刻機內的一個真空室。在垂落過程中，這些小小錫滴每一滴都會遭到德國公司創浦提供的脈衝雷射（pulse lasers）閃擊兩次。這種脈衝雷射威力強大，足以切穿金屬。閃擊造成的爆炸使錫升溫到一百萬度，成為一種電漿，同時產生一陣極紫外光。這種對分子的精準閃擊每秒鐘出現五萬次，由於速度太快，完全無法辨別錫滴流與雷射爆炸。這一切為的就是產生一股極紫外光流，而真正的任務現在才要開始：它彈向我們守候著的晶圓。

說它是光，事實上略有誤導之嫌，因為它更像一種輻射線，有點像是X光。也像X光，極紫外光有一種被大多數固態材料——包括大多數鏡片——吸收的習性。矽就在這節骨眼又一次登上舞台。為了要將這股極紫外光流彈射到晶圓上，艾司摩爾與蔡斯簽了約，生產一套用一層層的矽與鉬製成的特製鏡子。

這些鏡子究竟是怎麼做的是另一個守得密不透風的商業機密，不過據蔡斯說，每一面這種鏡子都用五十公斤重的矽塊磨成，還得動用機器人用離子束磨光與修正表層。據艾司摩爾的一位工程師說，它們「可能是世上最平滑的人造結構」。如果你將其中一面鏡子吹製到美國面積大小，鏡面出現的最大一處凸起，高度也不會超過半公釐。經過這些鏡子一級一級彈射，波長十三．五奈米的極紫外光射向晶圓，將複雜的設計蝕刻其上。這樣的製程充滿濃濃科幻氛圍——用平滑得令人不敢想像的鏡子操控完美無瑕的矽晶圓——但這一切其實沒有絲毫奇幻之處。一戰期間，英國政府曾祕密用橡膠交換使用蔡斯鏡片的望遠鏡，而今天，在這個矽供應鏈的心臟，蔡斯生產的玻璃又一次扮演要角。

晶片戰爭

截至目前，艾司摩爾是全世界唯一一間能做出這種光刻機的公司，台積電與三星（Samsung）是唯二能運用這種科技進行量產的業者。一般認為，雄霸業界多年的英特爾至少落後一個世代。儘管早在一開始就投入極紫外光研發，英特爾直到今天仍然無法運用這類機器量產晶片。還有中國。由於遭到美國制裁，中國的晶片製造龍頭中芯國際（SMIC）根本買不到任何這類機器。

理論上，美國的出口禁令能阻礙中國腳步、讓中國趕不上台灣與南韓的晶片產業。但根據業界資深人士的說法，早在美國制裁以前，中國不但沒能逐漸趕上台灣與南韓，落後差距反而愈來愈大。十年前，中芯國際的科技落後台積電四年。今天，儘管北京不斷投入鉅資，一般認為中芯國際的科技仍落後台積電十或十二年。隨後，在二〇二三年八月底，中國華為出人意料地推出了一款搭載國產晶片的智慧型手機，令半導體業一陣譁然。雖然仍落後於台灣和韓國的競爭對手幾代，華為這款由中芯國際製造的晶片，已比許多美國和亞洲人士預期的要先進得多。只是由於生產過程極度神秘，中國以外的人只能猜測他們是如何反制美國制裁的。[7]

中國是否能夠迎頭趕上還有待觀察（大多數內部人士仍然持否定答案），但毫無疑問，它的嘗試付出了巨大的代價。就像幾年前中國各省競相打造最大的橋或最快的高鐵一樣，今天中國各省都在建造新晶圓廠。但問題是，他們找不到經營這些工廠的專業人才。

某全球領先的半導體公司一位高級主管說道，「如果我明天辭職，我會直接飛到中國，說服一個省給我一百億美元造一個晶圓廠。我知道怎麼造一個晶圓廠嗎？根本不知道。但半導體騙子不會因此罷休。

「他們建了新科技無塵室，但沒人知道怎麼使用。這些新晶圓廠大多只是一些裝滿未開箱箱子的大樓罷了。他們根本搞不清自己在做什麼。」

有一個理論說，中國失敗，台灣卻能在半導體產業大放異彩的部分原因是台灣走運，時機剛好。在二十世紀六十與七十年代，台灣將許多畢業生送往美國大學，這些留學生有許多研讀工程，後來進入英特爾與德州儀器這類公司工作。他們將那些科技知識帶回台灣。

但到了一九九〇與二〇〇〇年代，當中國開放國門，送學生到美國留學時，美國科技產業景觀已然改變。微軟、亞馬遜與谷歌等軟體業者開始獨領風騷。這一代中國留學生回國以後沒有建立硬體產業，而是運用留美期間所學，成立網際網路服務公司。這一代中國企業家建立的不是原料世界的新巨人，而是零售業巨擘阿里巴巴（Alibaba）、騰訊（TenCent，微信〔WeChat〕的母公司）與字節跳動（ByteDance，抖音〔TikTok〕的母公司）。

在鋼鐵生產、水泥、製造、營銷通路，甚至社交媒體，中國都能迎頭趕上、或超前其他國家，但在半導體這一塊，中國表現始終差強人意。中國業者雖說已經能夠主控較簡單、低端晶片的製造，但不論投入多少資金與努力，在前沿設計方面仍然瞠乎其後。分隔台灣與中國的並非只有一個台灣海峽，還有一道造成台海緊張情勢不斷升高的科技鴻溝。誠如張忠謀在二〇一九年所說，「這個世界愈來愈不和平，台積電的地緣戰略地位也愈來愈重要。」[8]

而且這種對高端晶片依賴的規模比你想像的更高。近年來，中國花在電腦晶片進口的開支，超過了石油進口。的確，《晶片戰爭》（*Chip War*）一書作者克里斯．米勒（Chris Miller）說，中國二〇一七年半導體進口的成本，比沙烏地阿拉伯全年石油輸出的總營收、比全球一整年飛機買賣的總額還高。他說，「半導體在國際貿易扮演的核心角色，沒有任何其他產品能夠望其項背。」[9]

再回到台積電十八號晶圓廠。我們的晶圓已經離開極紫外光光刻機，但旅程還沒結束，因為在通過這第一關之後，它得經過清洗與曬乾，沉積[v]又一層化學藥劑，然後一再反覆同樣過程。一層又一層設計細節往上加，有時使用極紫外光，有時使用其他雷射。有時它得進入加州應用材料（Applied Materials）公司這類業者製造的其他巴士般大小的機器，一個原子接一個原子沉積細節。就這樣過了幾周、幾個月，我們的晶圓仍在晶圓廠裡，從一台機器轉移到另一台機器。事實是，創造全世界最快科技的製程緩慢、費力得出奇；有人估算，這幾個月的製程有超過一萬個各式各樣的步驟。幾個月後，當晶圓廠製程告終之際，我們的晶圓可能已經多了一百層各式各樣的電晶體，只是它們都輕薄短小到難以言喻，肉眼看來，我們的晶圓與進廠之初沒有兩樣。

近日來，微型化製程的不斷改善會不會走到盡頭，將摩爾定律打入歷史塵埃，成為人們激辯的議題。有人猜測，我們很快就會來到矽原子極限，必須尋求一種代用原料。也有人談到砷化鎵這類「複合半導體」（compound semiconductors）。還有人認為，半導體的前途可能仰仗第一個、原始電晶體使用的材料：鍺。不過話說回來，科學家的這類爭論已經持續了好幾十年，而矽始終是主角。不過絕不是唯一的主角。

隨著電晶體數量倍增，晶圓廠製程中沉積在晶片上的化學物質種類也不斷增加。近日來，一般晶片可能會經過六十種化學物質處理，相形之下，上世紀九十年代約有十五種，八十年代約有十一種。典型的手機，加上螢幕與電池，大概有多達七十種化學物質，使它成為有史以來最先進的化學表現形式。不過就目前而言，我們再怎麼發展也離不開矽。就連下一世代電腦「量子處理器」（quantum processors）——使用量子邏輯運算，與傳統電腦的零與一二元世界不同——也仍然要仰仗矽晶圓。製作晶圓的這些獨特機器必須保持極度低溫——只能稍高於攝氏零下二百七十三度的絕對零度——或許會使用一些鋁與鈮（niobium）製作的電路，但主要材質仍然是矽。[10]

以現有科技而論，微型化製程或許還有幾個世代的壽命——或許還有十年左右。之後呢？一個選項是，效法城市在沒有空地可用之後採取的辦法，往上加高。且以IBM研發的新型晶片為例，說明這個辦法。原本製作電腦的IBM近年來大舉投入半導體研究，英特爾也隨即跟進。IBM已經造出電晶體「閘極長度」（gate length）十二奈米的原型晶片，不過根據

---

v deposition，半導體工序之一。（譯註）

晶片製造商訂定的一些邏輯有些不通的命名規則，這種晶片夠格稱為二奈米晶片。無論怎麼說，它可以將五百億個電晶體植入一個約指甲大小的空間。

當你用電子顯微鏡觀察這些電晶體（唯有這樣才能看到它們）時，它們看起來有些像一個去了麵包的三層起士漢堡——三層疊在一起的矽，每兩層之間夾著一層化學塗料。當然，這個漢堡非比等閒：每一層的厚度大約與兩串DNA一樣厚。用這種方式將電晶體疊在一起的好處是，你可以將它們愈疊愈高，造出比今天既有產品密度更大、速度更快也更有效能的電腦晶片。

一層又一層，材質上再塗材質，製程不斷往前推進，我們的矽晶圓這時也已滿滿蝕刻著電晶體，邁向下一站：切割成一、兩百片晶片，每片晶片都裝入一個保護罩裡。從石英塊化身電腦處理器的這段旅程現在結束，但它的整個行程還沒走完。從這一刻起，我們這塊晶片將運往另一間位於馬來西亞的工廠，接受進一步監測。脆弱的晶片表面隨後覆蓋一層保護層，還加上與一個電路板相接的線路。這個指甲大小的神奇產品終於或多或少完成，可以裝入智慧手機裡了。之後，它離開馬來西亞，運往中國境內的裝配廠。這些規模龐大、好似小城一般的裝配廠，大多由這家「鴻海科技集團」——人稱「富士康」——的公司經營。我們的晶片要在這裡與來自高通與德州儀器等公司的其他十幾個晶片一起接上主機板。

就算是業界本身人士，也很少能了解這趟旅程的冗長與複雜，涉及製程、參與其事的公司之眾多。媒體經常寫到蘋果，有時談到富士康。專業雜誌偶爾還會寫到有關台積電，甚至艾司摩爾的報導，傳頌台灣與荷蘭在半導體供應鏈的核心地位。不過這都是冰山一角，因為供應鏈還有其他數以百計的公司，若沒了它們，這些處於核心位置的公司將無法運作。例如林登晶體（Linton Crystal），製作柴可拉斯基法的鍋爐，以及切割矽錠的鑽石鋸；例如JSR株式會社是光阻科技全球領先業者；例如位於奧地利的EV集團（EV Group）與IMS奈米製作（IMS Nanofabrication）是晶圓鍵合與光罩生產龍頭；又例如威可儀器（Veeco）、東京電子（Tokyo Electron）、科林研發（Lam Research）、ASM太平洋（ASM Pacific）、應用材料與愛德華（Applied Materials and Edwards）等等名不見經傳、但為晶圓製造提供關鍵機器的業者——只需從半導體供應鏈中去除一、兩家這類公司，電腦或智慧手機的製作都將停擺。

值得深思的是，世上兩個超級大國近年來都在高談闊論，要將供應鏈「遷回本土」。喬．拜登在二〇二二年提出法案，鼓勵更多相關投資，要讓半導體製造回歸美國；習近平訂定「中國製造二〇二五」政策，要讓中國自給自足、主控從機器到半導體製造等一切環節。但要將我們剛經歷的這趟旅程壓縮在一個國家，不依賴來自世界其他國家的進口而獨力生產，就算只是想一想也能令人頭皮發麻，大呼不可能。

就算中國入侵台灣，就算台積電晶圓廠能在這場戰火洗禮中存活下來（有人已經提出建議，要在台積電晶圓廠地基埋設炸藥，一旦遭到入侵就引爆，就像軍隊在撤退前先炸橋一樣),問題還是不能解決。十八號晶圓廠或許是全世界最先進晶片製作地,但它們的設計大多來自主要是美國等其他地方,智慧財產權則屬於英國劍橋的智財供應商 ARM。若沒有荷蘭與日本提供的機器工具,沒有德國的化學藥劑,與其他國家形形色色的零組件,台積電的晶圓廠也只能熄火。世界上做得出完美矽晶圓的公司寥寥無幾,而且其中沒有一家總公司設在美國或中國。而且全世界只有一個地方生產的石英砂做得出晶圓製造所需的坩堝。政界人士在口沫橫飛、大談「回流」(Reshoring)之餘,往往只是暴露了他們對原料世界真實運作方式的深刻無知。

你很可能因此認定,我們剛完成的這趟旅程非常獨特——是二十一世紀錯綜複雜經濟特性的極端例子——但它一點也不獨特。半導體無所不在是不爭之實:就算撇開那些裝在樓層頂端與野外的太陽能板不論,你這一生接觸到的大多數裝置與工具,在最後來到你手邊以前,都經歷過一趟類似的旅程。儘管它或許艱鉅又神奇,卻絕非不尋常。我們的世界就是這樣運作的。

探討得愈深,愈能發現這些供應鏈彼此交織。我們身處的不是一個鏈,而是一個網。沒有燒煤的高爐將石英煉成金屬矽,不會有矽晶片。沒有氯化氫溶解、啟動西門子製程,不會有多晶矽。沒有從生產層下方 sub- fab 打進無塵室的化學藥劑與氣體,也不會有半導體。對了,這些化學藥劑大多從哪裡來的?答案或許就在你家廚房的餐桌上。

第二部

鹽

第四章

鹽之路

布爾比（Boulby），英格蘭

史蒂夫．謝洛克（Steve Sherlock）正看著幽魂。

「就在那裡，是一處鐵器時代遺址，」他比手畫腳指著不遠處一塊草地。「憑著篤信上帝的眼，我可以見到那塊地方的植被不一樣……那邊有羅馬人建築；他們製作陶瓷，用黑玉做珠寶。那是一處地質現象，你知道，就是那種成了化石的智利南洋杉……」

我們倆都盯著同一處空地，但我怎麼也只能看到幾叢野草、幾塊光禿的土，與鼴鼠丘而已。當時適逢收成時節，一位農人駕著拖拉機拉著一輛拖車駛過。史蒂夫毫不理會，大步向前，或者應該說，大步退回古早。

這裡是英格蘭東海岸最高點，我們置身處幾百碼外，就是山崖與海交會處。眼前有不少舊鋁礦與鐵礦遺下的累累疤痕，景觀給人一種古怪的憂鬱感。這裡的土曾經煉成鋼鐵，用來打造泰恩橋（Tyne Bridge）與雪梨海港大橋（Sydney Harbour Bridge）。不過史蒂夫更關心的是此刻他踩在腳下的這塊地。

史蒂夫自一九七九年離開大學校門、決心當個考古學家起就來到這裡，時間已逾四十年。他現在代表英國公路局（Highways England）在全國各地旅行，檢視計畫興建新公路的土地。他曾在劍橋與杭亭頓（Huntingdon）之間A14號公路拓寬計畫工地下找到猛獁象牙、羅馬皇帝萊利亞努斯（Laelianus）時代的珍稀古幣，以及英國境內啤酒釀造的最早證據。近日來，由於黑貓（Black Cat）與卡斯頓絞刑架（Caxton Gibbet）之間的A428號公路路段翻修，他開始在沿線搜尋古羅馬與石器時代遺跡。不過讓他魂牽夢縈的始終是這塊空地。

史蒂夫這麼做也情有可原，因為這裡是英國最引人入勝的一處考古遺址。二〇〇六年，人稱「街屋」（Street House）的這處野地，因史蒂夫與他的團隊在這裡發現一座安格魯—薩克遜人古墓而第一次登上媒體頭條：古墓中有一排排遺骸，中間圍著一位少婦的遺骸，她因此得名「安格魯—薩克遜公主」（Anglo-Saxon Princess）。她是不是真的公主仍有爭議，但她躺在一張用白蠟木與鐵製成、裝飾華麗的床上，還有三件金墜飾陪葬，毫無疑問地位崇高。

其中一個墜飾是一塊雕成扇貝狀的寶石，周邊鑲著石榴石與金邊，是安格魯—薩克遜期間出土的最著名古物之一，媲美蘇福克郡（Suffolk）蘇頓胡（Sutton Hoo）「船棺葬場」出土的陪葬藝品。史蒂夫說，這幾件寶藏加起來價值不只十幾萬英鎊而已，「我在這裡可以隨意挖掘，因為每個人都說，『史蒂夫能讓我發財』。」

但這些安格魯—薩克遜寶藏不過是開端而已，因為史蒂夫挖得愈深，發現得愈多，回到的時代也更古老。在這座安格魯—薩克遜古墓（西元六三〇到六七〇年）底下，他發現羅馬建築（西元七〇到一四〇年），再往下挖是一處鐵器時代遺址（西元前二〇〇年到西元前一年），再繼續深挖，是一處新石器時代遺址（西元前三八〇〇到三七〇〇年）。史蒂夫的時光旅行旅途愈遠，發現也愈驚人。

這些時代的發現都有一個共同之處：鹽。在羅馬時代以及鐵器時代，人們都在這裡製鹽，而且事實證明，新石器時代的人們也是。為什麼是鹽？為什麼選在這裡？

簡單的答案是，我們的歷史與我們的現在都離不開鹽。以最簡單的方式來說，這涉及一種生理必然性：人體如想保持運作，每年都需要幾公斤的氯化鈉，即食鹽。鹽還能協助我們的神經、肌肉與肌腱機器運作，讓電流流通。我們的生理組織與鹽的關係，就像大多數電機與電流的關係一樣，太少會造成故障，太多會超載。在現代電冰箱問世以前，鹽是保存食物的主要手段。鹽有防腐功能，能夠殺菌；我們在用鹽醃肉時，實際上是在去除肉類可能產生的危害。鹽是生命之源。

但就像對待矽一樣，沒有人肯靜下心來，仔細思考我們對這微不足道物質的依賴。事實上，與矽相比，我們不把鹽當回事的態度還更加根深柢固。了解玻璃對現代經濟重要影響的人雖說少之又少，卻沒有人質疑矽晶片的重要性。另一方面，鹽在人們心目中卻始終沒什麼地位。但「鹽是生命之源」，這話在古羅馬時代是真理，到今天依然是。不僅我們的食物中需要鹽，鹽還是環境衛生與藥劑產業的基本組成部分。想一想你擺在廚房清洗槽底下的那些東西。烘焙小蘇打粉用來烹調，漂白粉用來清潔——甚至可以清洗汙水排水管。這些成品在一開始都是鹽。而且這種卑微的顆粒直到今天仍是化學工業的重要基礎。說來或許令人難以置信，但在台灣那座超先進晶圓廠裡，透過管子從 sub-fab 打入上層無塵室的許多氣體與酸劑，在一開始要不是從地下採得的鹽，就是從海水蒸發得來的鹽。

不該低估這種物質還有一個原因。如果你想了解資本主義與權力，鹽是最好的觀察起點。本章下文充滿了政治、壓迫與戰爭並非偶然。鹽是人類生存必需品（其他一些形式較模糊的鹽，對我們的營養也十分重要）——這個事實意味，鹽打從一開始一直就是一種權力工具。鹽之所以成為原料世界的六大成員之一，不只因為它的獨特屬性，也因為鹽能成就我們，讓我們完成一些事。或許這麼說有些牽強，那就先讓我們看看史蒂夫在布爾比山崖上發現了什麼吧。

失落的一環

在最近一次挖掘中，史蒂夫找到一些黏土做成的碗，與燒焦了的、年代比他之前發現的久遠得多的石器；據放射性碳定年法推算，這些石器是近六千年前的古物。它們有些像是你在用柴火燒水時，插在壺底下的東西。那意味一個爐灶。他發現一些氯的痕跡，說明這工具的主人用它製鹽。這已經令人振奮：雖說中歐找到一些新石器時代有人製鹽的證據，在如此偏北的地方還沒有此類發現。隨後，他發現脂類：脂肪堆積——表示人們已經知道使用牛奶。因多年在地洞鑽進鑽出而微微曲頸的史蒂夫，在這塊地上下盤查，發現這是英國境內最古老的起司製作遺跡（想做出像切達起司〔cheddar〕一樣的硬起士，你需要很多鹽）。

但直到他進一步深挖，最重要的發現終於出現。在那第一個爐灶邊，他找到第二個、第三個……一系列的爐灶。逐步抽絲剝繭後，他察覺這不是一般的先民聚落，因為它與非正式小型農民社區的標準形象不符。這裡是一個工廠，一處生產線。幾乎在無意間，史蒂夫發現一處最早期的製造與貿易源起證據。

這是我們所謂晚期石器時代，當時生活在英格蘭的人還不懂金屬製作，才剛開始從獵人聚落轉型進入農村生活。早在巨石陣（Stonehenge）那些巨石豎立前一千年，他們就建了這座鹽廠，開始開採鹽礦，製作起司，或許還有其他產品。

且讓我們沉思片刻：早在全世界最著名的一處古建築群建立前一千年，這裡的人已經開始量產產品，進行交易。這處先民聚落是介於農業革命與之後一切發展之間的一塊失落環節。在這裡工作的人——據信來自歐洲大陸，可能是法國——將如何運用天然資源製作產品的知識帶進英格蘭，然後販賣或交易他們的產品。進一步深思，你不難發現，今天所謂的智慧財產、技術轉移，以至於廣而大之的所謂資本主義，源頭就在這裡。

歷史上有許多偉大轉型，我們會在本書以下幾章討論其中幾項，但這一刻——先民與家人親友聚居，一起生產不為本身用度、而用於買賣交易的物品——代表一個重要分水嶺。對現代讀者而言，廉價、無所不在的鹽是理所當然的基本產品，先民聚在一起造鹽這件事或許有些突兀。但情況並非總是如此；直到不很久以前，造鹽還是一件非常辛苦的工作。

你如果造訪過鹽藝工坊，就會知道我的意思。在地中海的伊比薩（Ibiza）與馬約卡（Mallorca）島，島民自腓尼基時代（Phoenician era）起就在製鹽。他們用水道與閘門將海水引入水塘與池子，置於陽光下曝曬，取得高濃度鹽水（即鹵水）溶液，最後刮出鹽晶。這些鹽晶在法國稱為 *fleur de sel*，在西班牙稱為 *flor de sal*——就是「鹽之花」。鹽之花呈片狀，非常珍稀昂貴，是食鹽極品，現代主廚會將它們灑在布拉塔（burrata）與莫札瑞拉（mozzarella）起司上。[i]

鹽之花之所以如此昂貴，與鹽長久以來一直如此珍貴的理由沒有兩樣：要取得鹽之花不僅耗時，還耗能——不僅要靠太陽能蒸發海水，還得靠人將鹽不斷耙平。史蒂夫發現的那處新石器時代的拓荒者，想來用的也是類似作法——不過他們沒有地中海氣候條件，只能將海水盛入瓦罐、架在爐灶上蒸發，而不是把海水導入淺塘，藉陽光曝曬蒸發。他們得不斷加入海水，不斷加熱，直到可以打爛瓦罐，露出一塊珍貴的白色鹽糕為止。

「這是一項工業化流程，」史蒂夫說。「有人去『剝皮樹林』（Skinningrove）的海灘蒐集海水、蒸發，帶著取得的鹽水上山；有人蒐集柴火生爐灶；有人飼養乳牛……這些都是先鋒社區。」

史學者早有理論認為，人類文明多於海岸附近展開，原因就在於靠近海岸比較容易取得食鹽。就在布爾比崖頂這處平野，史蒂夫發現證明這種理論的第一個具體證據。幾千年前在

i 白色「鹽之花」是所有食鹽中最昂貴的，但事實是，它並非最純淨的。正好相反，這些從鹽池上取得的鹽晶除了氯化鈉以外，還含有鈣與鎂。幾乎整個歷史上，真正純淨的白色食鹽一直是珍貴商品，但現代人的胃口很古怪：我們往往願意支付高價取得真正有雜質的東西，無論是葛宏德牌（Guérande）的灰海鹽（灰色來自黏土），夏威夷的黑火山鹽（黑色來自木炭），或喜馬拉雅粉紅鹽（粉紅色來自氧化鐵）都是例證。（作者註）

這處崖頂上製作的鹽、醃肉與起司的下落如何？我們認為，它們賣了出去，最可能賣給那些來自遠方各地的商賈。今天這處平野與北約克沼澤（North York Moors）接壤。北約克沼澤因遍植山桑子與泥炭草而呈現一片紫褐色景觀，但在這些早期鹽廠運作的那個年代，北約克沼澤與附近大部分地區仍在濃密的橡樹與榛樹林覆蓋下。隨著第一批農民進駐，開始飼牛養羊，這些森林逐漸砍伐，化為田野農村。每一處農村間有蛛網般的大道與小徑相通，人們就利用這些大小道路交易食物、貴重物品，當然，還有鹽。

賺到鹽了

你可以利用這些老鹽路在英格蘭各地旅遊。從卓威治（Droitwich）到華威克（Warwick），從布克斯敦（Buxton）到謝菲德（Sheffield），都有各式鹽道相通，幾千年來，鹽販就載著鹽，從產地經由這些道路走向消費地。的確，英國人口中的英國「羅馬路」原本都是古鹽路，只不過羅馬人在統治英國後為這些道路加鋪了路面罷了。

中古時代的歐洲，這種道路四通八達：從威尼斯到提里亞斯特（Trieste），從提里亞斯特到維也納，從奧格斯堡（Augsburg）到薩爾斯堡（Salzburg，意即鹽堡），或許其中最著名的是魯納堡（Lüneburg）鹽水泉與德國北海岸魯貝克（Lübeck）港之間的那條路。鹽就從魯貝克運往波羅的海、挪威，甚至昔得蘭群島（Shetland Islands）供醃製鱈魚之用。

就連在美國，許多現代道路也是撿現成，就鋪設在野牛與其他類似野獸從一處鹽泉走到另一處鹽泉踏出的小徑上。城市往往也就近出現：紐約州北部的雪城（Syracuse），在拓荒者於附近奧農達加（Onondaga）發現鹽泉之後，迅速成為美國最重要的城市。

全球各地，人們仍然走在、或行駛在鹽道上。從羅馬穿越義大利到阿斯柯利港（Porto d'Ascoli）的SS4號高速公路，其實就建在古羅馬薩拉里亞大道（Via Salaria）——鹽路——之上。這條路以亞德里亞海為終點並非偶然：前後幾千年間，這裡是全球最大的製鹽重鎮之一。至少早從中世紀起，來自威尼斯的鹽，經此運往莫德納（Modena）與帕瑪（Parma），以及波河（River Po）沿岸其他地區，製作火腿與起司。帕馬森起司（Parmigiano Reggiano cheese）的味道，就源於它們先得在一個鹽泉溶液中浸泡二十天，然後陳化一年，讓鹽逐漸浸透。帕馬火腿、風乾火腿（prosciutto）、沙拉米臘腸（salami）之所以與眾不同，不僅因為肉質獨特，也因為它們使用的鹽主要來自熱那亞與威尼斯。

威尼斯的發跡與鹽密不可分——或許這話聽來有些逆耳：威尼斯不是以亞洲香料交易這類異國色彩濃厚的買賣聞名嗎？嗯，是的，沒錯，但在香料交易以前，而且在那以後，威尼斯是一個以鹽為首的經濟體。早在西元五二三年，當東哥德人（Ostrogoths）統治原西羅馬帝國時，擔任東哥德行政長官的卡西奧多羅斯（Cassiodorus）曾寫信給威尼斯人說：

你們把一切精力都花在你們的鹽田上；你們的繁榮，以至於你們取得一切需用的購買力都仰仗這些鹽田。因為這世上或許有人對黃金無所需求，卻沒有一個活人不需要鹽。[1]

中世紀的威尼斯人控制亞德里亞海大部分鹽產，不斷與鄰近競爭對手作戰，征服對手的鹽廠。但經過一段時間，威尼斯發現，控制鹽的交易比製鹽更有利可圖。來自阿爾及利亞、薩丁尼亞、伊比薩與馬約卡、塞浦路斯與克里特等地中海各地的鹽，都要運到威尼斯，再由威尼斯銷往義大利各地與世界其他地區市場。因鹽致富的威尼斯商人進一步深入印度與遠東，並迅速壟斷了香料貿易，而鹽務局（Camera Salis）更是成為當地財經系統重心，整個城邦收入中，每七達克特[ii]就有一達克特來自鹽收。[iii]

或許你開始見到一種模式了。在布爾比的崖頂，一群人用鹽展開量產實驗。在威尼斯潟湖，鹽為貿易經濟體提供了基石。有了鹽，農人與漁民不再受制於旅途天數，而能遠渡重洋、販賣產品，不僅賦予了生食獨特口味，還有更加重要的東西：時間。突然間，昨天捕來的魚不必一定得在明天以前賣出去。肉可以醃起來，擺在架上一年多；牛乳可以製成起司，陳放數年。

今天我們知道鹽不虞匱乏。如果把海裡的氯化鈉完全移出來，平攤陸地上，放眼四顧，我們的陸上世界都將蓋在一層五百呎厚的鹽殼下。而且這還沒算埋在地底、蘊藏量同樣豐富的鹽。事實上，就在布爾比、在史蒂夫探索的那塊地下方幾百公尺深處，就有一條龐大的純鹽礦脈。不過這是直到晚近才有的發現；新石器時代先民自然無緣得知，只能千辛萬苦、提著海水在這崖頂上下奔忙。

先民們也為我們帶來一個有關價值的教訓。他們打造這些爐灶、創建世上已知最早的生產線，只因為存在市場。

在古代世界，鹽是財富的表徵。在非洲，商人用鹽來交換黃金。人們把鹽當成貨幣買賣商品，有時還買賣奴隸。而且，這不是只出現在古時候。在第二次世界大戰期間，奈及利亞發生物資短缺與饑荒，北部許多村落就以鹽為貨幣，其中尤以英國鹽最值錢。[2]

第一個為戰士提供正式鹽配給的文明是羅馬人——每位戰士能領到一定數量的鹽，最後

---

ii ducat，歐洲自中世紀後期起使用的錢幣。（譯註）

iii 據歷史學者馬克·庫蘭斯基（Mark Kurlansky）表示，「在十四到十六世紀、威尼斯是糧食與香料首要集散港期間，進口貨物噸位裡，鹽包辦了其中三〇%至五〇%。所有的鹽都必須經過政府機關。鹽務局簽發的許可證不僅規定商人可以出口多少鹽，還規定了出口地與出口價。鹽務局也負責維護威尼斯宏偉的公共建築，與錯綜複雜的防洪水力系統。當地富麗堂皇的景觀、許多雕像與擺設都有鹽務局贊助。馬克·庫蘭斯基，《萬用之物：鹽的歷史》（*Salt: A World History*, Vintage, 2008）。（作者註）

衍伸出薪俸（salary）一詞。不過，或許這種配給主要算是健康保險，而非酬勞，因為戰士們有時也領錢。當我們說某人「earning their salt」或「worth his salt」[iv]時，是延續了古羅馬的傳統。而且這種為戰士提供鹽的傳統一直持續到不很久以前。許多世紀以來，在英國以及其他許多國家，鹽巴或鹽醃製的魚、肉，都是戰士口糧的一部分。在開戰以前，一個國家首先要做的工作之一就是囤積鹽。

鹽還在戰爭期間成為武器。在美國獨立戰爭期間，英國封鎖美國港口，攻擊大西洋岸的鹽場；南北戰爭期間，北軍攔截運往南方的食物與鹽補給船，還專門攻擊鹽廠、搗毀鹽水泵，讓敵人就算奪回它們也無濟於事。北軍不僅攻打南軍，還切斷鹽補給，讓南軍餓肚子。

鹽與權力

一旦了解鹽的歷史，你不僅能了解貿易與商務的起源，還能摸清權力與專制暴政的根源。這世上自有統治者以來，統治者就嘗試以鹽作為統治手段：控制鹽、調節鹽、徵鹽稅，以加強他們的權力。將這種事做得最淋漓盡致的國家首推中國。

中國有十三個朝代，無數的統治者，其中有些朝代存續數百年。這些朝代從封建主義到共產主義，各有不同的政治教條，但在中國幾千年悠久的歷史中，有一項不變的體制性常數：鹽的壟斷。統治者應該控制鹽、徵收鹽稅的原則，可以回溯到西元前七世紀，回溯到漢代以前；回溯到萬里長城建立以前；回溯到羅馬帝國、亞歷山大大帝、柏拉圖或亞里斯多德以前。早在馬基維利（Machiavelli）寫《君王論》（*Il Principe*）之前一千五百年，中國已經有《管子》——這可能是世上第一本有關現實政治權謀的偉大著作——而《管子》很重視對鹽的控制。

根據《管子》的記載，春秋時代，管子（管仲）在齊桓公朝廷擔任宰相。他向齊桓公獻策說，「你若宣布徵人頭稅，無分男女老少都得繳稅，必然導致民怨反彈。但你若實施鹽稅專賣政策，不但鹽利『百倍歸於上』（歸於統治者），還沒有人逃得了稅。這才是財政管理之道。」3

套用美國科幻小說作家法蘭克・赫伯特（Frank Herbert）的話：誰控制鹽，誰就能控制世界。中國早期君王遵從管子這項建議，召募工人製鹽，嚴格限制蒸鍋尺寸、日產量等等，進而控制帝國境內的配給與消費。國家既能控制一切，自然能以超出成本甚多的高價將成品賣給消費者，從而累積可觀的歲收；到三世紀時，鹽稅占全國營收幾近九成已成常態。4

iv 指某人值得信任，有能力，沒有光拿薪酬、不辦事。（譯註）

如此珍貴、對人類營養與健康如此重要的鹽，不僅是重要財政收入，它也引發各種意義更深的政治議題：權力多大才算過大？國家的角色應該止於何處，公民的角色又該始於何處？個人自由應不應該勝於國家安全？在什麼環境下，中央政府可以凌駕於私人企業？

這幾個問題給人滿滿的現代感，但它們是西元前八一年在中國帝國朝廷內一場辯論的主題，收錄在有關治理問題的最著名早期文獻《鹽鐵論》裡。辯論一方是現代派，認為壟斷鹽、鐵的生產是增加軍費、維護國家安全的重要環節；另一方是儒家門徒的改革派，主張結束中央化的鹽鐵專賣限制，並質問政府為什麼要「與民爭利」。甚至到了兩千年後的今天，也沒人能確定究竟哪一方贏了這場辯論；辯論結束後，鹽專賣持續了幾十年，隨後廢止，然後又迅速恢復。5

理論家在研究現代中國的本質時，往往考慮到共產黨與它的觸角；他們想到毛澤東的傳承，有時甚至還會想到二十世紀以前的政治結構。不過，思考一下治鹽，應該會帶給他們更好的方向：中國必須建立龐大的中央集權官僚體系、必須管控民營企業，部分原因就在於控制這樣物質——不僅在上一世紀，兩千年來都是如此。除了偶爾出現的短暫空窗期，中國的鹽專賣一直持續到二十一世紀。

直到二〇一三年，中國的「鹽警」——共有兩萬五千人，有自己特有的鹽晶狀金色徽章——還在不斷打擊線上賣鹽的民間商販。表面上，他們的主要任務不在於國家管控或財政營收，而在於公共衛生。中國的食品安全事件始終層出不窮，多年來「缺碘症」在鄉間也一直甚為猖獗。也因此，中國鹽專賣當局的最新任務就是盡可能為最多的人提供「加碘鹽」，即含有少許碘的鹽，可以防止缺碘症。到二〇〇〇年，九〇％中國人已經領到加碘鹽，衛生部在二〇一〇年宣布，除了最偏遠的省分，它已經讓缺碘症在中國各地絕跡。二〇一六年，政府結束鹽價管控，號稱將兩千年來的鹽專賣打入歷史，儘管市場仍控制在國營大廠「中國鹽業總公司」手裡，許多人認為政府壟斷實質不變，不過換了名目而已。

當然，專賣不是政府籌款的唯一手段；更常見的是稅，自古以來，統治者就在徵收鹽稅。從中國到英國到奧圖曼帝國，政府都對鹽的售賣課稅，但最惡名昭彰的莫過於法國的「加貝爾稅」（gabelle）：繁重、專斷不公，有些地方稅率高得嚇人，其他地方卻免徵，法國人民無不恨之入骨。就若干意義而言，它可說是今天所謂稅務系統的濫觴，有些像是那種讓許多家庭不敢開暖氣、不敢用電的能源稅。難怪當法國大革命爆發時，革命群眾的中心訴求就是廢掉加貝爾稅。[6]

在法國大革命爆發前幾年，加貝爾稅稅率愈攀愈高，讓許多家庭陷於飢餓與營養不良狀態。就算意圖減少食鹽消費的人也難逃加貝爾稅毒手，因為每人每年必須買七公斤鹽，即所謂「鹽的責任」（sel du devoir），想逃避加貝爾稅根本癡人說夢。走私事件頻傳，違規者受到嚴懲：男、女、孩童都會下獄，或被送到帆船上充當划槳的奴隸。有人遭酷刑，有人被當眾羞辱，還有人被送上最可怕的處決形式「死亡輪」（broken on the wheel），慘死輪下。幾百年下來，民怨沸騰，加貝爾稅收也一起攀上高峰，到法王路易十四時，此項稅收已成為法國公共財政的主幹。7

路易十四的財政部長尚—巴蒂斯特・柯爾貝（Jean-Baptiste Colbert）曾有一句名言：「徵稅的藝術就像拔鵝的羽毛一樣，既要拔最多的羽毛，又要盡可能讓鵝別亂叫。」只是柯爾貝推動的加貝爾稅改革結果讓鵝叫得更兇：他將加貝爾稅法律條文化，把原本非正式的規則變得更加嚴厲。因逃稅而受罰的人於是愈來愈多。鹽稅不是法國大革命的唯一理由，但它成了代表舊制度（ancien régime France）一切惡行劣跡的標誌：它成為法國各地叛亂引爆的一個政治夾點。一七九〇年，革命派在罷黜王室後，立即廢止了加貝爾稅，所有遭控走私或違規逃稅的人都獲釋。只是拿破崙在一八〇六年又悄悄將它還魂了。

如果換成是對另一種商品課徵不同的稅，會挑起這場大革命嗎？或許也會。但無論怎麼說，鹽顯然有其特殊之處，因為法國的經驗並非單一事件。一八七五年，德國植物學家馬蒂亞斯・賈可布・施萊登（Matthias Jakob Schleiden）在一本叫做《鹽》（*Das Salz*）的書中寫道，鹽稅與專制暴政之間有明確關係。凡試圖將這種珍貴的生活必需品貨幣化的政權，往往也導致不公不義，民生凋敝。之後幾年，施萊登的論點在一處得到了或許是最好的驗證：印度。

印度的製鹽歷史雖說沒有中國那樣久遠，但仍然非常古老。幾千年來，印度人在海岸沿線蒸餾海水取鹽，就像亞德里亞海沿岸，與地中海巴利阿里群島（Balearic Islands）那些居民一樣。但在英國占領印度之後，一切都改變了。在英國當局眼中，殖民地與領地不僅天然資源豐富、可供榨取，或許更重要的是，還是可供國內商品出口的市場。英國當局於是禁止孟加拉（Bengal）出售本地鹽，規定孟加拉人只能購買從英國進口的鹽。結果可想而知：食鹽走私愈發猖獗，英國人控制地方鹽、實施國家專賣，私人製鹽、賣鹽都屬非法。

執行這些禁制令並不容易。中國為實施鹽專賣成立鹽警，法國當局有專責監督加貝爾稅執法的鹽稅官吏（Gabelous），英國也設計了一套頗具英國味的解決辦法：樹籬。英國人在孟加拉邦境內各處建立海關檢查站，然後從喜馬拉雅山麓直到奧迪薩（Odisha）鹽廠，用刺梨、印度李樹與有尖刺的金合歡，沿整個邊界建了一道兩千四百哩長的樹籬。為執行鹽專賣，當局派遣人員日以繼夜不斷在這道人稱「印度大樹籬」的樹籬附近巡邏——由於走私客總能找破口、伺機而動，這項巡邏任務不但艱苦，還往往流於形式。英國作家羅伊．馬克斯漢（Roy Moxham）說，這道樹籬「不斷提醒印度人，讓印度人見到什麼是不公——英國稅。無論如何，英國繼續在印度加強這套系統」。8

直到英國控制所有印度境內的鹽產之後，這道樹籬才逐漸荒廢（今天已經幾乎蹤影全無），但殖民當局控制鹽而引發的民怨繼續擴散。隨著在地鹽產窒息，印度被迫仰賴進口，英國鹽於是大舉進攻，英國也趁勢大抽鹽稅。就這樣，英國鹽政成了中國專賣與法國加貝爾稅之惡的集大成。

當六十歲的聖雄甘地（Mahatma Gandhi）於一九三〇年展開對英國殖民占領的抗議行動時，以鹽政以及讓窮苦村民損失三天收入的鹽稅為抨擊對象，原因就在此。「英國設計這種系統，似乎為的就是要讓印度（農民）活不下去」，他以非常禮貌的用字寫信給駐印度總督厄文爵士（Lord Irwin）。

就連窮人必須賴以為生的鹽都要課稅，而且只為了講究不分貧富、一視同仁，窮人得像富人一樣繳稅而被壓得喘不過氣來。但不要忘了，無論就個人與集體而言，鹽都是窮人必須消耗得比富人多的唯一一樣東西……有鑒於此，我認為就窮人觀點而言，這種鹽稅對窮人極端不公。9

就像甘地的一些同事，厄文爵士在讀到這封信時，對於甘地選擇以鹽為題大作文章感到有些不解。甘地的一些同事建議他抵制英國的土地稅，因為土地稅看起來比鹽稅重多了。但鹽有一種特殊象徵意義：鹽是大多數人的每天必需品（有意思的是，甘地本身不用鹽，他在幾年前戒了鹽），而且對英國稅收極其重要。

甘地在將他的計畫告知厄文爵士後，展開前往海岸的兩百四十哩長途行軍，一路上廣納更多信徒、支持者，加入他行列的記者也愈來愈多。二十四天後，他來到西海岸邊的小村落丹迪（Dandi），用杓子舀起海水、淋在自己身上，然後在攝影機鏡頭前撿起海灘上幾粒水汽已然蒸發的鹽晶。就這樣，他違反了印度人最痛恨的一項法律。

「我就這樣撼動了大英帝國的基礎，」他宣布。「我要求世人同情我們這場正義對抗強權之戰。」

甘地這場「食鹽行軍」（salt satyagraha）在全國各地引發「公民抗命」連鎖反應，是印度獨立旅途中的一個關鍵轉折點；甘地隨即被捕，但已為時過晚。他事先指派莎拉金妮・奈杜（Sarojini Naidu）在沒有他的情況下領導抗爭，奈杜領導群眾遊行到古賈拉邦（Gujarat）最重要的鹽廠達拉沙納（Dharasana）；一波又一波非暴力抗議群眾遭到警察毒打，數百人受傷、兩人死難，野蠻的鎮壓引來國際撻伐。

我們可以以甘地在丹迪海灘拾起的幾粒鹽為起點，畫一條線，一直通到印度於一九四九年獨立。對不知情的人來說，鹽——如此普通、平淡無奇的鹽——竟然播下印度獨立的種子，似乎匪夷所思。但鹽遠比大多數人想像的重要得多：它是經濟貿易的基石，是權力的工具，也是抗議的表徵。不過這一切都已走入歷史。而鹽直到今天仍然悄無聲息地擔任現代世界骨幹的事實，或許才是關於鹽最了不起的一件事。

第五章
鹽的一切種種

溫明漢（Warmingham），英格蘭

英國鹽產業的心臟，就位於柴郡鄉間深處的一處田野中。羊群在田野上嚼著草，遠方地平線上是一棟老農舍。不過走近一點，你能見到其他一些東西：通往一處空地的礫石路車道，以及從空地上冒出幾根兩公尺長的管子。稍不留神，很容易將這些管子當成農耕裝備，但它們是我們的線索，訴說這裡地下發生的事。

就在這草地下方幾百公尺，數以百萬噸計的鹽從地下洞穴開採出來。這些洞穴有的較小，有的像天主教堂一般大。它們的洞穴壁、頂部與底部呈現一種令人驚豔的、半透明的粉

棕色。如果你點個燈照向它們，它們會像肉體一樣變暖；只不過你不能做這種事，因為沒有人涉足過這處田野下的洞穴。這讓人大惑不解：什麼樣的礦竟會沒有礦工？

在找出答案以前，且讓我們先回顧一下。大致上，鹽有三種製造法。你可以將海水蒸發，取海鹽，這種方法費力耗時，在幾千年前的新石器時代，生活在布爾比的人就用這種方法量產食鹽。你可以從地下挖掘岩鹽，巴基斯坦的克烏拉（Khewra）鹽礦用的就是這種作法。克烏拉鹽礦據稱早在亞歷山大大帝時代已有開採，或許是世上歷史最悠久的營運中鹽礦。你或許已經接觸過克烏拉鹽；近年來它有一個比較響亮的名字：喜馬拉雅粉紅鹽。不過事實上克烏拉鹽礦距離喜馬拉雅山麓還有約兩百哩，這新名目不過是行銷花招罷了，有些像是將倫敦泰晤士河水裝瓶，當成約克郡山谷（Yorkshire Dales）礦泉水出售一樣。

世上還有幾處著名鹽礦：奧地利西北部的哈萊因（Hallein）鹽礦就非常古老，曾在礦裡找到幾千年前困在裡面的一位古塞爾特（Celtic）人礦工的遺骸。近日來，哈萊因礦已停止開採，你可以乘纜車直下礦坑，然後穿越鹽穴內一處地下湖。在波蘭克拉科夫（Krakow）的威利奇卡（Wieliczka）鹽礦，你可以見到鹽壁上雕著雕像，甚至整座教堂。

第三種也是最後一種製作法，是以鹽水的形式把鹽從地下抽出來——這種溶液含鹽濃度超過三〇%，比海水的三%高出許多。這種作法稱為「水溶採礦法」（solution mining），就一種意義而言，它與掘地挖礦並無不同：你開採的仍是同一礦層，只不過水溶採礦法礦工用的是遠程高壓水喉，取代鑽孔機與炸藥。

水溶採礦法雖說聽起來有些超現實，卻是我們今天主要採用的取鹽方式，至少在欠缺足夠熱能與陽光、無法蒸餾海水的地方是如此。美國的鹽主要來自堪薩斯、路易斯安納、德州與紐約州地下。最著名的鹽產商之一莫頓（Morton），在俄亥俄州的里曼（Rittman）與紐約州的銀泉（Silver Springs）採鹽，但由於使用水溶採礦法，他們的運作基本上不露痕跡。露在地面上的不過是幾根管子，把水與壓縮空氣往下打，將鹽水抽上來，如此而已。

我站在柴郡這處田野正中，試著想像一旦進入這塊土地地下幾百公尺深處會見到什麼景象。單是想到那些大得無法形容的洞穴，就覺得毛骨悚然，頭暈眼花。

英國鹽業公司（British Salt）的喬伊．伊凡斯（Joe Evans）說，「我常告訴人們，你可以把黑潭塔（Blackpool Tower）裝進這裡的洞穴之一。」我們站在十九號鑽孔邊，聽著鳥語，我想到腳下竟有這樣不僅深、而且大得出奇的洞，突然有些惴惴不安。喬伊指著遠方樹籬，指出礦穴可能延及的地方。在這裡「可能」兩字可不是隨便說說而已，因為雖說採礦當局運用了聲納、超音波與其他遠程裝備檢測洞穴大小，沒有人能完全掌握地底下的一切狀況。

「你挑一個你認為最好的地方鑽孔，但實際情況是你沒辦法確定究竟會發生什麼。你想辦法在地下開一個淚珠形的口，結果撞上泥灰岩（marlstone），開出的口不勻稱。有時岩石會掉落，打斷金屬管。」

換言之，這整個過程既是一門科學，也是一門藝術。我們走到那幾根管子邊上。喬伊旋開一個小龍頭。泡沫狀的水開始從小噴嘴中潺潺流出。

「這就是鹽水，」喬伊邊說邊嚐了一下。「鹽度約有三十二%。」我也用手指沾了一些鹽水在嘴上碰了碰。它鹹得出奇，瞬間讓我口乾舌燥。

這些抽上來的鹽水經由運輸管線輸往幾哩外、位於密德威治（Middlewich）的英國鹽業公司鹽廠。我們沿著運輸管線來到幾座巨型淨化槽邊，鹽水就在這些槽裡翻轉攪動，清除鹽水中的鎂與硫酸鹽。水在龐大的熱容器中蒸發，留下像濕砂一樣黏稠的鹽。再經過一個爐灶處理，結果就是閃閃發光的鹽晶。見到這些滾滾流出的鹽晶，我伸手探入鹽堆，發現它們好燙。

「這是超級精鹽，」喬伊說。「沃西（Wotsits）玉米片就是加這個。」

事實是，在英國，柴郡生產的鹽無論直接或間接，已成為不可一日或缺的必備消費品。沃西玉米片這類零嘴不過是開端罷了。有一類型柴郡生產的鹽壓縮成藥片狀，製成軟水劑；另有一類較粗的產品是洗碗機專用鹽。或許其中你最熟悉的，是業界稱為ＰＤＶ（真空乾燥純鹽），而其他每個人都叫它「食鹽」的東西。如果你曾經將英國超市或著名品牌買來的鹽灑在食物上，那些鹽在包裝以前很可能就來自這些田野下方。

柴郡鹽的歷史

這座農莊地下的鹽層，可以回溯到幾億年前的三疊紀（Triassic era）。當時部分英國為一個內陸海所覆蓋，之後由於北方陸塊升起，這個內陸海遂被切斷；海水蒸發，留下一座大鹽湖，鹽湖逐漸覆上了一層泥灰岩。時間流逝——又隔了千百萬年，那座大鹽湖就是今天地下那塊巨型鹽板。

幾乎整個英國史上，生活在這裡的人不知道他們腳下地底深處有這樣一處技術名詞為礦鹽（halite）的巨型鹽板——不過也沒有知道的必要：這裡有許多自然噴發到地表的鹽泉。塞爾特人與之後的羅馬人，就在密德威治、諾斯威治（Northwich）、南威治（Nantwich）與雷夫威治（Leftwich）以這些鹽泉為核心建立了屯墾區。隨著時間不斷過去，這些名字尾巴上加了「威治」（wich）字樣的地方逐漸成為鹽產業表徵。

到十七世紀，這些天然鹽泉逐漸為人造工具取代：作為水溶採礦技術先聲的原始鑽孔工具與輸水管出現了。只不過英國在這方面同樣起步較晚：中國鹽廠早在一千年前已在使用這類技術，用撞擊鑽開採鹽水。

但接下來，一段史上最膾炙人口的興衰起伏故事出現了。當地森林不斷遭到砍伐，砍下林木升火燒鍋，蒸發鍋中的鹽水。為抽取更多鹽水，蒸氣泵出現了。鹽礦愈挖愈多。大約前後百年間，英國從仰賴法、德進口，成為全球最大的食鹽出口國之一。英國人還開了連結柴郡鹽廠與梅西河（River Mersey）的運河，把產品送往利物浦港。

利物浦就這樣連同布里斯托（Bristol）一起，成為可恥的「奴隸貿易」（將商品輸往非洲，將非洲奴隸輸往美洲，再將菸草與糖送回英國）重要樞紐。不過由於鹽廠的鍋爐需要燒煤，這種三角貿易還得仰仗柴郡、利物浦，與蘭開夏郡（Lancashire）煤田之間的另一個三角貿易。滿載食鹽的船隻從利物浦啟錨，前往愛爾蘭、鹿特丹和波羅的海，然後載著鐵、木材、大麻與亞麻回程。英國人把成噸的鹽運往普魯士、荷蘭、加拿大與俄羅斯。世人迷上柴郡的鹽，或者應該說迷上「利物浦鹽」——因為這是當時家喻戶曉的品牌名。[1]

甘地發動「食鹽行軍」時，英國當局正迫使印度人購買英國鹽。英國把鹽賣到殖民地與領地，直到這些殖民地與領地宣布獨立，建立自己的鹽業。當年英國品牌的食鹽壟斷整個市場，有好一陣子，沒有人願意購買非英國品牌的鹽。當紐約州席拉丘斯的拓荒者在奧農達加湖發現鹽礦時，地方業者很快將這個原本叫做小愛爾蘭（Little Ireland）的村莊改名利物浦，這樣他們才能以「利物浦鹽」的名目販售當地生產的美洲鹽。

有相當長一段時間，鹽是英國偉大地位的象徵。一八四四年夏，俄皇尼古拉一世（Nicholas I）抵達英國進行國事訪問。在溫莎堡（Windsor Castle）與白金漢宮（Buckingham Palace）歡迎儀式結束後，尼古拉一世乘渡船來到柴郡老馬斯頓（Old Marston）鹽礦，並帶領隨員下到一百五十公尺地下礦底深處一座高聳的鹽穴。就在這裡，四千枝蠟燭將粉棕色半透明鹽柱與鹽壁照耀得閃亮生輝，皇家協會（Royal Society）為到訪的俄國皇帝辦了一場豪華國宴。如今聽起來，這整件事或許太做作了些，但話說回來，今天外國貴賓造訪台灣半導體廠，親臨他們國家依賴甚深的供應鏈，情況也並無不同。英帝國擁有許多把持全球市場的經濟工具，鹽只是其中之一罷了。[2]

隨著產業繁榮，在英格蘭這處原本平靜的角落，空氣中開始瀰漫鹽廠冒出的毒煙，地上也出現一個又一個巨洞，憑添幾分窮凶極惡的氛圍。「威治」城左近的道路與建築，突遭龐大陷坑吞噬、迅速遭鹽水注滿的事件頻傳。

調查發現，原來除了公開市場運作的幾家公司外，數以百計的黑市礦商也湧入這個地區，暗中從地下抽取鹽水。就像今天民主剛果共和國黑市販子潛入礦坑挖鈷一樣，在十九世紀的柴郡，數以百計、或者千計的人都自己挖了洞，抽取鹽水。

柴郡地下鹽層經不起如此的狂挖濫挖，開始出現裂縫並坍塌。雪上加霜的是，早期開挖的一些鹽礦使用的撐頂柱過少，導致進一步塌陷。但面對這一切，地方人士卻能處變不驚，展現無比韌性。一八五〇年，柴郡一家名叫「湯森手臂」（Townshend Arms）、本地人稱為「女巫與魔鬼」（The Witch and Devil）的酒吧開始下陷，房東不以為意，把酒吧搬高一層，繼續營業。女巫與魔鬼最後於一九一五年陷入地下，終於停止營業。[3]

為因應地基突然塌陷的問題，新房子像中世紀一樣，建在木架上。這些新房子還裝備千金頂支承點，一旦底下地基塌陷，可以整棟房子舉高或乾脆搬往另一處所在。新的橋梁使用浮橋，因為當局認為以地為基，不如以水為基來得穩當。

柴郡的「鹽熱」很快畫上悲慘句點。就像任何商品一旦供應成倍數增長時必然導致的結果那樣，鹽價開始暴跌。一八八八年，為阻擋狂跌的走勢，柴郡鹽商聯合建立了鹽商公會（Salt Union），就鹽價與生產規模問題達成協議。當時的《經濟學人》（*Economist*）雜誌撰文指出：

> 我們當然不否定鹽業老闆們有權在認定合宜時聯合力量。但依我們之見，他們用錯了藥方。面對鹽業目前這場你死我活的激烈競爭，自然的解決之道應該是讓最弱的業者逐漸淘汰。我們很確定，捨此而外，任何其他解方都將註定以失敗收場。不過，如果鹽商公會另有看法，就讓他們實驗看看吧。4

這場實驗沒有成功。鹽產在之後幾年重挫；業界出現內爆，工廠合併整合，之後關門。大多數老岩鹽礦為洪水吞噬。冒黑煙的煙囪拆了，碩果僅存的開放鹽鍋式廠房成了地方博物館的陳列。為避免過去幾世紀狂挖濫挖造成的坍塌，英國鹽業公司那座水溶採礦鹽井挖掘得小心翼翼，若不是努力尋找，你根本看不見它們。

鹽是現代世界的核心

旅經後工業時代景觀的你，或許產生一種印象，認為這門產業已經完全消失了。但別上當。事實是，與十九世紀末期生產高峰期相比，今天的柴郡鹽產量更多：每年約兩百到四百萬噸之間。唯一差別是，近年來沒有人還會大張旗鼓、討論這種事，而且除了幾處古怪的混凝土建築與一些管子，你從地面上也看不出什麼鹽廠跡象。

這些鹽都到哪裡去了？事實真相是，你灑在玉米片上的鹽不過是個開場而已，氯化鈉之所以在原料世界如此重要，並與本書中其他六種原料並列，就因為它是化學與製藥業的基石。柴郡地底抽出來的鹽水雖說有一部分成了食鹽，但大部分進了工廠，成了如假包換、幫我們續命的產品。

這把我們帶進了氯鹼法（chloralkali process）。沒聽過也不必擔心，因為操作者也不常將它掛在嘴邊。像許多原料世界的人一樣，大多數化學產業的工作者都非常注重隱私。一位化學業界人士說得好：「進入這一行以後，你學到的第一件事就是絕不與媒體談話。如果你與媒體談話，通常是因為發生緊急狀況或災難。」就這樣，幾乎沒有人聽過氯鹼法，這令人汗顏，因為它是現代最重要的工業成就之一。

作業流程是這樣的。從柴郡鹽田抽出的鹽水經由管子送進隆科恩（Runcorn）的一座廠：此地原為帝國化學工業公司（Imperial Chemical Industries, ICI）的一部分，如今則為英力士（Ineos）旗下的伊諾凡（Inovyn）所有。就在位於曼徹斯特運河岸邊的這座廠裡，鹽水經由管子送進一間裝滿幾百個電解池的房間，通上強大電流。這項作業需要的電力規模至為驚人，單是這一間電解池室耗用的電就超過整個利物浦市。這項作業還會造成一個巨大磁場，任何戴了心臟起搏器的人都不可以接近這棟建築。

但電磁力的神妙之處就在於人體無法偵測到。我站在隆科恩這座昏灰的電解池室正中央，曝露在全國最強的一處磁場中，但我……毫無感覺。我站在一座槽邊，就在槽裡隔著一片單薄有機玻璃板的另一頭，電流正在一個原子接一個原子，將鹽水分解。其中一個電極冒出來一種摻雜著氯氣與一些鹽水的黃色混和物；另一個電極冒出氫氣與一般稱為燒鹼（caustic soda）的氫氧化鈉，耳邊隨即傳來一陣低鳴與液體晃動聲。這些東西或許看起來平凡乏味，卻是現代世界最重要的化學物質。

燒鹼是另一種沒有人肯多花心思仔細琢磨的物質，若沒有它，人類文明將無法運作。它使用在無數工業程序裡，無論製紙、製鋁都少不了它，但或許最重要的是我們用它製作肥皂與清潔劑。

另一方面，氯是那種既能救命、又能奪命，而且程度相當、無分軒輊的化學物質。氯氣是人類發現的最可怕化學武器之一，一九一五年因德軍將它用在伊普爾（Ypres）而惡名昭彰，但二〇一四年它又出現在敘利亞的戰場上。氯是生產聚氯乙烯（polyvinyl chloride, PVC）的重要成分，百年來，人類造了太多PVC這種令人不快的塑膠。事實上，有個理論說，我們之所以製造這麼多PVC，部分理由是以便輕鬆耗盡氯鹼法（燒鹼是從中產出較為有用的產品）造成的過多的氯。但另一方面，氯能淨化我們的飲水。氯還是許多藥品——例如鎮靜劑利眠寧（Librium）、抗抑鬱劑煩寧（Valium）、用來撲殺金黃色葡萄球菌的抗生素萬古黴素（vancomycin），以及抗瘧疾藥氯奎（chloroquine）的化學基質。

這些產品都是氯鹼法的果實，讓我們得以享受潔淨的飲水與乾淨的生活條件。在十九世紀末與二十世紀初期，肥皂與清潔劑從昂貴的工藝創作轉型，成為大量生產的商品——這場革命意義重大，只是很容易為人忽視。廉價的肥皂與清潔用品對延年益壽助益之大，或許是兩百年來人類任何其他創新都無法比擬的。而這場革命的核心就是鹽。

直到今天，鹽仍是基石。大多數人在被問道，在他們的國家最重要的基礎建設是什麼，大概都會提到核能電廠與軍事基地。會提到這種電解池室的人大概屈指可數，但它們的重要性應該不亞於核能電廠與軍事基地。英國用氯淨化自來水，而隆科恩這間電解池室提供英國約九八％的氯需求。我們站在槽邊，看著氯與燒鹼混合、製造出供漂白與水淨化系統之用的化合物次氯酸鹽（hypochlorite）──身邊一位工作人員低語著，「如果這地方意外停擺，不出七天，全英國都要實施飲用水配給。」但就連知道原料世界有這樣一處設施的人也寥寥無幾，業者自然樂得如此。

順帶一提，氯鹼法還只是開始。以碳酸鈉（soda ash）為例。人類自文明之初，這種化學物就在玻璃製程中扮演助熔劑的角色。將碳酸鈉加入鍋爐，可以降低矽砂的熔點；將碳酸鈉與油、脂攪拌在一起可以製作肥皂，造紙的過程也需要它。想在日常生活中不接觸任何有賴碳酸鈉而存在的東西非常難。

但直到工業革命以前，碳酸鈉是種不易提煉的珍稀物質。將海帶、鹹草（saltwort）或某些海草放進火裡燒，可以取得泡鹼（natron），但品質不純。更何況這類製程效率太差，又費時耗力，隨著工業化展開，碳酸鈉短缺情況迅速惡化。到十八世紀，人人都知道理論上你可以用鹽製作碳酸鈉，但怎麼做？法王路易十六（Louis XVI）於一七八三年懸賞一筆現金，給任何能為這個問題解答的人。

最後，一位法國醫生尼古拉．勒布朗（Nicolas Leblanc）破解了這個謎團。勒布朗提出一種兩階段製程：先用硫酸與鹽反應，再用煤與石灰石烹製，最後將得出的黑色灰燼浸濕。儘管勒布朗於一七九一年造了一座廠進行這種製程，他始終沒有領到這筆錢，因為當他找出答案時，法國大革命正好爆發，路易十六也跑了。勒布朗的霉運還沒結束：他的廠遭革命派強占隨即賣掉，還公開他找出的製程。勒布朗於一八〇六年自殺。

無論如何，就一種方式而言，勒布朗的廠——豎著大煙囪，吞噬大量鹽與煤，將有害的黑煙噴入空中——堪稱現代化學產業的始祖。它們不好看，但就其他角度，它們絕對改變了世界。這種強鹼終於可以量產，滿足工業化世界的需求。有了碳酸鈉以後，我們終於可以造出精度符合奧圖．蕭特這類科學家要求的玻璃了。氨鹼法（Solvay process）源於比利時，它的故事遠沒有勒布朗那樣引人入勝，或悲慘。氨鹼法提供了一個較乾淨的、將鹽製成鹼的方式。我們今天仍然依賴氨鹼法將鹽製成碳酸鈉，進一步運用到整個工業世界。

在柴郡的諾斯威治，從鹽水開採處走不多遠，可以來到這個製鹽社區的另一角。這裡原是帝國化學工業公司的一座老礦，如今是印度公司塔塔化學（Tata Chemicals）旗下產業。塔塔化學同時也擁有英國鹽業。柴郡的鹽一度讓甘地發動他著名的食鹽行軍，如今卻成了一家印度公司的產品——這是原料世界以外的人難以得知的、又一個反諷色彩甚濃的故事。

今天的諾斯威治平靜得出奇。龐大的工廠仍在運轉，從巨型鐵器造出碳酸鈉與碳酸氫鈉。這些鐵器有些可以回溯到一九三〇年代。近日來，這些碳酸氫鈉除部分製成小蘇打粉，還有一項重要醫療用途：它是洗腎的基礎化學劑。不過來這裡的人不會留意這座廠。觀光客只會蜂擁前往隔壁，看維多利亞時代一座五十呎長的升降機——著名的「安德登升船機」（Anderton Boat Lift），並且想盡辦法取巧、把背景那處醜陋的工廠趕出照片景框。威佛河（River Weaver）過去原是鹽販們用來運鹽外銷的水道，而今倘佯在河上的多是觀光取樂的窄船，船上遊客們也不知道他們路經的這處老廠仍在將鹽製成救命藥物。

古羅馬人將職司健康的女神取名「Salus」，對古羅馬人而言，鹽與健康是一回事，直到今天仍然如此。直到今天，現代生物科技與化學產業仍然依賴新石器時代拓荒者幾千年前在布爾比崖頂上生產的鹽，或許這話聽起來有些不現實，但我們今天的工業地理景觀確實就是如此。觀察世界製藥與化學公司地圖，你會發現我們仍然走在古鹽路軌跡上。在英國，化學與製藥公司仍然坐落在鹽礦邊上：有些位於柴郡岩鹽板塊上方，有些位在過去提賽德鹽廠邊。美國化學大廠陶氏化學（Dow）總公司設在密西根州、底特律地下岩鹽層上方，並非沒有道理。載著化學劑與藥品的卡車在這裡進進出出，基本上走的正是先民走的古鹽路。

化學革命或許是整個工業革命中最為人忽視的一環，但化學產品研發對改善人類生活的影響，或許尤勝於鋼鐵量產這類研發。化學革命毫無疑問拯救更多人命，淨化我們的水，讓我們的住家更乾淨，早在我們了解細菌病毒以前很久，已經先幫我們免於細菌病毒的侵害。但我們緬懷製鋼與蒸氣動力業界先驅，卻基本上遺忘了勒布朗、氨鹼法發明人厄尼斯·索爾維（Ernest Solvay）這類最早期的化學業巨人。我們建立許多博物館歌頌鐵礦生產，卻淡忘了大多數的化學傳承。

舉例說，格拉斯哥一度是全世界最大的化學製造重鎮，遍布市內各地的巨大勒布朗法化學廠耗用大量鹽與煤。在登達斯港（Port Dundas）與聖羅洛克斯（St Rollox）的化學廠還有兩座全世界最高的煙囪。但到了今天，不僅這兩座煙囪已經消失，所有有關這個時代的記憶也都從都市景觀中抹去了。這兩座大煙囪的遺址如今是混凝土人行道、高速公路交流道與高樓建築。原本當局還在一處骯髒的地下道邊豎了一塊牌子，標示當年化工廠房所在位置，但現在就連這塊牌子也不見了。

或許這段歷史可以如此輕易抹滅，是因為化學工業的成就伴著一個骯髒、令人不齒的故事。格拉斯哥那些煙囪之所以造得那麼高，為的是將勒布朗法產生的毒煙排入高空的平流層。最早期的氯鹼廠使用汞做燃料，且不時將排出的毒廢料就近丟進湖泊與河流，毒害了野生動物。

全球各地鹽廠能夠免於這類汙名的寥若晨星。前後幾十年，化學公司將汞廢料倒入紐約州席拉丘斯附近的奧農達加湖，造成大片湖水汙染；在柴郡，不僅氾濫積水的老陷坑——在地人稱為閃光坑（flashes）——遍布各處成為地方特有景觀，當地化學公司還把許多這類陷坑當垃圾場，將碳酸鈉、石灰與其他有毒廢料倒到坑裡。氯的好處雖然多，但也不能不想到它的可怕——例如人們用它做化學武器。就像原料世界太多其他角落一樣，氯鹼科技的進步也有其黑暗面。

不過這些滿目瘡痍也開始喜露復甦生機。經過多年整治，有關當局終於在二〇一九年宣布奧農達加湖湖水重歸潔淨。今天化學廠造成的汙染遠比它們的先驅少得多。大多數已開發經濟體現在已禁止汞電解，我們今後甚至可能運用氯鹼法產生的氫——多年來，人們一直將氫視為這種製程的廢料——作為綠色燃料。

今天，柴郡的天空縱不能晴空萬里，至少也算清朗，與維多利亞時代毒煙瀰漫、令人窒息的空氣品質已有天壤之別。與過去許多年相比，景觀更加鬱鬱蔥蔥，野生生物也更加豐富。一度掩埋在化學廢料下的閃光坑亦已改頭換面，成為一幕幕奇景。蒼白的、遭汙染的土壤下，開始長出奇形怪狀的灌木；各式各樣叫不出名目的礦物徹底改變了這裡的自然環境。

這些老化學廢料垃圾坑成為科研興趣的獨特聚焦所。紐曼閃光坑（Neumann's Flash）附近的鹽水區長滿水岸植物，多的是野禽與獵鳥。來到艾西登閃光坑（Ashton's Flash），你會看到罕見的蝶與蛾漫天飛舞。大自然一刻也沒閒著，已經一一奪回一度遭我們整成廢墟的地方。

深入鹽世界

想觀察這些水溶法礦場、這些地表下的巨穴，最接近的辦法就是造訪一處這樣的鹽礦。

而柴郡碩果僅存的鹽礦溫佛德（Winsford），就位在密德威治、距離英國鹽業公司鹽廠不遠處。開採於一八四四年——沙皇尼古拉一世到訪柴郡那一年——這是英國境內營運時間最久的礦，如今它的所有人是美國母公司的羅盤礦業（Compass Minerals），且不對外開放。但經我一再懇求，羅盤礦業商務經理克里斯．海伍德（Chris Heywood）同意讓我入內參觀。

我們駛入超大型隧道，寬足以雙向行車，高則可容下一座教堂。走在裡面有些像是走在法義兩國邊界的白朗峰隧道（Mont Blanc tunnel），只不過是空曠、通風、沒有點燈的體育館版本。這裡有一種我在洛哈林砂礦聞過的味道：困在密閉空間的柴油味。不過這裡還有其他東西：懸浮空中的精細鹽粒，貼上皮膚，讓我口乾舌燥。這種感覺倒也並非完全令人不快：嘴裡有些發麻，兩眼有微微的刺痛感。近年來流行的spa會館有所謂的鹽癒室，基本上就是模擬鹽的這種療效。克里斯說，「只不過，spa室內的空氣可能只有一茶匙的鹽。跟這裡完全不一樣。」

愈深入隧道，愈有走入迷宮、不知身在何處之感。在地圖上，溫佛德鹽礦與洛哈林的砂礦並無不同，兩者用的都是房柱式採礦法：將砂柱或鹽柱留下，支撐每一個「房」頂。只不過在溫佛德，房柱規模非常巨大；此外，洛哈林地下隧道帶著有機感，彷彿是一頭巨型鼴鼠挖出的岩穴，而溫佛德的隧道兩壁與隧道頂部呈直角，工整得出奇，有些像電腦遊戲《當個創世神》（Minecraft）裡的場景。在行駛途中，不時還能見到停在側道上、鹽塵覆蓋，看來已經年深久遠的小貨卡與機器。

「我們的老裝備就都丟在那裡，」克里斯說。「一旦壞了，就丟在路邊，永遠出不去了。如果我找不到出去的路，我們的命運也一樣。現在，」他停下車說，「我讓你看看隧道頂部的樣子。」

我們下了車，克里斯將他的頭燈朝向我們頭頂。一眼看去，隧道頂部表面並不出奇——除了機器切出的小屋脊，整片頂部完全平坦——但在頭燈照耀下，一種美麗的、白色脈絡貫穿其間的粉棕色大理石紋路出現了。突然間我想到我見過這種景象。

在訪問地中海巴利阿里群島，了解如何導引海潮注入內陸水塘、藉助陽光蒸發製作海鹽時，我在鹽水塘邊水淺處發現許多六邊形晶體：注滿粉色水的水塘邊有一圈白色的鹽。現在來到地下，舉頭向上，我見到以化石形式呈現的同一現象：六角形鹽脈將粉色岩鹽包在中心——之前在地表見到的那一幕，現在呈現在我的頭頂。兩億年前，當鹽水聚集今天柴郡時形成的那些水塘，現在彷彿鏡面投影一般出現在我頭上。那情景不僅奧妙非凡，也美得讓人屏息。

克里斯輕輕推了我一把，推開我的白日夢：「走吧，一起下無底洞去。」

幾年前，羅盤礦業發現，想要採更多的鹽，就得挖得更深，所以現在礦坑深度已達四百公尺。我們往黑暗世界一路駛去，直到路盡；拐了個彎，一下來到了礦頭，只見一個橘色、重兩百噸的巨型開礦機，正用它炭化鎢製成的巨牙，一口一口將鹽從壁上啃下來，而且動作精準，每一口必定咬下方方正正一個鹽塊。開礦機作業員用拇指推下操縱桿，讓炭化鎢牙齒伸向岩壁，啃下鹽塊，送上輸送帶，送入礦井。克里斯也覺得我們好像置身遊戲《當個創世神》裡，打了一個切合情境的比方，說那作業員手中握著的是「超棒的 PlayStation 遊戲機控制桿」。

克里斯拾起一塊落在地上的鹽，交了給我。那鹽塊中心呈粉紅色，邊緣呈棕色。我用我的頭燈照上去，它閃閃發光，像塊待琢的寶石。

「有點像喜馬拉雅粉紅鹽。」我驚呼。

克里斯笑說，「它更像是柴郡褐鹽。」

絕大多數的柴郡褐鹽碾成小顆粒，運往全國各地，鋪在路面上。鋪路或許談不上什麼最精密的活動，但遠比你想像的要複雜得多。不同類型的路面，使用的鹽大小等級不同（有十公釐與六公釐之分），打磨精度也視天候與積雪狀況而不同。

「保持路面安全的不是鹽，」克里斯說，「而是鹽水。所以你要讓鹽溶解，才能得到立即去冰的效果。交通流量大的路面，鹽粒碎得快，你就得趕快出來重鋪。」

在英國，由於全國性暴風雪難得一見，沒有人把道路用鹽的問題放在心上，直到一場數十年一遇的大雪突然來襲，導致鹽荒。無論發生任何短缺，英國舉國必然迅速恐慌。在十年前發生的上一次恐慌中，英國政府發布緊急命令，實施道路用鹽配給，還下令溫佛德等鹽礦將鹽送往特定地點，並且從海外進口五十萬噸鹽，以備不時之需。這是英國「最後一招救命鹽」（salt of last resort）。當克里斯用這句成語時，我原以為他只是在故作正經，但他說的一點也不誇張。這五十萬噸進口鹽就這樣在英國碼頭擺了十年，等著下一場冬季風暴。

在駛回礦井途中，我們通過現在用來儲藏特定物品的舊走道與洞穴。這些停採後留下的洞穴，現在堆了許多無價藝術品，以及裝不進檔案室的古老政府文件。位於其他地方的幾處這類洞穴安全封藏著有毒廢料。當局正在進行一項計畫，要將這套世上最重要的知識刻在石板上，連同那些古塞爾特礦工遺骸一起藏在奧地利哈萊因鹽礦中。

在俄羅斯二〇二二年入侵烏克蘭之後，歐洲也將大多數緊急備用天然氣藏入類似的鹽穴，以備一旦西伯利亞天然氣斷供，還能從這些「能源銀行」取得天然氣，幫助歐洲度過寒冬。美國能源部（Department of Energy）有一項「戰略石油儲藏計畫」（Strategic Petroleum Reserve），將原油儲藏在德州與路易斯安納州地下的老鹽洞裡。此外，這些地下鹽穴已準備就緒，即將接受一項新任務：收納環境中取出的二氧化碳、與世隔絕，以減少大氣溫室氣體。用太陽能與風力創造的綠色燃料，如氫，也會存放在這類洞穴裡。就像全球化學工業往往確確實實地築在岩鹽上方，明天的綠能工業也將圍繞這些鹽穴，形成聚落。我們是鹽的信徒。

儘管外面氣溫還沒有降到零度以下，訂購更多鋪路鹽的單子已經開始湧入。卡車將柴郡褐鹽運往各地鹽庫，準備在下一場冰雪來襲時灑到路面上。遠古時代的一處海洋已經化身鹽粒，它們要在這裡溶解，沖入我們的下水道，繼續它們的地質之旅。而就在世界另一頭，一種非常不一樣的鹽也從地底開採著。這種鹽不會用來製藥，不會用來灑在路面，它們會製成一種完全另類的化學劑。這種鹽一度珍貴異常，甚至挑起一場史上後果最嚴重的大戰。

第六章
火藥

安托法加斯塔（Antofagasta），智利

佇立在阿塔卡馬沙漠（Atacama）荒蕪的山丘，遠方是貧民窟五顏六色的棚屋，夾在兩邊的是摩天樓與購物商場——與這種景觀同框的那座安托法加斯塔老火車站顯得格格不入。這座火車站是英式殖民風格建築，漆成俏麗的綠色，中間有一座精美的大木梯，是南美洲太平洋岸這處港都予人的意外驚喜之一。

一輛有幾節豪華車廂的老火車停在月台邊，而且每走幾步你就會見到這條鐵路過去的一些遺跡：一塊生鐵鑄成的磅秤，一個古老的木頭行李推車，上面還有公司簡稱，一張退了色

的老舊火車路線圖。站在這車站的空地上，很容易忘了你已置身幾千哩外的南美，距離維多利亞時代的英國也有好幾十年。不過如果你徘徊得夠久，一輛現代柴油機車通過月台、駛向港口的笛聲，或許會讓你嚇一跳。

這座火車站是「安托法加斯塔及玻利維亞鐵路公司」（Ferrocarril de Antofagasta a Bolivia, FCAB）總站，是一條運作中的鐵路。這些日子以來，它不再載客，駛經市區時也不再引人注意，但它幾乎肯定在你的人生扮演一個角色——儘管可能很小。每隔幾小時，就有一輛柴油機車載著原物料——主要是銅——從山上下來，運往港口準備外銷世界各地。

FCAB曾是全世界最高的鐵路，從海平面上攀數千公尺，穿越不毛的沙漠，駛經火鶴出沒、冰冷的鹽湖，一路深入安地斯山脈（Andes）。它代表鐵路機車早期的傑出工程成就。近年來比它走得更高的鐵路不只一條，但世上有幾條鐵路敢誇下海口，說它曾挑起一場戰爭、說它永久改變了世界地圖？[1]

你一定已經看出FCAB非比尋常。但在我們討論這事以前，先談談它為什麼建立的原因：從沙漠載運一種特定貨物前往港口，即「硝」（saltpetre），一種爆炸性的鹽——一方面，它有助於植物的生長與茂盛；更重要的是，由於是彈藥的基本成分，硝也是打贏戰爭的關鍵。

一種非常特別的鹽

首先發現這種鹽的是中國人。他們從岩塊上刮下一種白色、味道濃烈刺鼻的鹽，就是今天我們知道的硝酸鉀（potassium nitrate），點上火之後效果驚人。中國人稱這種鹽「火藥」，西方後來稱它為「硝」——拉丁文是「石上鹽」（salt of the stone），因為人們往往在老地窖、地下室的石壁間發現它。在這種鹽上加少許硫與木炭粉，就是彈藥。

但硝的問題是，它自古以來就不易取得。前後數百年間，硝的主要來源是散發惡臭的有機物，特別是腐爛的肉與尿液。有好一陣子，軍事領導者特別迷戀老糞堆與荒廢了的廁所；他們派人搜索中古王國，尋找發臭、腐爛的土地。一旦找到，經嘗試證明味道果然夠臭，他們就會將這塊臭土挖起來，煮沸、蒸發，製造珍貴的硝屑。

就算你做的是一件你不愛做的工作，至少你可以慶幸自己幹的不是那種「扒糞人」——當時英格蘭人稱他們「petermen」——扒糞人不僅每天過著令人作嘔的日子，還處處惹人嫌。沒人喜歡扒糞人，因為他們領有執照，有權選定他們認為有希望的地點隨時開挖，無論當下是否有人正在那裡做生意。不過他們也只是奉國王之命行事罷了；的確，在一六二六年，英王查爾斯一世（Charles I）下令臣民，將所有他們的尿液——以及他們養的馬、牛與其他動物的尿液——全數捐給王室。就這樣，或者因為這些堆滿尿液糞便的硝「養殖場」，也或者因為產品本身，英格蘭鄉間常年籠罩在一股惡臭中。

但就算在這些養殖場，硝的生產進度仍極為緩慢，每加入一磅糞便只能造出些許硝鹽。當英國在印度恆河的淤泥中發現有大量糞便儲藏，多少加速了對該國的占領。不出幾十年，硝成為英國東印度公司最重要的貿易項目之一。

之後，在十九世紀中葉，有關祕魯外海群島的新發現傳到歐美耳裡，一切都改變了。欽查群島（Chincha Islands）是一堆灰色岩石，居民只有鰹鳥、鸕鷀與企鵝。經過千萬年累積，鳥群糞便堆積成一道一百多呎深的鬆軟地層。事實證明，這裡有豐富的磷酸鹽與含氮化合物，是一處世人僅見最精美的天然肥料場。

儘管就技術而言，這些化合物與中國地窖或恆河淤泥中發現的硝不同，但它們都含「氮」。氮是成長關鍵，它能幫植物製造葉綠素，而葉綠素能讓植物行光合作用。它與碳、氫、氧同是胺基酸的重要元素，而胺基酸是構成蛋白質的基本單位。換言之，它是構成細胞基本成分的基本成分。

但儘管我們呼吸的空氣約有七八％為氮，要將氮氣轉換為實際可用的形式並不簡單。化學解釋是，大氣中的氮是以兩個原子緊密鍵結的形式存在，想要將其分開，固定（fixing）成我們可以使用的其他氮化合物，需要極高的熱與能。順帶一提，固定氮之所以是大多數炸藥核心，原因也在此：就像將大氣中的氮拆開、固定需要極大能量，將固定氮還原也能釋出極大能量。

有史以來，從大氣中固定氮的唯一辦法，就是希望天降閃電，或守候幾個月，等某些植物裡的細菌代勞。一如富含氮的糞便與堆肥，硝代表一種有價值的捷徑，不過它們的氮含量都比不上欽查群島那些石化的鳥糞。千百年來，土著印加人（Incas）蒐集這些發臭的土──糞便「huanu」──磨成粉，灑在田裡，幫助植物成長。印加人為感念這些鳥糞帶來的奇蹟，將欽查群島視為聖地，膽敢在島上殺鳥的人一律處死。西班牙征服者抵達後，把排泄物堆在今天的祕魯，當地人卻對這些印加人視同黃金般珍貴的鳥糞、西班牙人口中的「guano」絲毫不以為意。

但英國人與美國人聽說了欽查群島後，掀起一場突如其來的鳥糞開採熱，唯恐這種神奇的物質被人開採一空。祕魯政府於是宣布欽查群島國有化，頒發採集與運送「guano」的特許證。船隻群聚在群島邊，奴工在極端惡劣的條件下挖著這些辛臭刺鼻的土。財源滾滾而至，有一陣子，祕魯似乎即將成為全世界最富有的國家，但接下來，來得突然、去得也快，這場「挖糞熱」戛然而止：一八五〇年代末，在第一艘船抵達之後不過二十年，礦工開始挖到光禿的石頭；欽查群島的鳥糞挖光了。

這個打擊雖大，但祕魯人在大陸還藏了一項祕密武器。北部為祕魯人控制的阿塔卡馬沙漠，表面覆蓋有一層獨特的鹽殼，本地人稱之為「caliche」。Caliche 源於喀珠亞（Quechua）

語*cachi*，意即「鹽」，而發生在此的故事源頭，與前文腓尼基人在海灘發現如何製做玻璃的故事，類似得不可思議。

回到十四世紀，早在歐洲人抵達很久以前，一群在地旅人從安地斯山麓啟程，前往太平洋。在旅經阿塔卡馬沙漠時，他們停下來準備紮營過夜。就在升營火時，他們驚訝地發現地上一些碎石發出閃光，還冒出火焰。他們害怕撞上惡靈，於是拔腿狂奔。隨著時間流逝，這些「魔鬼石」的故事也傳開了，人們很快發現這些碎石不僅會爆炸，灑在地上還能讓土壤特別肥沃。

原因就在這些碎石的化學成分：除了大量氯化鈉——食鹽——還含有其他各式各樣、稀奇古怪的鹽：硝酸鹽、碘酸鹽、硫酸鹽與氯化物。究竟為什麼地表幾乎只在阿塔卡馬沙漠發現這種碎石，直到今天仍是不解之謎。一個理論說，caliche 是拜經常於夜晚與晨間在沙漠出現的神祕怪霧——當地稱為 *camanchaca* 的濃濕霧——所賜。另一個理論說，這些鹽是從安地斯山上沖下來的，還有一個理論說，它們是一座古海洋的沉積物。[2]

這種鹽與傳統的硝稍有不同——它是硝酸鈉而非硝酸鉀——但在十九世紀，距離欽查群島「挖糞熱」由興而衰不久，化學家們想出辦法把它轉換成更有爆炸性的中國「火藥」。之後，他們將這些火藥製成硝酸、硝化甘油與炸藥，奧夫瑞・諾貝爾（Alfred Nobel）因這種高爆炸藥而成為全世界最富有的人。就這樣，在欽查群島鳥糞貿易沒落數十年後，南美的硝酸

鹽成為全球最重要的原物料之一。[i]

硝的戰爭

回到安托法加斯塔，或更特定地，回到安托法加斯塔硝酸鹽與鐵路公司（Antofagasta Nitrate and Railway Company）——這條鐵路的第一家營運商英文名。一八七〇年代，英國出資興建了許多開採、提煉與運輸 caliche 鹽的公司，這條鐵路不過是其中之一。由於歐洲國家從克里米亞戰爭（Crimean War）到英普戰爭（Anglo-Prussian War）、布爾戰爭（Boer War），一場又一場衝突不斷，炸藥的需求也居高不下。同時，農民提高耕地收成的壓力，也因為數以百萬計歐洲人從鄉間遷往城市而不斷增加。硝酸鹽的需求熱因食物與槍砲這兩大因素而飆高。

安托法加斯塔硝酸鹽與鐵路公司在創辦之初，安托法加斯塔是玻利維亞的一部分，而且是玻國最重要的港口之一。當時 caliche 鹽的儲備都在祕魯與玻利維亞兩國境內。但發現、

---

i 一如砂的技術性解釋，鹽的技術性解釋也包山包海，包羅萬象。所謂砂是指一定尺寸的任何鬆散顆粒，而鹽指的是酸與鹼反應時造成的任何化合物，而這樣的化合物非常多。近年來，鹽主要指氯化鈉，但在過去大多數時間，任何有辛味或鹹味的白色結晶體都叫鹽。（作者註）

開採大部分這些鹽礦，與英國、德國資本家搭上線、取得資金創業的，是擁有進取精神的智利移民。你若能回到一八七〇年代中期，走在安托法加斯塔市街上，會發現身周多是智利移民。祕魯人與玻利維亞人沒把阿塔卡馬當回事，直到錢潮開始湧入，事情也有了變化。

一八七四年，玻利維亞人簽了一項條約，保證不對採礦事業徵稅。但隨著採礦利潤規模愈來愈可觀，緊張情勢也不斷升高。四年後，事情爆發了：玻利維亞開徵回溯課稅：從玻國外銷的硝酸鹽，每一公擔（約一百磅）抽稅十分。安托法加斯塔硝酸鹽與鐵路公司經理，來自英國康沃爾郡（Cornwall）、留著一嘴大翹鬍、脾氣火爆的喬治．希克思（George Hicks）斷然拒繳。最後，玻利維亞當局下令沒收公司財產，逮捕希克思，希克思則躲進停泊在海岸外的一艘智利戰艦尋求庇護。幾周後，智利軍隊登陸安托法加斯塔，迅速占領港口。在南美洲，邊界紛爭本是例行公事，但現在問題涉及全世界最奇貨可居的資源，小型邊界衝突規模於是不斷升高，衍成一場五年大戰，一邊是智利，另一邊是祕魯與玻利維亞。

這場戰爭主要在海上開打。在玻利維亞迅速潰敗之後，祕魯與智利軍艦用大砲互轟，打了幾年，也因此經常有人稱其為「太平洋之戰」（War of the Pacific）。不過往往也有人稱之「十分錢戰爭」（Ten Cents War）或「硝石戰爭」（Saltpetre War），端看你說話的對象。在或許是這場戰爭中最著名的一場戰鬥裡，智利青年軍官奧圖洛．普拉特（Arturo Prat）率領幾名親隨，突擊祕魯艦隊最龐大的戰艦郝斯卡號（Huáscar）。他在登上敵艦後不久中槍陣亡，也因此成為智利民族英雄，全國各地許多街道以他的名字命名。3

祕魯人儘管在這場海戰中取勝，他們與玻利維亞人打輸了這場戰爭——而且輸得很慘。硝之戰以智利大獲全勝收場。一八八一年一月，智利軍占領祕魯首都利馬（Lima）；一八八四年，智利與玻利維亞及祕魯簽署休戰協議，取得位於北疆的大片土地，包括安托法加斯塔、玻利維亞的全部海岸線，以及一大塊祕魯鹽產區。史上戰爭能有如此輝煌戰果的，著實不多。智利就這樣控制了世上一些最重要的礦產資源——不僅是阿塔卡馬沙漠的硝酸鹽，還有世上儲量最豐的銅礦與鋰礦。這場戰爭把智利推上資源超級強國寶座，還剝除了玻利維亞的海岸線。

之後幾年，智利的硝酸鹽輸往全世界各地的兵工廠。在第一次世界大戰期間，協約盟國用來彈洗戰壕的炸藥，用的就是智利生產的硝酸鹽。智利用這些外銷收益興建更多道路與鐵路，電力網與輸油管系統，還建了一支先進的軍隊，取得許多歐洲國家享有的那種二十世紀排場。拜這種白鹽之賜，智利成為拉丁美洲最富有的國家。

硝酸鹽的榮景如今基本已落成歷史塵埃，但在二十世紀初期那些年，它的重要性堪稱無與倫比。曾有一段時間，硝酸鹽就像今天光怪陸離的電池材料，是炙手可熱的「下一波大潮」。看好 caliche 鹽前景的豪門顯貴大有人在，其中包括美國古根漢家族的大家長丹尼爾・古根漢（Daniel Guggenheim）。今天以藝品收藏與慈善事業聞名的古根漢家族，當年控有全世界最重要的礦業集團，壟斷全球銅礦生產，以及其他許多金屬礦產。但丹尼爾對硝酸鹽情有獨鍾，不惜賣了旗下旗艦銅礦丘基卡馬塔（Chuquicamata）（見第十一章），投資智利鹽礦。他告訴兒子哈利，硝酸鹽「能讓我們坐擁做夢都無法想像的財富！」哈利對鹽的信心倒沒有他父親那麼大。不過無論怎麼說，古根漢將事業重心從銅轉移到硝酸鹽，在阿塔卡馬的英國—智利礦場與提煉廠投下巨資。

今天，在瑪莉亞埃琳娜（María Elena），他們當年的旗艦提煉廠遺跡仍依稀可見。這座廠前不巴村、後不著店，尤其它的街道設計看起來還有點像英國米字旗——留下了它與英國的淵源痕跡。這座提煉廠已於二〇一〇年廢棄，但龐大、鏽蝕了的廠房仍然像一座敗壞了的老鋼廠一樣，俯瞰著這座小鎮。[4]

僅從這座廠的規模，就能看出caliche鹽得經過多少工序才能煉成硝酸鹽、賺取全球各地財富。首先得將採集的礦石搗碎，一遍又一遍搗碎，直到碾成小顆粒為止。之後要將這些顆粒倒進大水槽，注入熱水加熱，持續兩、三天。之後將水槽傾空，將溶液置入冰櫃冷藏。這種漂洗、精煉的繁瑣過程可以除去雜質——食鹽、瀉鹽（硫酸鎂）與其他不要的東西——這些雜質就在廠房邊堆著，愈堆愈高。完成的硝酸鹽成品則由鐵路運往太平洋岸。

但想真正了解當年這場硝酸鹽熱的規模，得從小鎮郊外觀察。放眼所及，是一個又一個、延伸至看不見的遠方的長土堆。這些是剩下的覆蓋層，即表層的土，近一個世紀前它們被推土機推開，以便露出底下的鹽層。在衛星圖上搜尋「瑪莉亞埃琳娜」，只需拉近觀察，你就能見到這些平行排列、綿延許多哩、穿越阿塔卡馬沙漠的長土堆線。它們有些類似大砂海「塞夫砂丘」的迷你版，只不過這些土堆不是自然形成的：它們是那個人類仰賴這種鹽維持生計時代留下的瘡疤。

不過欽查群島的經歷記憶猶新，食物供應鏈的數學數字也讓人不敢掉以輕心。到二十世紀初，科學家開始提出警告，特別由於人口增加，智利硝酸鹽的供應無法永遠滿足世人需求。富有的化學家威廉·克魯克斯爵士（Sir William Crookes）警告說，除非找出另一種取得硝酸鹽的方式——最理想的辦法是從空氣中取出——世人將於一九三〇年遭遇饑荒。問題是，從空氣中取得硝酸鹽等於模擬閃電，尚沒有人能真正掌握這類熱力學的知識與技術。

化空氣為食物

最後想出辦法、解決這個難題的不是英國人、美國人或智利人，而是一位德國人。從後見之明，這樣的結果也不足為奇，因為德國是全世界最大的智利硝酸鹽進口國。德國不僅極度靠它為土壤施肥，也靠它製造炸藥。就這樣，當第一次世界大戰爆發時，受影響最嚴重的便是德國。德國與英國在一戰期間的第一場海軍對決，沒有出現在歐洲海域而是在智利太平洋海岸外，並非沒有道理：兩國都想取得智利硝酸鹽運輸航道的控制權。經過一連幾場海戰，德國的智利硝酸鹽補給線遭切斷，一直到大戰結束。在突然間面對饑荒，與炸藥來源斷供帶來的戰敗危機下，德國政府想盡一切辦法求助。

他們從費里茲・哈伯（Fritz Haber）那裡找到解決辦法。哈伯是一位抱負遠大、但頗具爭議的猶太化學家，為解決這個長久以來一直解決不了的難題，曾經投入多年努力。他一開始根據來自自然界的靈感，嘗試模擬閃電，但最後採用加熱與加壓法，雙管齊下，將空氣中的氮分離出，與氫鏈結。他在一九〇九年示範這種作法，並於隨後幾年與化學工程師卡爾・博施（Carl Bosch）共事，將科學示範變成工業製程。博施任職、最後領導的巴斯夫公司（BASF），自一九一三年起在奧堡（Oppau）廠製造氨（ammonia）——就是哈伯在實驗室造出的那種氮氫化合物——用來製作肥料與炸藥。[5]

已廣為人知的哈伯—博施法（Haber–Bosch process）是人類史上最重要的科學與工業發現之一。在之後百年間，我們憑藉這項技術養活了數以億計的人口，阻止了饑荒這個普世議題是人類在二十世紀最偉大的勝利之一。世上營養不良的人數占比，從一九五〇年的約六五%降到二〇一〇年的不到十%——很大程度上得歸功於廉價、普及的肥料帶來的穀物增收。據估計，我們體內的氮約有一半是透過哈伯—博施法從空氣中「固定」來的。若少了這些化合物，我們將不得不把世上每一塊可耕地轉為農地，用同樣龐大數量的動物排泄物施肥，而且即便如此，仍將只能養活全球半數人口。不過在哈伯—博施法問世之初，這些合成氮的主要用途是為德軍製造炸藥。6

沒錯，你可以說，如果沒有哈伯—博施法，第一次世界大戰可以早早結束。正如你所見，法、英與其盟國用智利硝酸鹽製成炸藥，轟炸德國及其盟國，而德國與其盟國也用合成硝酸鹽製成炸藥，轟炸法、英及其盟國。這種新類型戰爭——戰壕戰、戰車戰與砲戰，戰線往往幾個月不變——就局部而言，也是科學、工業，與這種爆炸類型鹽造成的武器之產物。費里茲・哈伯之後研發氯氣，還在第二次伊普爾戰役（Second Battle of Ypres）期間親赴戰場、監督氯氣的使用情況。數以千計的戰士因這種毒氣慘死，哈伯也因此更加惡名昭彰。

哈伯—博施法為智利硝酸鹽工業帶來幾乎致命的重擊。丹尼爾・古根漢這場豪賭大敗虧輸。現在我們不用挖地，從空氣中就能取得硝酸鹽，而且可以無限生產。今天，絕大多數硝酸鹽老廠都關閉了，一個又一個一度住滿礦工、領班、工程師與公司員工的小鎮如今淪為廢墟。在開車穿越阿塔卡馬沙漠時，常常每隔一段距離都能經過這類小鎮。它們有幾分像是西部電影裡的場景：無情烈日曝曬下，勁風吹襲、塵土飛揚的街道。大多數建築物的屋頂都被本地人拆下偷走，當廢料賣了，但建築物外觀仍在。在佩德洛・德・巴迪維亞（Pedro de Valdivia），當地硝酸鹽廠已於一九九六年關閉，在小鎮廣場，多采多姿的長椅，以及讓孩子玩樂的鞦韆仍然完好，只是房舍已空，地板也蓋上一層從沙漠吹來的沙。原先的住民不忘在牆上塗鴉，為他們曾經住在這裡的事記上一筆：「露西・維拉洛柏一家人住過這裡：露露、義馬、諾那、朱利歐、奧伯特」。耳邊只有原野襲來的風，與老郵局那塊招牌發出的聲響。

這一切或許帶給你一種 caliche 鹽業已死的印象，但實際情況是：未必。因為在智利，仍然有幾家公司還在採集這些沙漠石塊，製作硝。其中最主要的一間是化學公司「智利化工」（SQM）。智利化工的源起可以回溯到硝酸鹽工業開始沒落的那個年代。一九六〇年代，在合成硝酸鹽對手的激烈競爭下，礦場逐一關閉，智利政府最後終於插手，將最後兩家 caliche 鹽業公司國有化。智利政府此舉既有經濟面、也有地緣政治考量：首都聖地牙哥的權貴們擔心，如果阿塔卡馬沙漠沒用了，玻利維亞人與祕魯人遲早會想辦法取回他們在太平洋之戰中失去的這些土地。阿言德（Allende）政府最後於一九七一年將 caliche 鹽業與銅業國有化；幾年後，在奧古斯圖・皮諾契特（Augusto Pinochet）獨裁統治期間，以胡利歐・彭賽・勒魯（Julio Ponce Lerou）為首的一個民營企業買下智利化工。這筆交易或許聽起來平淡無奇，一旦你知道彭賽・勒魯不是普通商人，而是皮諾契特的女婿之後，就會發現內情並不單純。民營化以後的智利化工成為一家非常重要的公司，彭賽・勒魯也成了智利最富有的人之一。直到今天，這項不清不楚的民營化交易在智利仍充滿爭議。

近年來，智利鹽業不僅生產硝酸鹽而已。智利化工還提取「碘」。碘是一種重要的保健元素，缺碘的人容易發育不良、生很多病。有鑒於碘的重要性，大多數國家已經立法，規定食鹽裡面必須添加碘。而智利穩居全球這種救命藥物最大產國的龍頭寶座。

而另一方面，近年來，氮大致上不再取自智利土壤，而來自哈伯—博施法。今天，我們要施多少肥的真正限制只有一個，就是願意耗用多少能源作為交換。不必在智利沙漠挖礦，只需從大氣中固氮就能取氮，使得氮肥供應無虞，但也帶來一個始料未及的後果：過去半世紀以來，氮肥的使用已經到了幾乎毫無節制的地步。

灑在田裡的氮肥約有半數沒有為我們的作物吸收，而是滲入空氣與水裡；它溶入土中，進入小溪與河流，引發嚴重的優氧化（algal blooms）、窒息了其他水生生物。在哈伯—博施法問世之後一個世紀，世人終於清楚了解氮肥無限供應的負面影響。濫用氮肥能奪走土壤中無數其他礦物質，導致土質惡化。食物學家警告說，許多國家將因農地劣質化而不再有收成。全球營養危機的解決辦法似乎正在引發一場土壤危機。隨後，幾年前，在英國北海岸工作的礦工發現了一種或許可以解決這場危機的東西：一種數量之大、前所未見的神奇原料。你猜對了，這個特別的物質是另一種鹽。

後記 許多鹽

布爾比，英格蘭

我們鹽的故事始於北約克郡（North Yorkshire）的布爾比，也以此為終點，就在史蒂夫・謝洛克挖了三十年、搜尋文明遺跡，發現一些鹽的同一地點的正下方。在我們於布爾比鹽崖頂打探之後幾個月，我發現自己深入崖頂土層下方，穿過了頁岩（shale）、鐵礦岩（ironstone）與砂岩（sandstone）、泥岩（mudstone）、粉砂岩（siltstone）、硬石膏（anhydrite）與白雲石（dolomite），穿過了侏儸紀（Jurassic）地層，考伊波（Keuper）地層與二疊紀（Permian）岩石，瞪著眼前一層又一層的鹽。

這裡的鹽是另一古海洋的產物，這片古海洋的年代，比柴郡下方那座兩億兩千萬年前的海洋還要久遠。柴契斯坦海（Zechstein Sea）是片寬而淺的古海洋，覆蓋面積從英格蘭北部經過北海，直到德國與波蘭平原。不過用現代地理名詞思考它，多少容易造成誤導，因為在當年，北約克郡布爾比的位置應該就在赤道稍北。今天這處蔥鬱的崖頂，在當年是沙漠，就像阿塔卡馬或像撒哈拉的大砂海。

所謂當年，指的是兩億七千萬到兩億五千萬年前，盤古大陸（Pangea）當時正開始斷裂。隨著板塊移動，沙漠景觀遂遭海水吞噬，前後不是一次、兩次，而是五次。而且每次海水退卻都留下一層又一層水分蒸發了的鹽。如果這樣的景觀難以視覺化，不妨想一想類似景觀或許也正在今天的地中海上演。順帶一提，在地質學或許有時令人感到味同嚼蠟的世界中，這是我最喜歡的一個故事，主要因為它不是出現在一種緩慢、單調而深沉的時間背景，而且就局部而言還是一種現在進行式。

在五百到六百萬年前——在那塊殞石墜落大砂海之後很久，但在智人出現很久以前——地中海從大西洋分割出來，經過幾十萬年又幾十萬年，地中海幾乎完全乾涸，彷彿一座巨型的今日死海（Dead Sea）；直布羅陀海峽（Strait of Gibraltar）終於重開，隨即一幕奇景出現：大西洋突然捲起滔天巨浪湧了回來。

今天很難想像這樣的奇景，不過你至少可以感覺它，或者說，嚐到它的味道，因為地中海的水仍然特別鹹。相對於其他海洋平均千分之三十五的含鹽量，地中海的含鹽量約為千分之三十八。隨著歐亞陸塊繼續往非洲撞擊，地質學家預期，直布羅陀海峽會在今後數百萬年間再次關閉，而且這一次將會是永久。地中海最後會乾涸、徹底消失，留下一層埋在底下的鹽，一如荷蘭北部的謝克斯泰死海（Zechstein Sea）。[1]

如同我們已知，鹽幾乎不會單獨出現。在見到氯化鈉的同時，幾乎一定也會見到一種或多種伴隨出現的化合物，而謝克斯泰死海的水含有許多鹽。繼續往下挖，在髒髒的岩鹽（halite）、白色晶體、橘色半透明岩石等五花八門、各式岩鹽下方，你還見到其他的鹽：有粉奶色的光鹵石（carnallite）；有用於製作瀉鹽的水鎂礬（kieserite）；有水氯鎂石（bischofite）——一種氯化鎂鹽，有時製成膠狀，用來治療關節炎與風濕熱——以及，一層閃閃發光、特別醒目的深紅色晶體。這就是鉀石鹽（sylvite），即氯化鉀，鉀肥的主要成分。

事實證明，能幫我們增產糧食的岩石不是只有硝石而已。儘管氮肥是迄今最重要的肥料，而磷（phosphorus）與鉀（potassium）也是。這三種元素——我們往往根據它們的化學符號，合稱它們為「NPK」——組成肥料世界「三聖」，我們將數以百萬噸計的 **NPK** 噴灑在各處田野，增產作物，餵養全球八十億張嘴。

磷主要由開採磷礦而來，大多數磷礦在美國佛羅里達州與愛達荷州，以及中國與摩洛哥，後者儲量幾占全球總儲量四分之三。摩洛哥的磷礦主要出現在有爭議的西撒哈拉沙漠，與用來填充加那利群島海灘的砂，是西撒哈拉沙漠最重要的兩大出口物資。

另一方面，鉀的得名源於「鉀鹼」（potash），而鉀鹼之名又源出於這類布爾比地下鉀礦發現以前，用來製造鉀肥的技術。農人集合焚燒林木所產生的灰燼，裝入壺裡漂洗、蒸乾壺渣，得出一些有鹹味的白色物質。在蘇格蘭高地與群島地區，農人靠焚燒海帶取得鉀鹼。這是繁重的粗活，就像在發明氨鹼法以前，想取得碳酸鈉也著實不易。

直到一九三〇年代，地質學家開始在這個地區附近鑽井探油以前，沒有人發現英國地下藏著全世界最純的鉀鹽脈。德國控制大部分鉀肥生產，從謝克斯泰盆地淺層挖掘它的氯化鉀。而每個人都知道英國沒有這種資源，不得不在帝國統治期間費盡心神在全球各地探索，從印度、加拿大，甚至從巴勒斯坦的死海搜尋鉀鹼。在一戰期間，由於來自德國的補給斷供，英國被迫尋找代用品，用灰白色海帶與高爐灰提取鉀鹼。突然，克里夫蘭鉀肥（Cleveland Potash）開採了布爾比的礦脈，就像北海為英國帶來石油獨立一樣，英國也於一夜之間，從鉀鹽進口國成為全球最大的鉀鹽重鎮之一。

鉀鹽是一門曖昧且不透明的生意。就像石油有石油聯盟「石油輸出國組織」（OPEC），鉀鹽產國也組了一個鉀鹽聯盟，有些像維多利亞時代柴郡的鹽商，控制著生產與價格，以維護自己的利潤。俄羅斯於二〇二二年入侵烏克蘭，造成的一項後果是全球肥料突然短缺，因為俄國與其盟國白俄羅斯供應全球約四分之一的鉀鹽。一如布爾比，俄國與白俄羅斯的鉀鹽也藏在地下古海洋的鹽層中，即白俄羅斯的普里皮亞（Pripyat）盆地與俄羅斯的索利卡姆斯克（Solikamsk）盆地。

幾十年間，克里夫蘭鉀肥的礦工採了數以百萬噸計的鉀鹽。為了增產，他們挖得更深，沿著礦脈從主礦井向外衍伸：深入北約克沼澤的紫色石南花地下許多哩；深入北海鐵灰色浪花下許多哩。但隨著一年年過去，原本色澤鮮紅的鹽脈愈來愈少。最後業者達成可悲的結論：當地的鉀鹽礦一定開採一空了。

倒不是說這座礦什麼都沒了。至少它還有岩鹽。在開採鉀鹽的過程中，他們得挖掘隧道，打通一個又一個龐大的岩鹽層。這些岩鹽雖有助於擴大英國另一邊溫佛德礦的岩鹽供應，但開採這麼深的礦成本非常高，光是採鹽入不敷出。

於是有人提出一個構想：何不往謝克斯泰死海海底深挖試試？他們調出一九三〇年代第一次地質調查時取得的古老岩石核心樣本，發現在層層鉀石鹽下方，有一層數量之巨、見所未見的東西：雜鹵石（polyhalite）。雜鹵石是一種硫、鎂與鈣的堅硬石狀晶體，它的名字就說得明明白白，它是「許多鹽」。這種礦值得開採嗎？

就這樣，他們開始尋找繼續開採的理由。布爾比的一組專家投入研究雜鹵石的成分：硫、鎂與鈣。這些都是健康土壤的重要成分，所以，或許把這種東西放到土中能產生一些價值？在對雜鹵石做了多年實驗——鍛燒、處理，設法取出鈣，將它製成石膏板——之後，他們發現一種非常簡單、有效的作法：只要將雜鹵石磨成粉，像施肥一樣灑在地上，就能產生奇效。無論是穀物、豆類、菜蔬與草地，灑上雜鹵石粉之後植物都能長得更快，而且收成之後能保住更多礦物質。它們甚至還能減少化肥的浸出量，並更有效地利用氮，也就是說，農人可以施較少的肥，製造較少的廢料，還能減少使用過程中對土壤造成的傷害。此外，由於雜鹵石只需挖出地面，磨成粉就能出售，不像大多數肥料得經過人工加工，還可以認證為有機產品。基於同一意義，其他肥料——特別是氮肥——製程需耗用龐大能源，相對而言，雜鹵石製程的排碳量微不足道。

不過，問題是，沒有人這麼做過。雜鹵石原本沒有市場。大多數從地下挖上來的礦——無論是鉀鹽，或煤或銅——都是全球性商品。礦物一旦煉成，進入全球市場，採礦的工作也結束了。雜鹵石儘管並不真正新奇（它經常少量地出現在其他地方，比方它是喜馬拉雅粉紅鹽除氯化鈉以外的主成分），卻沒有人專門為了生產它而開採礦脈。也正因為沒有人開採過雜鹵石，沒有人能完全掌握開採它涉及的工程挑戰。舉例說，雜鹵石非常硬。布爾比的一位工程師說，開採雜鹵石「就像開採混凝土一樣」。與開採鉀鹽相比，開礦機鑽頭磨損的速度要快很多。機器在鑽礦時很容易後繼乏力。換言之，這件事不簡單。

更何況，由於雜鹵石位於謝克斯泰死海最底層，要開採它就得挖得更深。寫到這裡時，此處已是歐洲最深的礦井（芬蘭原有一座略深的銅礦井，已於二〇二一年關閉），這事實多少算有力的說明。

這裡最深達地下將近一・五公里（一哩），與南非姆波內格（Mponeng）金礦——深入地下四公里，是全球最深的礦井——相比只能算是小巫見大巫。在姆波內格礦坑深處，岩石溫度高達攝氏六十六度。在布爾比，岩石常溫只有攝氏三十九度，但這不過是開始而已。其他東西——基本上是機器裝備，不過還有人員——會讓溫度更高。而且，姆波內格金礦能將碎冰打入地下降溫，布爾比卻只有用風扇保持空氣流通。

重點是，這座礦很熱；非常熱。在啟程下坑以前，我得填寫健康問卷，上頭問了些一般性問題，例如有沒有糖尿病、心絞痛與幽閉恐懼等等，最後還加上了「你在高溫中有排汗困難的問題嗎？」我充滿自信地勾了「沒有」。果然，當我們來到岩壁時，我已經渾身汗濕，其他每個人也一樣。

地面溫度接近零度，根據氣象預報，一場冬季風暴即將於翌日來襲。但來到礦底岩壁，溫度已經遠不只四十度，所有礦工都穿著橘色短褲與T恤。我們來到礦頭，一部開礦機正在挖著岩壁。這部機器更像一頭蹲踞在地，準備一躍而起、撲向獵物的恐龍，與之前在柴郡地底見到的那部機器稍有不同。作業員用控制桿將它從岩壁拉開。它嘎吱嘎吱、搖擺著身軀倒退，我們都站在它的巨顎下。

「我管這個叫『怒獠牙』，」一位礦工比著機器上那排滾動的鑽頭說。「它們每分鐘轉動六百呎。能將血肉之軀化為肉餡。不騙你，如果你在它運轉時擋在它面前，你會瞬間蒸發，就好像你根本沒存在過。」

他們把其中一個鑽頭交給我。它很重，而且非常熱，我起先以為這是因為它剛剛鑽過岩壁，因摩擦而變熱，但隨即發現並非如此：因為這裡的常溫就這麼熱。不過一位礦工說，事實上這裡還算涼爽了。這座礦的其他幾處——特別是幾年前開挖的南礦區——更熱，有人說高達五十幾度。

「南礦區很可怕，」一位礦工說。「你帶著鼓風機來到礦底，一開始還覺得涼快。但三十秒後你就彷彿置身蒸鍋，發現自己連呼吸都很困難。」

或許你不知道在英國境內，到今天還有人得在這樣可怕的環境下工作。我原本也不知道。我聽說過發生在中國、在南非姆波內格礦那些駭人聽聞的故事。有人說，由於進出這些礦坑非常費事，一些非法礦工乾脆住進不見天日的礦坑，皮膚因此愈來愈蒼白，彷彿鬼魅。在許多年前的英國，那些在老煤礦與鐵礦坑工作的礦工常遭活埋，或因爆炸喪生，許多礦工因肺部沾滿礦塵而早逝。與中國、英國過去這些礦坑相比，這裡的條件幾乎稱得上奢侈。但儘管如此，為了燃料，為了食物，今天的我們仍在同樣的礦壁上不斷挖著，挖著。

布爾比礦坑的隧道與柴郡地下涼爽、寬敞的隧道完全不同。這裡的隧道頂部低得多，而且在上方數以千噸計岩與土的負重擠壓下正緩緩下沉。頂部雖有鋼條支撐，但讓人提心吊膽的是，真正支撐這座礦的，是像疊疊樂（Jenga）般堆在鋼條與岩壁之間的木梁。「鹽就像塑膠。時間一久它就會流動。希望那會在很久以後。」當天為我導覽的史蒂夫・蕭（Steve Shaw），見我惴惴不安地望著那些撐著我們生路的木梁，於是說了些話，想讓我安心。想到有一天鹽會吞噬這些升降機、這些礦車與所有留在坑裡的一切機器，想到這些隧道會擠成一團彩色黏土，而你正置身一千多公尺地下深處，還真需要「消化」一下。

史蒂夫六十多歲，早自一九七〇年代起就在這裡工作，當時這座礦與其他許多英國化學廠都是帝國化學工業公司的財產。史蒂夫蓄著白鬍，神色帶著一種更像是漁民而非礦工的玩世不恭。不過這也合情合理，原來他的父親與祖父都是在布爾比海岸捕撈螃蟹與龍蝦的漁民。史蒂夫的大半生職涯不在海岸，而在海床底下深處度過，因為這座礦坑的隧道像捲鬚一樣，從布爾比礦井沿著鹽脈，在北海海底向外延伸好幾哩。

我這次下礦頭的行程在幾小時之前展開，首先是一趟讓人耳膜漲痛、歷時七分鐘，每秒下降七公尺的升降梯之旅。在來到礦井底部以後，我們爬上一輛老卡車，有好一陣子好像哪兒也去不了：老卡車的引擎吁吁喘氣，遲遲無法發動。像這裡的一切，引擎蓋上也積滿鹽塵，與溫佛德空中揮之不去的霧氣相比，這些鹽塵色澤更灰、更髒，但同樣辛辣刺鼻。

卡車上除了我們與礦工，還有一大群看來比我更加手足無措的學生。他們來這裡參觀這世上最不同凡響的一處科研中心。在布爾比幾處已經採光了礦的老舊隧道裡，有好幾座實驗室，來自全球各地的科學家就在這裡進行著只有在這種環境下才能做的實驗。例如：如果生命可以在這麼深的地底鹽穴中存活，或許我們在遙遠火星的地表底下也能發現同樣的東西？或許我們能在鹽裡找到有關外星生物的第一批線索。其中一座實驗室正進行偵測「暗物質」（dark matter）的實驗——由於地表有輻射與宇宙光干擾，這類實驗無法在地表進行。

「暗物質，」史蒂夫遙望遠方，喃喃自語。「這事就難說了……不過他們還沒有測到。」

我們沿著隧道走向礦頭，走得愈深就愈熱。隧道頂部低垂著幾條輸油管，一邊懸著電話線與電線，還有地震感測器。這些感測器非常靈敏，能測出地球彼端的輕微震動。我們沿著一條毫無特徵、蒼白的鹽塵走廊經過海岸線、呼嘯作響的風扇，與為保持礦坑氧氣暢通而設計的氣閘。眼前一切盡在黑暗中，只有每隔一陣就會出現的昏暗綠燈——它標示緊急避難用的氣密避難室：一旦發生狀況，例如礦坑坍塌或瓦斯外洩，我們可以躲進這些避難室。

當我們抵達礦頭時，我接到警告說，這些岩壁後方任何一處洞孔都可能藏有瓦斯——這是有機物陷在裡面、經過億萬年壓縮的遺物。每隔一段時間，這些瓦斯往往無預警噴發，炸飛數以百計、幾噸重的岩石與重裝備。幾年前一位在這裡工作的礦工就在這樣一次意外事件中喪生。

史蒂夫從地上撿起一塊灰色岩石交給我。這是一塊雜鹵石。一眼看去它沒有什麼出奇之處，這塊曾為古海洋的一小片遺跡與其他岩石並無二致。接著史蒂夫用電筒照它，突然它的顏色整個改變，變得蟬翼般透明。我們會很自然地稱這種半透明岩石為「礦石」，但這不盡正確，因為礦石需要加工處理。開採金礦時，採出岩石九九．九九％以上會成為廢料；但開採雜鹵石時，每一噸挖出來的岩石都是一噸產品。能與這相比擬的唯一另一種礦物質，就是鹽。

我們離開岩壁，展開漫漫回程路。卡車從雜鹵石岩層攀高進入岩鹽層，熱氣也逐漸消散。當我們來到升降梯時，身上汗水已乾。等到搭乘升降梯回到地表時，溫度已經接近冰點。那是十二月初的一天，冬季風暴芭拉（Barra）在北英格蘭肆虐。想到同一時間，就在北海海底地下深處，竟有一群礦工在比沙漠更熱的溫度下揮汗工作，採集大多數人從未聽聞過的一種岩石，真令人不可思議。

或許一段時間過後，這一切會有所改變。布爾比礦坑已經從生產鉀鹽改為生產雜鹵石，採出的岩石磨成了粉，外銷全世界。布爾比雜鹵石粉灑在中國、巴西、美國以及歐洲各地。今天，溫布敦（Wimbledon）網球場使用的肥料就是布爾比雜鹵石粉。這種鮮為人知的礦物成為最耀眼的農業新星，一種「雜鹵石熱」正在崛起。曾經與帝國化學工業公司合作生產鉀鹽的「英—美資源集團」（Anglo- American）不久前買下「天狼星」（Sirius），透過天狼星擁有布爾比附近雜鹵石的開採權，而且已經訂定一項大展鴻圖的開礦計畫。

由於這座計畫中的新礦區位於國家公園中心，也由於建立新礦同時也意味建立龐大的加工設施與後勤系統，以便將成品運往附近港口，英—美資源集團將挖掘一條二十三哩長的隧道，從惠特比（Whitby）附近的礦井一直通到提賽德的碼頭，挖出來的岩石就經由這條隧道送往處理廠，然後運走。這條隧道在竣工之後，將是完全在英國境內的最長一條作業隧道（只有英法海底隧道比它更長）。還有更精采的：這座新礦可望有一百年的壽命；一旦完成，它將比布爾比與謝克斯泰更深，而雜鹵石也將成為英國最大宗的礦物出口。

令人稱奇的是，在英—美資源集團這座新礦龐大的升降梯豎井所在地點，從表面上幾乎什麼也看不出來。不過這其實也正是重點所在：這座預定稱為伍德斯密（Woodsmith）的新礦，要成為史上最審慎、最環保的一座礦。自這個新礦項目開展以來就參與其事的北愛爾蘭人摩里斯．蘭金（Maurice Rankin），曾帶我下去新礦可到的最底部，當時這段距離還不是很遠。我們站在地下約一百公尺深處的主礦井，仰望飄過頭頂的浮雲。隨後我們驅車穿越一片片石南沼澤，沿著往海延伸的隧道前行。就像這條隧道一樣，我們此舉也在重覆一項人類有史以來不斷上演的老傳統——沿著先民運煤、鐵礦石與鹽的古道穿行。

摩里斯與我來到提賽德碼頭，站在一條直通惠特比新礦的隧道入口邊。英—美資源集團預定用來加工、運送雜鹵石的威爾登（Wilton）廠區，原為帝國化工的主化學廠。這裡一度是英帝國化學工業重鎮。從地下抽上來的鹽水送入鹽廠製成鹽，或送入化學供應鏈。在提賽河（River Tees）另一頭的比林漢（Billingham），有一座哈伯—博施化工廠，帝國化工就在這裡製造戰時當炸藥、平時當肥料使用的氨。當年這座廠曾經風光一時，阿道斯．赫胥黎（Aldous Huxley）在《美麗新世界》（*Brave New World*）中的「反烏托邦」靈感就來自它。海岸沿線還有一座幾年前關閉的雷卡（Redcar）鋼鐵廠，正準備重新開啟、打造成英國的碳捕存中心。還有幾家公司也希望在這裡設廠。其中一家計畫在坦尚尼亞開採稀土金屬，然後把礦石運到這裡加工。另一家計畫建一座煉鋰廠。為什麼都選在此地？因為這裡有悠久的化學工業基礎。鹽的傳承始終長存不墜。

原料世界的顯著特徵之一就是它罕見人跡，無論是這裡的煉製廠，或是台灣那些「關燈」晶圓廠皆然。這裡的工作人員大多在上面的控制室、盯著電腦螢幕工作，也因此，在地面上，很難分清哪些地方仍在運作，哪些地方已是歷史遺跡。我們駛經一些老瓦斯儲存槽與幾塊棄置的工業用地「棕土」（brownfield land）區，這些地方無法建設，怕影響到埋在底下的有毒廢料。如果英－美資源集團這個美夢果然成真，這幾處碼頭有一天將擠滿出口雜鹵石的船隻；英國將負起餵養全球的重責大任。

「說來有趣，」摩里斯說，「這是一處工業區，但我來這裡總能見到鹿，以及各式各樣的野生動物。」話音甫落，一隻大野兔竄過我們面前的路上，彷彿佐證他這句話似的。我們下車，我為那野兔拍照。只見牠倘佯在一處煤堆前的草地上享受太陽，煤堆旁有一條從北海輸送天然氣的管子。道路另一邊是運河，從老化學廠舊址流入提賽河。

「他們說，這曾經是英國汙染最嚴重的河川。」摩里斯說。從大型排水管湧出的水清澈潔淨，不過要把這些清水想像成混濁、冒泡的廢水傾瀉入海，也並不太難。

就在我們到訪這段期間，一場新的環保悲劇正在醞釀。沿海岸往南三十哩處出現海洋生物「集體死亡」事件：惠特比與布爾比海灘覆滿數以十萬計死亡與垂死的螃蟹與龍蝦，一幅世界末日慘景。來自政府科學家的初步報告認為，這極可能是海洋生物因優氧化而窒息。但環保人士另有看法。在打造一座自由港，為所有這些即將到來的鋰與雜鹵石運輸做準備以前，提賽德的河床已經先行疏浚完成。一些科學家說，過去經由這些排水管從工廠排入提賽德的吡啶（pyridine）等等汙染物，經這一波疏浚從沉渣中釋出，隨海潮沖入了海中。

這裡曾是英國汙染最嚴重的地區之一，而毒廢料惡靈正是造成汙染的罪魁禍首。地方當局會不會因為這一波重振本地工業經濟的努力，又一次喚醒了這惡靈？或者，這場悲劇不過是一次不幸的意外，有關爭議只是環保人士反對一切大規模工程項目的本能反應而已？摩里斯與我在岸邊徘徊，望著滾滾水流，激起水花沖向海中。接著，突然間，一頭海豹從水裡冒出頭來，睜眼瞪著我們倆。我還來不及拍照，牠就消失在水裡了。

在原料世界挖得愈深，回音也愈響。當你讀到這裡，距離你不很遠的一座氯鹼廠的電解池正嗡嗡作響，將鹽水製成各式化學物質。這其中包括燒鹼，沒有燒鹼就沒有紙張，因為我們用這種腐蝕性的化學物質將纖維從木材分離出來。還有氯化氫（hydrogen chloride），沒有氯化氫就沒有太陽能板或矽晶片（氯化氫在西門子法中扮演關鍵角色）。氯還能淨化我們的水……要說什麼使我們成為人類，主要就是我們有著將一個東西轉變為另一東西的決心，而鹽是我們最重要的工具之一。那座電解廠附近另有一座廠，將鹽水製成碳酸鈉，做為將矽製成玻璃的助熔劑。在其他某處，匠人正用鹵水浸泡起司，讓起士變得更硬、更鹹。還有一位大廚，像幾千年前布爾比崖頂那些人做的一樣，將海鹽灑在食物上。

或許你聽過這樣一句成語：「如果不是長出來的，就是開採出來的」（if it's not grown, it's mined）。不過鹽是那種我們開採出來、幫助我們成長的東西——鹽不但能為作物提供肥料，還是醫療藥品的基本成分。近年來其他許多化學物質也紛紛問世。的確，下文就要談到，我們從石油與天然氣精煉的東西現在已經成為化學主流。儘管如此，我們仍然走在古老鹽路上，是有理由的。許多化工廠與製藥廠仍設在鹽岩層上，是有理由的。《鹽鐵論》這類古老文件的立論至今仍然真實可靠，是有理由的。在大部分歷史中，誰控制鹽，誰就控制了天下。

第三部

鐵

第七章 鋼鐵無祖國

馬里烏波爾，烏克蘭

二〇二二年二月二十四日，馬里烏波爾亞速鋼鐵廠（Azovstal Iron and Steel Works）總經理安佛・茨基提維利（Enver Tskitishvili）下達了他希望自己永遠不必下達的命令。

那天早些時候，俄軍開始砲轟馬里烏波爾市街與建築物，俄烏戰爭中最慘烈的一場圍城死戰就此展開。之後幾天戰火更熾：俄軍在附近海岸發動兩棲登陸，戰車與步兵從東面來襲。在接下來幾周的火拼中，數以萬計人員傷亡，整條市街夷為平地，亞速鋼鐵廠也成為烏克蘭抵抗的聚焦核心。但在這一切種種以前，茨基提維利得完成一項惱人的緊急任務。[1]

茨基提維利年約四十許，喬治亞裔，戴寬邊眼鏡，一頭灰髮修剪得很整齊，說起話來語聲輕柔。他從基層幹起，不斷晉升，管理的廠房也愈來愈大，直到成為業界——至少是鋼鐵業界——最重要的管理人。而亞速鋼鐵廠在業界如雷貫耳的名聲，部分來自第二次世界大戰期間的一段歷史。

烏克蘭是全世界成長最快的鋼鐵生產國之一：這項事實沒能逃過希特勒的目光。希特勒在一九四一年入侵烏克蘭，兩眼牢牢盯著它豐富的礦產資源：烏克蘭不僅東部蘊藏極豐的鐵礦與煤礦，尼科波爾（Nikopol）還有豐富的錳礦田，而錳是生產最強韌合金鋼不可或缺的材料。

但德軍在攻進烏克蘭後才發現，入侵還只是最簡單的部分。在逼近馬里烏波爾時，德軍發現地方人士正忙著拆解亞速鋼鐵廠，讓它無法運轉。之後納粹費盡力氣，終於讓亞速恢復營運，鋼鐵廠工人又展開祕密破壞行動，放火造成「意外」爆炸，損害鼓風爐，讓敵人無法順利產鋼。

德軍占領讓烏克蘭人備極煎熬，甚至在一九四三年撤軍前不久，德軍還將亞速鋼鐵廠拆的拆、毀的毀，盡情破壞，認為沒有人還能讓它重新運作起來。根據事後的照片，德軍的拆毀工作相當徹底，將一度傲人的混凝土車間與廠房倉儲打成孤伶伶的空架子。但不出一年，烏克蘭人排除萬難，重新架妥鼓風爐，恢復運轉；到一九四五年，亞速鋼鐵廠產能已經趕上戰前水準。亞速就是這樣的地方；馬里烏波爾人就是這樣的人。

之後幾十年，歷經蘇聯統治與蘇聯解體，馬里烏波爾與它的兩座鋼鐵廠——北邊的伊里奇（Ilych）與南邊的亞速——成為全世界最重要的鋼材生產重鎮。

世上並非每樣東西都是用鋼做的，卻幾乎都是鋼製機器的產品。富裕國家的國民不會花時間思考這類問題；的確，近年來，由於煉鋼是件汙染性高且能源密集的差事，富裕國家開始不斷關閉境內鋼廠，降低國內產能，從碳排放爭議較不嚴重的國家進口成品。工人穿著防熱衣，站在鼓風爐邊處理火紅的液態金屬照片，看在這些有錢國家眼裡，讓他們斷言鋼鐵業已成昨日黃花。

但只需想一想鐵與鋼（一種碳與鐵的合金）的用度，你很快就能看出這純屬無稽之談。鋼鐵是終極金屬——事實上，世上幾乎所有的金屬都是鋼鐵組成的。不妨想想金屬究竟是什麼。混凝土與石頭較脆、易碎，而金屬卻因為原子結構而有一種強硬性與可塑性。金屬可以鑄造、錘打成一定形狀，最重要的是：可以製成工具。

如果所謂人類的定義，取決於我們合作、共鑄工具的能力，那麼鐵與鋼就是支持我們成其為人的部件。而如果砂組成了大部分的世界，鹽是幫我們改造世界的神奇物質，鐵就是在幫我們做事，無論這事是旅行、建造、生產產品，或是相互殺戮。鐵與鋼是共同前提。

鐵並非我們學會冶煉的第一種金屬（下文就會討論），不過近年來，它已成為原型金屬，占我們生產與使用的所有金屬大約九五％。事實上，由於過於重要，鐵已經像 GDP 一樣，成為我們生活水準的指標。[2]

如果你生活在美國、日本、英國或大多數歐洲國家這樣的已開發經濟體，你一生大約會擁有十五噸鋼。這些鋼往往裹在混凝土裡或藏在塑膠下，你看不見它們。這個商數隨國家不同——例如國家的都市化程度（住宅區較密集的國家，每平方呎使用的鋼較多）或國家是不是比火力發電更加依賴水力發電（水壩使用鋼筋混凝土，需要大量鋼材）——而略有變化。不過對大多數已開發經濟體而言，這個數字接近每人十五噸——包括你的汽車、住家、醫院與學校，包括你辦公室裡的迴紋針，以及你國家軍事裝備使用的鋼材。[3]

鐵是我們社會的骨幹。我們用它打造橋梁與建築物，加強混凝土，製造汽車、構建數據中心。幾千年前，我們用它製作工具與裝備，今天我們仍在這麼做，無論是高鐵行駛的鐵軌，或是用來將圖形蝕刻在晶片上的先進機器框架，沒有一種金屬像鐵這樣有用，這樣兼具堅固、耐用，又相對容易取得等特性。

稍後再討論這前兩種特性，現在先讓我們探討最後這種特性，因為你或許已經注意到，在原料世界，再有用的物質如果既難以生產、又無法運送，那也幫不上忙。這些原料之所以重要，是因為它們與我們的日常生活息息相關。

而且鐵真的是無所不在。它存在紅血球裡，在我們體內流通。它是地球地心的主成分，是地殼中蘊藏量第二豐富的金屬（達五%，僅次於鋁的八%）。看看我們每年從地表開採的原料噸位吧。砂石：四百三十億噸；石油與天然氣：八十一億噸；煤：七十七億噸；鐵礦：三十一億噸。而且一如幾乎所有這些原料，我們對鐵的胃口仍不見任何消停跡象：在二〇二〇年因新冠疫情出現回落之後，全球鐵礦產量於二〇二一年再創新高。4

這些鐵礦絕大多數冶煉成鋼，而儘管名稱不同，鋼其實不過是鐵的眾多類型之一罷了。關鍵在於碳含量。碳含量最高的是鑄鐵（cast iron），或稱生鐵（pig iron，這個名字的由來是因為在最早期，鑄鐵使用的模具像一群小豬排成一列，由母豬餵奶一樣）。這種金屬比較脆弱，碳含量約有三％到四％。碳含量最低的是熟鐵（wrought iron），質地很軟，可以用錘子捶打，而且非常純，只有極少量的一點碳。介於中間的是鋼，碳含量通常不到二％（一般而言，最有韌性的鋼，像亞速鋼鐵廠產的那些，碳含量還要低得多，只有不到一％）。

拜材料科學所賜，在相當程度上，我們終於掌握了何以些許碳含量竟能造成如此巨大差異的原因：在鋼裡，碳原子整齊排列在鐵原子間，形成強力、牢固的晶格。碳含量過多，晶柵結構不完善，金屬很容易碎裂（例如鑄鐵）；碳含量過少，鐵原子在沒有太多阻力的情況下可以相互滑動（如熟鐵）。所以，反直覺的是，你要的是接近精純，但不完全精純的鐵。

而我們直到不很久以前才終於了解這些，可知鋼鐵生產史基本上是個不斷試錯的過程：工匠們將手藝代代相傳，有時還加上一些自己的獨門祕方。無論在任何王國，能將一塊堅硬的生鐵捶打成一柄強韌鋼劍的好鐵匠（我們現在知道，捶打可以除去生鐵中含的一些碳），都成為最搶手的人才。的確，這類人才也往往成為決定戰爭勝負的關鍵。像日本京都的武士刀工匠與大馬士革的武器製造者一樣，古敘利亞西台人（Hittite）也以鐵匠工藝著稱，直到今天仍然沒有人能複製西台人打造出的利劍。[i]

直到十九世紀中葉，亨利・柏思麥爵士（Sir Henry Bessemer）設計出他的轉爐（convertor），對著鐵溶液鼓進空氣，從混合物中去除足夠的碳，我們才找到量產鋼鐵之道。能幫助說明這故事的是兩個地標：巴黎的艾菲爾鐵塔（Eiffel Tower）與蘇格蘭的福斯鐵橋（Forth Bridge）。艾菲爾鐵塔與福斯鐵橋皆於一八八〇年代興建、一八八九年完工，並創下新紀錄（世上最高的結構體與世上最長的單懸臂橋）。這兩大建物還有一些雷同之處，例如它們的金屬結構都需要不斷油漆、再油漆，以防鏽蝕。

不過福斯鐵橋用的是鋼，艾菲爾鐵塔是用熟鐵。柏思麥鋼雖已投產幾十年，但古斯塔夫・艾菲爾（Gustave Eiffel）就是不信任這種技術。結果是，艾菲爾鐵塔在較短的跨度上用了太多的鐵（如果用鋼來造，不需要用到這麼多）——而且儘管它很高，它其實還可以更高。事實上，你可以在福斯鐵橋主體結構上架六座艾菲爾鐵塔。[ii]

之後幾年，鋼逐漸取代了熟鐵：鋼軌比鐵軌更持久，鋼器比鐵器更強韌，鋼筋讓工程師可以將橋墩的間距放得更遠。

或許這些進展看起來微不足道，但它們很快演變成一場革命。且以最簡單的工具——

犁——為例。文明的故事大致都離不開食物的故事。人口能不能增加，能不能擺開乏味單調的體力活、抽出時間投入其他工作，蓬勃發展，就端看我們能不能不必親身操勞農活便能餵飽自己而定。每小時勞動力生產的食物愈多，必須下田耕作的人就愈少，能夠走出田地、投入其他工作的人就愈多。換言之，所謂現代生活靠的是農業成果多年來不斷而漸進的改善。這些成果部分來自耕作技術提升，部分如前一章所述，來自肥料的普及。但還有其他原因：更好的農耕工具。

而談到農耕工具，最重要的莫過於犁。在播種前用犁鬆土整地，拔除野草，有助於種子成長，特別是在犁上加一塊犁板，將刮起的土翻動，效果更佳。在大部分農耕史上，農民用木犁犁田，後來才在木犁頂端加上金屬犁頭，直到十九世紀初，附犁板的生鐵犁終於取代了

i 流傳下來的一些鋼鐵鑄造古法，頗令人嘆為觀止。以下是十一世紀流傳的一則有關冶鐵的「回火」術——就是加強鐵的硬度之術：「將一頭三歲大的黑羊綁在屋裡三天，不給牠東西吃；第四天只給牠吃一些蕨類植物……把牠關進一個底部鑿了幾個孔的圓木桶，將一個結實的容器擺在這些孔的底下，承接牠的尿液。如此經過兩、三夜，等取足了尿液之後，把這頭羊放出來，然後把你的器具浸在尿液裡回火。紅髮男童的小便比普通的水硬，也可作為鐵器回火之用。」文章出自席奧菲流斯．普利斯彼特（Theophilus Presbyter）。（引自戈登〔J.E. Gordon〕所著《新高強度材料科學：或為什麼你不會從地板掉出去〔*The New Science of Strong Materials: Or Why You Don't Fall Through the Floor* (Penguin, 1991)〕》）（作者註）

ii 但有意思的是，艾菲爾決定用熟鐵建造確實也有一項很重要的優勢：熟鐵鏽蝕的速度基本上比鋼慢得多，所以艾菲爾鐵塔抗腐蝕的能力比蘇格蘭的福斯鐵橋好。話雖如此，但寫到這裡時，法國媒體爆料說，艾菲爾鐵塔的鐵梁可能因多年來油漆保養作業品質不佳而鏽穿。（作者註）

木犁。這是面貌一新的大轉型：由於鐵比木強硬得多，犁一公頃田地需用的時間從二十小時減為十五小時。

但鋼犁比鐵犁更好。鋼犁可以整治鐵犁無法整治的堅硬、多石土地，鋼犁也不像鐵犁那麼需要維護；事實上，由約翰・迪爾（John Deere）量產的第一批鋼犁，就以「自己會磨利」為廣告，而他以自己名字命名的農耕器材品牌如今也全球聞名。這種鋼犁的取勝機關在於，它在較軟的核心外包了一層硬鋼皮，即使撞上石塊也不會像生鐵犁那樣容易折斷。鋼犁問世的影響立竿見影：突然間，只需三小時就能犁妥一公頃田地。

當然，同時間問世的還有其他創新農具：釘齒耙、播種用鋼鑽、聯合收割機——而這是在煤與石油動力農耕機具先後問世、推動農業生產呈指數成長以前。但就算早在那個年代，這些主要用鋼製成的機具，已能大幅降低收成一定數量食物所需投入的時間。

以一八〇〇年新英格蘭的一戶典型農家為例，主要使用木製農具，每生產一公斤穀物得投入略多於七分鐘的勞力。到一八五〇年，在使用生鐵鑄造的農具後，花費將近三分鐘就能完成同樣份額的工作；到一九〇〇年鋼製農具問世，只需要三十秒。[5]

當然，農業只是起步。只需設想同樣進展也出現在各行各業，就能見到鋼的重要性。而且就像玻璃、蒸氣渦輪機或電腦晶片等等所有「一般用途科技」，鋼之所以有用，不僅因為我們可以用它打造什麼，也因為它讓我們能夠打造什麼。這種廉價、強硬、可靠的金屬很快就變得無所不在。

若計入鏽蝕、回收與廢料，目前世上約有三百二十億噸的鋼。這可不是小數目。如果將它們鑄成建築物鋼骨使用的「工字鋼」，排列起來可以繞地球三十三圈，可以用它們建造七條連接地球與太陽的高速鐵路。或者如果將它們分給地球上的人，每個人可以分到大約四噸。有鑒於你已經知道已開發世界的人每人有大約十五噸鋼，另一個重點來了：世上的鐵分配得非常不均。

與富裕世界人均十五噸鋼的數字相比，今天中國的人均數字只有七噸。生活在撒哈拉以南非洲的人更只有不到半噸。一個國家的國內生產毛額當然是了解它的重要資訊，但一個國家是否擁有足夠的鋼鐵可以建造醫院、救人性命，可以造橋、鐵路讓人旅行，或造房子供人居住等訊息也不遑多讓。而真相是，世上大多數國家都不足。換句話說，儘管人類已能盡情利用本書提到的六種原料，將它們轉換為改善生活的先進科技，這些成就的分配並不均勻。我們常將國與國之間的收入差距掛在嘴邊，但矽的差距、肥料的差距、銅的差距；沒錯，還有鋼鐵的差距呢？[6]

這就涉及另一問題。約七%到八%的全球溫室氣體排放來自於煉鋼過程。如果要世上每一個人都能像富裕國人民一樣，享有每人十五噸鋼的生活環境，我們得將全球鋼鐵總產量增加到一千四百四十億噸才行，而這個數目是自有人類以來，我們所曾生產過的鋼的將近四倍，也由於不排碳而產鋼的技術仍在實驗階段，成本十分高昂，我們正卡在進退兩難的處境中。世人的兩大目標——脫碳（decarbonisation）與開發——正處於一種互不相容的狀態。逐漸更有錢、更繁榮的國家，會不會真的不能像西方世界過去那樣，在開發過程中投注大量水泥或鋼鐵呢？

鋼的力量

鋼很要緊；它是幾千年來，人類賴以進步、賴以生財富裕的基本原料。對有些統治者而言，鋼代表的就是製造武器與防禦軍力，但對其他統治者來說，它也代表建工廠、造機器與渦輪機，用來發電、進行哈伯–博施法這類高壓化學反應，或用來建築道路、機場與鐵路以推動社會發展。二〇一八年，唐納·川普（Donald Trump）在宣布課徵鋼鐵進口關稅時，發表推文說，他這麼做為的是保護美國與美國工人。川普在推文中以他特有的那種強調語氣寫道，「你沒有鋼，就沒有國家！」（IF YOU DON'T HAVE STEEL, YOU DON'T HAVE A COUNTRY!）

說得好聽一點，經濟學家沒那麼多時間與川普爭辯這個問題。他們指出，如果美國能以較低廉的價格從別的地方買到鋼，何樂而不為？美國何必一定要自己生產鋼？這樣的邏輯很難辯駁。但川普不是認定鋼應享有特殊待遇的唯一政治人物；幾乎每一位美國總統，無論是共和黨還是民主黨，都曾設法以特殊制裁手段保護美國的鋼鐵產業。把時間拉回許多年前的中國，毛澤東在一九五〇年代末期為煉鋼，把中國帶進一場大災難。

毛澤東喜歡吹噓中國的工業實力，而且愛以鋼鐵產量說事：中國的鋼鐵產量要在三年內超越英國！要在十年內超越美國！為達成這些目標，鋼鐵廠奉命加班加點，全力生產。但目標沒能達成，中國人民於是奉命打造「土高爐」，將烹飪用的鍋子、盆子，將農耕用的工具與犁，將載水、裝水用的推車與鐵罐統統丟進這些高爐裡，展開全民煉鋼。人們拆了房子，把拆得的木頭與茅草當作燒高爐的燃料；整座森林被砍伐殆盡（結果導致之後幾十年的洪水）；數以百萬計農民離開農田，在高爐邊工作。[7]

毛主席稱這項運動是「大躍進」。大躍進確實增加了鐵的產量，不過由於毛澤東與他手下那堆顧問，沒有人知道鐵與鋼究竟有何不同，他們之後才發現，從土高爐土法煉出來的，是脆弱、毫無用處的鐵，不是鋼，而且成本高得可怕。在隨後幾年，中國遭遇史上最慘重的饑荒。從一九五八到一九六二年四年之間，數以百萬計的人死於飢餓與虛弱，確實死亡數字至今仍是辯論焦點，但根據保守估計，死亡人數應在一千七百萬到三千萬之間。有些地方甚至傳出人吃人的慘劇。[8]

無論是獨裁國家或民主國家，領導人都對鋼鐵都情有獨鍾。或許因為它是一切原料中最主要的，或許因為它幾乎融入其他所有的製造程序，也或許是因為沒有人願意看到得靠他國的鋼鐵製造自家的武器。

十九世紀中葉的烏克蘭鋼鐵工業基本上就是這樣的故事。在俄羅斯於克里米亞戰爭吞敗，沙皇尼古拉一世——就是不到十年前，於一八四四年深入柴郡地下鹽礦探訪的那位皇帝——去世後不久，新俄皇亞歷山大二世展開大規模改革計畫，決心趕上西方。當時還屬於俄羅斯帝國一部分的、今烏克蘭境內頓內次河（Donets River）流域，經選定為發展冶金工業的理想地區。儘管頓巴斯（Donbas）有豐富的煤礦與鐵礦，但俄羅斯境內沒有人知道究竟該怎麼建造鋼鐵廠。經過幾次失敗的嘗試，俄國人決定向外求助。[9]

他們找上約翰．詹姆士．休斯（John James Hughes）：來自南威爾斯（South Wales），父親過去是梅瑟．蒂菲爾（Merthyr Tydfil）煉鐵廠的首席工程師，休斯蓄著一口大鬍，當時是倫敦米爾沃爾煉鐵廠（Millwall Iron Works）的負責人。米爾沃爾煉鐵廠是英國境內最大生產者之一，供應所有皇家海軍船艦包覆層需用的鐵。休斯於一八七〇年啟程前往亞速海（Sea of Azov），來到頓巴斯北部。不出兩年，他的煉鐵廠已經建成、展開營運，之後幾十年間成為俄羅斯帝國境內最大的煉鐵廠；他還在附近地區建了休斯鎮（Yuzuki），如今發展為城市，並改名頓內次克（Donetsk），是烏克蘭工業重鎮。

像俄國這樣為了建立工業基礎，而從其他國家進口知識與裝備，這既不會是第一次，也不會是最後一次。若沒有用走私手段從威尼斯找來工匠，英國玻璃製造商喬治・雷文斯克羅夫特永遠不知道怎麼製造清澈、透亮的玻璃。十九世紀末葉，蘇格蘭出身的實業家安德魯・卡內基（Andrew Carnegie）為鞏固在業界的地位，也曾將柏思麥轉爐進口美國。

二〇〇〇年代初，一家中國公司買下位於德國杜蒙德（Dortmund）的蒂森克魯伯（ThyssenKrupp）鋼鐵廠，將它一一拆解，運回長江下游的一處廠房，引起德國當局關切。不過事實上，中國人此舉——進口技術，然後根據它打造一個帝國——不過是重複自人類第一次發現如何煉鐵以來，俄、美與大多數國家都曾幹過的勾當罷了。[10]

值得注意的是，這些搬到上海北郊，成為沙鋼集團旗艦廠的德國廠房，幾經擴充，現在已是全球最大煉鋼廠。它擁有十三座鼓風爐（目前在美國境內，即使最大的煉鋼廠也只有四座鼓風爐），產量比業界著名的蒂森克魯伯整個集團產量多出一倍有餘。中國在過去十年的鋼產量，比美國自二十世紀以來的鋼產總量還多。就像在原料世界其他領域，中國在全球鋼鐵生產方面也創下幾近壟斷的佳績。沙鋼廠是一座鋼城——生產設施規模堪稱全球僅見。[11]

唯一能與之比擬的，或者說，在中國崛起以前能具備類似規模的，只有俄國的鋼城（Magnitogorsk）廠。鋼城規模龐大，擁有八座鼓風爐，於一九三二年建廠，是約瑟夫・史達林（Joseph Stalin）的心血結晶。在烏拉山（Urals）發現豐富鐵礦——豐富到羅盤接近它會失靈，連鳥都不會飛越它——之後，史達林下令在烏拉山以東，強風吹拂、氣候嚴寒的草原建一座全新工業城。這座建在「磁石山」（即烏拉山）邊上的社會主義大城就是鋼城，而且建廠的知識同樣也來自海外（就像建在其他地方的大多數煉鋼廠，或史達林著名的拖拉機廠）。鋼城的建築物與街道設計者不是俄國人，而是一名德國工程師；煉鋼廠本身則是美國工程師比照印第安納州蓋里（Gary）的美國鋼鐵公司（US Steel）——當時全球最大鋼鐵廠——建造的。[12]

但鋼城有個問題：儘管擁有絕佳的鐵礦資源，可惜地處偏遠，不僅距離最近的港口有幾千公里，離最近的煤田也有近兩千公里。對史達林來說，這也是選定這裡建廠的考量之一：沒有一支入侵敵軍能打到這裡來。儘管如此，幾年後，蘇聯企劃人員在尋找下一座大型煉鋼廠廠址時，幾經折騰，最後還是選定烏克蘭東部，因為烏東地區不僅擁有鐵、煤與水的完美結合，還有鄰近黑海之便。他們選擇了亞速。

就像大草原上的鋼城一樣，亞速也逐漸成為蘇聯的傳奇。擊敗希特勒後，亞速在之後幾十年的蘇聯經濟中扮演關鍵角色：蘇聯的鐵路網，也可以說大部分歐洲鐵路網用的都是這裡出廠的鋼軌。其他國家設法打造較小型的鋼廠，聚焦特定產品或功能，亞速廠只是不斷擴大規模。

到一九九〇年代，蘇聯工業產值已經過半來自作為煤礦與鋼鐵重鎮的烏克蘭東部。當柏林圍牆倒塌，共產主義解體時，像鄰國俄羅斯的工業結構一樣，這些資產也成為令人垂涎的對象。獨立以後的烏克蘭很快有了自己的寡頭統治集團，其中最著名的當屬里納・阿赫梅托夫（Rinat Akhmetov）。阿赫梅托夫買下許多鋼廠，包括亞速與位於馬里烏波爾另一邊的伊里奇煉鋼廠。在這些新近民營化的煉鋼廠，大量的鋼繼續不斷出廠，一切仍然照常。

鋼鐵廠基於生產必要，規模不大不行。有些出廠的軋製鋼材可能長達一公里。鼓風爐消耗的鐵礦與煤數量之大，為保持運轉，你得將堆積如山的煤、鐵堆在鼓風爐外才行。亞速鋼廠為維持產能得消耗巨量的煤，這也意味馬里烏波爾成為東歐地區汙染最嚴重的城市。像鋼城一樣，整個馬里烏波爾也經常籠罩在霧霾中，居民感染癌症與呼吸道疾病的比例高於全國大多數其他地區。

但亞速廠的規模也意味，它還有其他各式各樣始料未及的副產品。它的六座鼓風爐造成大量富含矽與鈣的熔融廢料，馬里烏波爾各地普遍用這種礦渣廢料作為一種水泥——如何製造混凝土而不排碳，關鍵或許就在這種非傳統水泥。

亞速廠使用的巨型鋼轉爐源於柏思麥轉爐，只不過灌入鐵溶液的是純氧，而非一般的空氣。由於這種巨型轉爐耗用巨量的氧，許多公司為利用亞速廠煉鋼過程中產生的廢氣而群聚馬里烏波爾。就這樣機緣巧合，烏克蘭成為全球最大的氖（neon）工業生產中心。氖是一種惰性氣體，用於半導體與發光標誌製造。

不過最重要的是，馬里烏波爾是一座鐵城，而就像大多數鐵城一樣，地方人士也津津樂道用馬里烏波爾鋼材打造的標誌性結構：風力發電廠與遊輪、輸油管與發電站；倫敦的碎片塔（Shard）、曼哈頓的哈德遜廣場（Hudson Yards）開發案、基輔的奧林匹克體育館，以及為取代二〇一八年倒塌的熱那亞公路橋（Genoa motorway bridge）而建造的聖喬治橋（San Giorgio Bridge），使用的都是亞速廠製造的鋼。但現在，俄軍即將兵臨城下，茨基提維利思考著八十年前，他的前輩們面對納粹來犯採取的那些行動。他必須關閉亞速廠。

亞速的尾聲

關閉一座鋼廠說起來容易，做起來難。鋼廠裡面沒有什麼關閉開關，而且大多數關鍵製程的設計，特別是將鐵礦煉成金屬模板的鼓風爐，除了偶爾幾小時的維修以外，都是從開機啟用直到廢棄，持續運轉的。像這樣交互鎖定的系統，要將它解體並不簡單。

但砲彈開始在廠房周遭落下，情況愈發明顯，他別無選擇，只能將亞速廠廢了。能夠造成比鋼鐵廠爆炸更嚴重人命損失的工業事件寥寥無幾，如果一枚飛彈打進鼓風爐，引爆數以噸計的金屬溶液，後果將不堪設想。鋼鐵廠一位員工說，「那會是一場奈米廣島原爆」。

茨基提維利於是展開有些類似工業破壞手冊的關廠作業。焦爐熄了火，工人將液態玻璃填入其中，以防有毒氣體外洩。每一座鼓風爐逐漸冷卻，裡面的鐵溶液逐漸硬化，在底部形成板塊。最後，當俄軍開始入城，大多數員工都撤離了。

之後幾周，馬里烏波爾遭到俄軍大砲猛轟。公寓、醫院，甚至一家男女老少、平民百姓用來避難的劇院都難逃毒手。屍體遍布大街小巷。無人機錄下的影片顯示，馬里烏波爾的許多公寓樓只剩斷垣殘壁。砲擊展開時，城內大多居民已經撤離，但少數家庭撤入煉鋼廠，躲進藏在機器結構底下的避難室。

俄軍用幾周時間控制了馬里烏波爾，事實證明，想控制煉鋼廠並不簡單。茨基提維利不知道，約三千名烏克蘭軍也撤入了亞速煉鋼廠，其中還包括一些亞速旅（Azov Regiment）戰士：這是一支有爭議的部隊，其成員多有極右派淵源。

接下來這場圍城之戰成為全球各地新聞網爭相報導的焦點。在走私取得一個星鏈（Starlink）衛星網際網路系統後，烏克蘭軍開始透過社交媒體與電視頻道廣播最新戰報，接受記者訪問；數以百萬計的群眾守在全球各地屏幕旁，等著來自煉鋼廠的第一手消息。他們見到烏克蘭軍民躲在煉鋼廠鼓風爐下避難，見到砲彈如雨一般灑落煉鋼廠——這一幕幕腥風血雨，開始讓人聯想到電影《瘋狂麥斯》（Mad Max）中的場景。

圍城戰逐漸演成持久戰，食物供應逐漸耗竭。成人開始配給口糧，每天只能吃一小餐；飲水供應也逐漸短缺。一些困在煉鋼廠裡的人難忍口渴，竟連冠狀病毒疫情期間設在廠裡、用來擦手的酒精消毒液也喝了。二戰期間史達林格勒（Stalingrad）圍城戰——當時小股蘇聯軍死守史達林格勒火車站，對抗德軍——那些有悖常理的慘況開始在馬里烏波爾上演，只不過這一次俄國人不是守方，而是發動攻擊的入侵者。[13]

最後，在經過八十天的血戰與砲轟，困在亞速煉鋼廠地道與防禦工事中的平民獲准撤離，俄軍用公車把他們送入俄軍占領區，亞速旅殘存部隊也投降，成為戰俘。他們大多在之後幾個月的換俘行動中獲釋。四百多具陣亡官兵遺體被送回烏克蘭境內安葬，但直到幾個月後，據信煉鋼廠廢墟裡仍埋有不少遺骨。

全球鋼鐵工業吸收了亞速廠停擺帶來的後果。亞速廠很大，但絕不是世上最大的煉鋼廠。韓國與中國境內有比它更大的鼓風爐，而且俄國的鋼城仍然源源不斷地，將數以百萬噸計的鋼材投入市場。還有其他始料未及的後果。由於全球氖氣供應幾近半數來自亞速廠與其他烏克蘭煉鋼廠，茨基提維利關廠之後數周，全球氖氣供應荒跟著浮現。

這對半導體生產造成料想不到的影響，因為氖氣是從晶圓廠潔淨室下層灌進無塵室必不可缺的幾種氣體之一，少了氖氣，很難控制光刻機雷射光波長。就這樣，亞速煉鋼廠事件造成的經濟漣漪，遠遠超過烏克蘭，不僅影響鋼鐵產業，沒隔多久，唯恐出現全球供應短缺，台灣、南韓，甚至南威爾斯的矽晶片製造業者也開始囤積氖氣。原料世界的情況就是這樣：一項不起眼的副產品，可能在地球另一邊，成為另一項似乎不相關供應鏈的必備要件。

在控制亞速煉鋼廠後，俄國人宣布，煉鋼廠已經過度損毀，無法修復。有人考慮將它完全剷除，改建成一處公園。但在將鼓風爐、氧氣轉爐與焦爐關閉後發表的一段簡短視頻中，茨基提維利堅持亞速廠不會就這樣畫下句點。他說，亞速曾經浴火重生：從納粹占領的灰燼中站起，成為歐洲最好的煉鋼廠。

「我們會重返這個城市，我們會重建這座廠，我們會讓它復甦，」他又說。「它會像過去一樣，為烏克蘭帶來榮光。因為馬里烏波爾就是烏克蘭，亞速就是烏克蘭。它過去如此，現在如此，今後也仍將如此。榮耀歸於烏克蘭！」

眼望亞速殘存的一片廢墟，讓人不禁深思：難道這是鋼鐵這種東西已經過時的又一徵兆嗎？我們今天真的需要這麼多鋼嗎？從表面觀察，烏克蘭戰爭與大多數其他戰爭不一樣：它似乎是一場無人機與社交媒體之戰。當美軍於一九四五年入侵沖繩時，日本人稱入侵美軍像「鐵暴風」一樣。而烏克蘭戰爭與這場「鐵暴風」截然不同。

不過別搞錯了，二十一世紀的戰爭仍依賴鋼：鋼製槍砲、鋼製砲彈與鋼製裝甲。我們之所以不再那麼重視它，只因為已經把這種了不起的原料視為理所當然；之所以比較不會因為少了它而恐慌，只因為就算沒有自己的鼓風爐，仍可以從中國進口冷軋鋼。

然而就像鹽，或玻璃一樣，鐵的生產或許看起來也很古老，很有工業時代之風，事實證明它為我們的世界提供了基石。煉鋼或許像一種屬於過去的科技，它在今天仍舉足輕重，而且沒有它，我們無法打造未來。儘管如此，目睹今天的鋼鐵生產，仍讓人有時光倒流、重返中世紀之感。

第八章
火山內部

塔爾伯港（Port Talbot），威爾斯

當我們走近五號鼓風爐——煙囪與鷹架交織成的一座黑塔——一輛魚雷車正在裝貨。鐵魚雷車是一種潛艇狀的鐵路車，熔融的鐵從鼓風爐倒進車裡，然後駛往半哩開外的煉鋼廠。一股鮮亮的黃紅色液體從鐵軌上方一座平台滾滾而下，流進魚雷車紅通通的大嘴。

「它看起來好像岩漿，」我不禁叫道。

「它就是岩漿，」我的導遊說。鋼之所以如此神奇、如此浪漫，這絕對是原因之一。所謂煉鋼就是將岩石燒化；就是人在製造岩漿。經過幾千年煉鋼，就算是今天，就算在最先進、

最精密的製造設施，鋼的生產仍離不開這種最原始的本質。我們和古希臘與古羅馬的火神一起置身神話中的火山內部。在這裡，火星漫天飛舞，一切的表面都蓋著一層泥土與煤煙。空氣中不時飄來濃得令人無法呼吸的硫磺味，嘶嘶作響聲此起彼伏。

當鼓風爐排出熔融金屬時，這感官的衝擊來到最高峰。鼓風爐側邊底部的黏土磚鑽有一個洞，鐵漿開始從爐裡流出。我原以為像這樣的事，應該是在沒有任何人工輸入的情況下進行的，但在大多數鼓風爐，包括不久前在亞速關掉的、包括美國境內大多數，以及在南威爾斯塔爾伯港煉鋼廠的這座鼓風爐，整個過程竟如此依賴手動。

我們站在一邊，一位穿防熱衣的工人按下一個遙控裝置，一部大型吊車搖擺著朝鼓風爐的出鋼牆（tap wall）移近，裝在吊車頂端的鑽子開始鑽入黏土磚，突然間，鼓風爐底座倉房湧出一股熱氣。但幾分鐘過後，情況顯然有些不對勁。

「喔，」有人開了口。「他鑽子卡在濕黏土裡了。」

經過一陣錘打、鑽挖，吊車突然為黑煙吞噬，接著一股烈焰升起。火花開始到處亂爆，一股冒著黃色火星的熔漿像凱瑟琳輪煙火（Catherine wheel）從出鋼牆噴發。幾分鐘過後，火光與煙塵逐漸平息：岩漿出來了。發著光的溶液咕嚕咕嚕從鼓風爐一湧而出，順著渠道流進守候著的魚雷車。

這次出鋼作業比平常更扣人心弦，但結局不變：一股含碳量四％到五％的熔融生鐵漿。

這是層層轉型過程的第一關。不很久以前，這些生鐵以粒狀、塊狀硬鐵礦的形式，連同作為助熔劑的焦煤與白雲石一起送進鼓風爐。就如同玻璃製程中使用的助熔劑，焦煤與白雲石能降低熔點、拔出生鐵中的雜質。原物料用巨型自動廢料桶，一層一層倒進鼓風爐。在我到訪時，這些原物料是來自瑞典的鐵，以及來自澳洲與中國的煤，它們已經先送進威爾斯這裡的鼓風爐，烘製成焦煤。

生鐵與助熔劑進入鼓風爐以後加熱、熔融，不斷沉底，溫度逐漸升到攝氏一千四百多度。我們往前走了幾步，走進鼓風爐的陰影，在外殼以及防火磚夾層包覆的鼓風爐內艙，鐵的溫度已經升到最高點。站在鼓風爐外的我們只覺奇熱無比，而且嘈雜不堪。鼓風爐發出吼聲。一位工人打開一個小窺孔，遞給我一面濾光鏡，讓我戴在眼前，然後告訴我朝哪裡看。我見到裡面一股白熱的東西，向噴氣般射入爐心。那是氣體嗎？

「煤，」他叫道。「粒煤（granulated coal）！」

伴著從鼓風口（tuyeres）的一排金屬管中噴發的熱空氣，粒煤灰不斷射向鼓風爐底部——這說明一件事：談到鋼與鐵，就不能不談煤。每製造一噸熔融的生鐵，需要投入一噸多一點的鐵礦石與略少於一噸的煤，這些東西大多從鼓風爐頂端倒入，但少部分也會成粒狀拋在鼓風爐邊上。[i]

加入煤的目的不僅為了熱爐，也為了促成鼓風爐內的重要化學反應。鐵礦石富含氧化鐵，基本上是粒狀鐵鏞，將它轉化為金屬就是將它的氧原子與鐵原子拆開。眼前這座巨型鼓風爐的終極作用就在這裡：提供一種環境，讓氧原子可以離開鐵原子，與煤的碳原子結合。所以嚴格說起來，這些鼓風爐的主要終端產品不是那些不斷湧出的鐵溶液與之後濾除的礦渣，而是二氧化碳，大量的二氧化碳。[1]

鐵，煤，與工業革命

鐵是一種化石燃料產品。我們每年都得把數量驚人的煤——超過十億噸，比全世界所有人的體重加總還要重得多——倒進全球各地約一千座的鼓風爐。從這些鼓風爐中出來的鐵或許含碳量不高，但它的生產過程造成巨量二氧化碳，約占全球總量的七％到八％。沒有任何溫室氣體排放來源像這樣集中在這麼少數幾個地點。[2]

雖說塔爾伯港鋼廠只有兩座鼓風爐，與中國大多數煉鋼廠相比簡直不值一提，但塔爾伯港仍是英國境內最大煉鋼廠，也因此仍是英國境內最大的碳排放汙染源。不過這裡有一個你在本書其他地方也屢見不鮮的矛盾：人類選用煤來煉鐵，一開始是為了解決一個環境問題。

鐵的故事可以回溯自第一座鼓風爐問世以前很久。圖坦卡門石棺出土的寶物，除了那隻美麗的黃色玻璃甲蟲以外，還有一把飾金把手、鑲有寶石的匕首，而它最有價值的部分不是上面的金飾與寶石，而是刀刃本身：不可思議的是，這片鐵製刀刃歷經三千餘年並無鏽蝕。經過分析，它來自一顆隕石：一塊在太空鑄成，墜落地表的鐵、鎳與鈷的自然合金。據猜測，像圖坦卡門項鍊上那塊黃玻璃一樣，它也是在撒哈拉沙漠砂丘中發現的。[3]

據有今天土耳其與敘利亞的古西台人，似乎早在大約西元前一千四百年便發現如何煉鐵、打造鋼製武器的技巧，之後這些技巧傳遍亞洲與歐洲，進入人類學所謂鐵器時代（Iron Age）。不過直到西元前五世紀，中國人才發明第一座鼓風爐，直到中世紀，鼓風爐技術才傳入歐洲。蘇塞克斯（Sussex）於西元一千五百年左右有了鼓風爐，開始生產生鐵，不久，南威爾斯也開始跟進。

這些鼓風爐有一個共同點：都用木炭做燃料。在密閉空間燒柴產生的木炭，是一種幾乎純淨的碳，能釋出溫度極高、非常乾淨的熱，使它成為鑄鐵、其他冶金形式，或釀啤酒、或製做染料的理想燃料。但隨著木炭需求不斷增加，對森林構成的壓力也愈來愈大。畢竟木材也是房屋不可或缺的重要建材，特別是在英國，皇家海軍的艦艇與桅桿都得用木材打造。一五五九年，在傳出相關報導，說烏斯特（Worcester）附近的林木資源已經減少到令人憂心的

i 經典比例是每一噸生鐵得用上一．四噸的鐵礦石與〇．八噸的煤。（作者註）

地步後，當局通過新法，禁止在距離塞文河（River Severn）十四哩內為鑄鐵砍伐森林。一場劃時代的變化隨後出現——不僅在鋼鐵產業，在現代世界史上也如此——英格蘭與威爾斯的企業主逐漸不再仰賴木材，開始改用化石燃料。[4ii]

這個故事與工業革命的故事交織在一起。究竟為什麼工業革命發生在英國，而不是發生在歐洲其他地方，或發生在亞洲或美洲，直到今天仍是人們辯論的話題。可能的因素非常多，包括人口結構、地緣關係、政治與制度背景、勞工市場性質、先前創新的不斷累積等等，遑論製造業者迫於環境壓力，急著尋找更廉價、更充裕燃料的因素了。英國還擁有一項難得的地質學優勢：像英國這樣面積小，卻能擁有如此豐富礦物資源的國家並不多見。英國除了富含鐵礦與石灰石，還產錫、鋅、銅與矽砂。最顯然的因素是，英國似乎擁有取之不盡的煤，而且大多是優質的無煙煤——產地遍及蘇格蘭中部、英格蘭東北，在約克郡、在密德蘭、肯特（Kent）、格洛斯特（Gloucester）與南威爾斯的河谷。

就這樣，自十六世紀起，隨著木材荒的恐懼不斷加遽，早期的企業家開始實驗。在十六、十七世紀之交，啤酒釀造與染料業者、磚匠與陶工、冶金與玻璃製造業者紛紛開始用煤。但這項轉型並非沒有問題。使用木炭這類含碳量高的燃料很乾淨，燒煤卻充滿汙染，味道也很難聞。用煤燒成的磚塊容易變黑，釀出的啤酒則有一種惡臭。

但隨著時間過去，工業家的應變之道也不斷出籠。幾家釀酒商發現，若事先將煤烘烤一番，像燒製木炭一樣，可以製成形式較純、汙染也較少的煤，即焦煤（coke）。其他產業也迅速採用焦煤與煤：它們成為玻璃製造業者必備的燃料，東北部與柴郡的鹽廠也開始廣為使用。運煤船從新堡（Newcastle）與桑德蘭（Sunderland）南下，供應倫敦的釀酒廠，然後滿載矽砂返航，為泰恩塞德（Tyneside）的玻璃業者運補，這還不包括其他各式各樣的非傳統貨物。

明礬（alum）——能防止布料染劑退色的一種化學劑——成為這段日子的一門新興產業。含明礬的礦石產在布爾比附近的北約克郡崖邊，不過在提煉過程中，需要將明礬石浸在許多加侖的尿液中熬煮——而這遠非就地取材所能辦到。一套精密的供應鏈隨即建立，據說，著名的英國探險家庫克船長（Captain James Cook）就是在建立這條航線時克服暈船毛病的。來自新堡的運煤船會滿載倫敦廁所的尿液北返。據信，這就是taking the piss（上小號）這句俗諺的原始出處。[5]

在熬煮尿液時，明礬製造商像所有其他業者一樣，也開始燒煤。就這樣，經過幾個世紀，煤成為英國最重要的燃料。煤與鐵的結緣出現得比較晚，不過那不是因為沒有人知道煤

ii 當年是否真的鬧木材荒仍有爭議。《經濟學人》說，有相當可信的跡象證明短缺現象確實存在。但以奧立佛・雷克漢（Oliver Rackham）為首的森林史學者另有看法。他們說，當時中歐大部分地區為了取得燃料（也為了開闢農地）而不斷砍伐森林，確實造成林木荒，但遵循「矮林重植」（coppicing and regrowing trees）古法的英格蘭或威爾斯，從未出現嚴重的林木荒。舉例說，主要用於煉鐵的迪恩森林（Forest of Dean），木材供應始終穩定。（作者註）

既便宜又供應無虞、更合算，而是因為用煤鑄鐵非常不容易。每次有人嘗試用煤取代木炭鑄鐵，結果燒出來的鐵都含硫過多，根本派不上用場。

最後，亞伯拉罕・達比（Abraham Darby）解決了這個問題。達比來自密德蘭，一開始在釀酒廠工作。他從這段工作經驗中發現，製作與使用焦煤的好處比木炭大得多。經過幾次失敗，他在一七〇九年成為史上用焦煤而非木炭啟動鼓風爐的第一人。當亨利・柯特（Henry Cort）發現如何不用木炭就能將達比廠出廠的生鐵煉成較純的熟鐵之後，木與鐵的連繫完全斷線。

由於煤是一種能量比木密集得多、來源也比木充裕得多的燃料，英國的鋼鐵生產突然間起飛，進而帶動一系列其他創新。一旦煤與鐵的用量增加，英國需要開更多的礦，需要挖得更深，如何從礦坑抽水的問題也變得更迫在眉睫。為此，英國人發明了蒸氣機——湯瑪斯・沙維利（Thomas Savery）與湯瑪斯・紐柯門（Thomas Newcomen）的原始機首先問世，之後詹姆斯・瓦特（James Watt）發明了較精密的版本。突然間，煤不但可以用來製作化學藥劑、玻璃與鐵，還能轉動車輪、把水抽出礦坑，並輕鬆帶動火車頭。

煤與鐵催生了工業革命——煤可以讓機器運轉，鐵可以製造機器。就像今天，它們當年的故事也同樣相互交織、錯綜複雜。舉例來說，瓦特的蒸氣機直到他遇上約翰・韋金森（John Wilkinson）之後才真正有了譜。韋金森對鐵極為著迷，他在一張鐵辦公桌上工作，出資建了一座鐵橋，自己造了一艘鐵船，還要求死後葬在鐵棺裡。瓦特知道只有鐵鑄蒸氣機才能扛住內部龐大的壓力，直到韋金森幫他鑄造了一個幾近完美的鐵汽缸與活塞，他的蒸氣機才得以運轉。[6]

這不僅是一場工業革命，也是一場原料革命，而且最重要的，是一場能源革命——是第一場人類從林木與木炭動力轉換為化石動力的能源大轉型。到十九世紀初期，英國境內大多數工業都已改用煤動力。值得一提的是，這相當不同凡響。在一八〇〇年，九五％的英國能源取自煤；同一時間，幾乎所有——九成以上——法國的能源仍來自燒柴。土地面積有多大、能植多少樹的有機束縛不再能限制住英國。自古以來，一直與法國不相上下的英國人均國民所得就在這時開始飛躍超前。到十九世紀初期，英國的財富已經超越法國八〇％。[7]

或許，想了解這場能源轉型——這場人類衝破自然枷鎖大轉型——的重要性，最簡單的辦法，就是問一個問題：如果我們今天把鼓風爐裡的煤與焦煤都丟了，回到過去使用柴火與木炭的時代，生活會像什麼樣？畢竟，今天世上若干國家，特別是巴西，仍然使用大量木炭而不用焦煤，所以理論上我們確實可以這樣重返過去——但在看到相關數字後，你會發現這其實並不可行。今天的英國每年產鋼三千萬噸，如果用木炭全面取代焦煤，僅僅為了生產這些木炭，就得投入將近半個英國國土造林；如果全球鋼材生產全面改用木炭，每年得砍掉半個亞馬遜雨林。這場景儘管令人頭皮發麻，但它頗能說明何以直到今天，我們仍然將這麼多能量密集的煤倒進像塔爾伯港的鼓風爐裡。[8]

煉鐵成鋼的地方

魚雷車這時已經滿載三百噸生鐵，拖灑著駛入鋼廠。就像亞速，塔爾伯港煉鋼廠也異常龐大：每一個區——焦爐、燒結廠房（sinter plant）、鼓風爐、鋼轉爐、軋鋼廠等等——都像大都會裡的一個行政區。它占地五平方哩，是塔爾伯港面積的幾近兩倍，廠區還包括一處歐洲最大的私人海灘——這是一片已經荒廢了的沙灘與砂丘，如果不是旁邊那些黑森森、惡魔似的煉鋼廠設施，應該是一處令人留連忘返的所在。

下一站是鹼性氧氣轉爐（basic oxygen convertor）。這名字聽起來乏善可陳，實際過程卻很精采：這是煉鐵成鋼的地方。從鼓風爐出來的岩漿倒進一個巨杓，除去殘餘的硫。之後，一部我希望真的非常牢靠的起重機將盛滿液態金屬的這個黑色巨杓舉高，移向氧氣轉爐。在看了《魔鬼終結者》第二集（*Terminator 2*）最後一幕之後，我知道就算是阿諾·史瓦辛格（Arnold Schwarzenegger）也經不起這麼熱的燒烤。紅通通、發著亮光的熔液拌隨六十噸廢鋼，一起注入這座轉爐——一個梨形坩堝——這六十噸廢鋼形形色色，從焗豆罐頭到汽車零件，什麼都有。所以說，轉爐生產的「新」鋼實際上是半資源回收產品。表面上看，煉鋼過程超汙染、超浪費，但事實上它是資源回收率極高的活動。這是鋼鐵業又一鮮為人知的矛盾。

與鼓風爐相比，煉鋼過程相當簡單，而且快得出奇。一根金屬槍垂入轉爐中，以超音速高速將純氧噴在岩漿上。經過二十分鐘火花亂竄的製程，送入轉爐之初原本含碳量四％的生鐵，已經成為含碳量〇．四％的熔融鋼液。即使今天看來，這一切變化也太快了。幾百噸生鐵突然間成了鋼。在柏思麥發明轉爐以前需要幾周才能完成的工作，現在只需幾分鐘。看著眼前這座現代轉爐，讓人自然而然想到亨利爵士這項發明的重要性，想到它如何改變英國、以至於全世界人類的生活。突然間，鋼成為全球各地都能買到的商品，而且同樣重要的是，它便宜。

也正由於它便宜，你想用它做什麼都可以：用鋼做犁，做引擎，做建築物的骨架，還可以做釘子，將東西釘在一起。鋼也帶來我們早先從混凝土那裡學到的相同教訓：鋼為什麼成為原料世界的台柱？不僅因為它非常有用，也因為它便宜。便宜使得鋼不再是我們的 GDP 統計數字指標——也正是鋼的祕密武器。在一八一〇年，美國人購買鐵釘的開支占國民收入的比例，與美國人今天的電腦開支占比大致相等。今天的鋼釘品質比當年的鐵釘強得太多，成本卻幾乎不值一提——也就是說，我們可以有更多的錢來買……電腦。[9]

或許這一切聽來也沒什麼，但老實說，我們的世界就是靠這種看起來不起眼的進步打造出來的。鋼是材料學突飛猛進的產物，而直到能輕鬆融入世人生活以後，鋼的時代才真正到來。除了品質先進，還靠了一些平淡無奇的事——例如量產科技——與一些比這更無趣的東西，例如訂定標準。在一九一七年，如果你想買一把砍樹的斧頭，單在美國境內就有近一百萬種——精確說，有九十九萬四千八百四十種——各式各樣的單刃斧任君挑選。二十世紀有許多重要進步，其中最為人所忽視、但非常重要的一項，是美國政府在赫伯·胡佛（Herbert Hoover）總統主政期間推動的產品標準化。根據這項方案，螺釘與螺栓得有一定規格、尺寸，不可以隨意亂造。鋼改變世界的原因有許多：大家都能取得它、用它工作；因為它無所不在，當然沒錯，也因為它廉價——這主要歸功於像我眼前這樣的巨型鍋爐。10

新出爐的鋼——仍然熱得泛紅，仍然與幾分鐘前一樣，看起來很像岩漿——倒進另一容器，展開一趟嶄新的旅途。這是一趟走向精密之旅：因為從這一點開始，普通的低炭鋼（vanilla steel，有時稱為軟鋼〔mild steel〕）將經由不同製程，成為數以百計各有獨特屬性的合金之一。

加入錳（約一·七%），就能得到一種質地堅硬、延展性強的鋼，是鑄造火車鐵軌的絕佳材料；加入矽，得到一種電工鋼，可以與銅一起製作馬達或變壓器。想製造防鏽的不鏽鋼，可以加入十二%的鉻，有時為提高強度，還可以加進一些鎳。製造飛機著陸裝置需要高強度、高韌性、堅固耐用的合金，得加入鉬、矽與釩——近年來，鋼合金的類型不下千百種，但它們都從這裡起步——在一大鍋熱得冒泡的金屬溶液裡加一點特殊成分，然後各奔東西。

儘管鐵礦石的取得相對容易，這類特殊添加劑有些可不是。以「鈮」為例，鈮是一種稀土，能提高鋼材強度，用於製造噴射引擎、重要管路、超導磁體，與橋梁以及摩天樓骨架，而全球約七成的鈮來自巴西境內的一處礦場。二戰期間，德國與英國爭相拉攏中立國土耳其，部分原因是納粹用來製造武器與機械的鉻，幾乎全部來自土耳其。當我在俄軍入侵烏克蘭之後不久訪問塔爾伯港時，錳的供應很令人擔憂，因為塔爾伯港需用的錳主要來自烏克蘭中部。

不過，在冒泡的大鍋裡添加合金只是故事的一部分。真正的好戲還在後頭，因為如果你要的是那種真正強硬、真正有韌性，那種可以製作吊橋吊索的鋼，就得將它的原子結構捶打、整頓成型。過去的鐵匠不斷捶打刀劍、鑄造強韌的刃；今天的鋼廠用巨型機器做差不多同樣的事。

已經添加了合金的熔融鋼液，在我們眼前倒進分配器（tundish）這個大槽，然後流入開在槽底的一個像是大型信箱的東西。鋼就在這裡迅速冷卻，突然間，原本液態的鋼現在成為固態——但不是那種你常見的固態金屬。它冒著煙，熱得發紅；可以彎曲，但沉重而堅硬。

它在輸送帶上琅琅璫璫地彈跳碰撞著進入廠房，經過一連幾個巨型金屬滾筒碾壓，不消幾分鐘，原本兩百多公釐厚的鋼板壓成只有一公釐厚。進去前是長九公尺的一塊鋼胚，出來後成為長達一公里的薄鋼片。我們站在高架走道上，看著捲成一綑綑擺在輸送帶上、仍像老電爐一樣發著紅暈的鋼板，經過我們下方送往一具守候著的機器人，由機器人在上面畫一個專用碼：標明鋼品型號與終端客戶。當一綑鋼板經過我們正下方時，我有種被吊在熱油鍋上的感覺。

原來的礦石這時已經化為金屬。我站在龐大的廠房裡，看著成百上千捆經過幾小時製程生產的鋼板在這裡分流，展開新旅程，有的成為錢幣，進到某人口袋，有的成為洗衣機骨架，有的成為汽車底盤或車身。

製造汽車與沉船

談到鋼的故事，不能不花一點時間談談汽車業與一家特定車廠。亨利・福特（Henry Ford）於二十世紀初首創的大量生產，是一個鋼的故事：他的工廠使用鋼製機器，裝配線上使用鋼製工具，生產的汽車本身也使用鋼材。事實證明，福特非常重視鋼合金。為製造著名的福特 T 型車（Model T），他花了幾個月時間調查不同的合金，最後決定選用鉻釩鋼（vanadium steel）。能找到這種質量輕、強度又高的合金讓福特興奮不已。在推廣 T 型車時，福特當然不忘大力宣傳這種合金。

「整輛車用的是所有鋼材產品中品質最佳、也最昂貴的鉻釩鋼，」當年的T型車廣告說。「主軸，驅動軸，連接桿，彈簧、齒輪、支架等等，用的都是鉻釩鋼。」[11]

若沒有這種質輕、強度又高的合金，福特T型車或許永遠不會問世。而這種合金之所以出線，又因為福特與他的同事能說服鋼材廠商在俄亥俄州設廠，大量生產鉻釩鋼，供應福特車廠所需。拜鉻釩鋼所賜，T型車由於車身較輕，運轉更靈活，功率重量比（power-to-weight ratio）也較大，擊敗了大致沿用當時使用笨重傳統鋼材的競爭對手。12

福特絕對是走在時代前面的人，因為直到今天，鉻釩鋼仍是許多汽車底盤的材質，不過今天也使用其他各種名不見經傳的合金。或許最能與當年福特的鉻釩鋼相比擬的現代產品，是汽車製造業者口中的「先進高強度鋼」（advanced high-strength steel, AHSS）：高強度、輕量化合金的制式鋼材，一般含有許多錳、矽與鋁，當然，不時還會加一些釩。13

今天的汽車事實上比幾十年前重得多，不過原因主要不在鋼材，而在其他。近年來，汽車底盤與車身重量都減輕了，但車廠沒有因此造出較輕的車，反而趁機把車做得更大，並加裝更多功能與特色。這是經濟學家所謂「傑文斯悖論」（Jevons paradox）的一個小型案例。傑文斯悖論是經濟學家威廉．史坦利．傑文斯（William Stanley Jevons）於十九世紀提出的，認為無論我們能讓引擎與機器變得多麼有效，仍會想出新藉口燒同樣多（或更多）的煤。

這場為車身減重的競賽帶來一個後果（就算車廠為車子添加了其他裝備，填補減去的重量）：鋼鐵製造業者不僅得與物理競爭，還得與製鋁業者競爭，以生產更輕的合金。「我們這裡運用的科技比美國太空總署（NASA）還多，」塔爾伯港煉鋼廠產品管理與開發部負責人蘿菈・貝克（Laura Baker）告訴我。「這座煉鋼廠每分鐘生產一千公尺的鋼板。在保持這種速度的同時，我們得將鋼板厚度控制在〇・〇五公釐。我們現在可以做出比過去更薄的鋼板。這是一種奈米科技形式。」

在看過岩漿從鼓風爐湧出那一幕之後，你可能以為鹼性煉鋼技術仍脫不開中世紀黑暗時代的窠臼。但事實上，與僅僅幾十年前同等級產品相較，今天大多數煉鋼廠生產的低炭鋼已經改善許多。單在過去半個世紀，鋼的強度、電氣性能與抗腐蝕力都提高了近十倍。[14]

或許最能說明這種持續改善情況的，莫過於一九一二年那場著名的鐵達尼號（Titanic）沉船事件。這艘船是用當年最強、最硬的鋼材打造的，但在對近年來取得的鐵達尼號船殼遺骸進行金屬分析後，科學家發現，換作今天，這些鋼材一定過不了關：它們含硫量過高，含錳量過低，而且在低溫情況下容易受損、斷裂。此外，船上許多固定鋼板用的鉚釘是用廉價的熟鐵、而非鋼製的，也使這艘船更容易斷裂。如果鐵達尼號用的是現代製造的鋼材，或許能經得起那次與冰山的撞擊，逃過一劫。[15]

鐵達尼號也不是因金屬弱點而遇難的最後一艘船。二次大戰期間，盟國為了盟國間的運補，匆匆打造了一整支貨運船隊「自由輪」（Liberty Ships）。許多自由輪使用的鋼合金在室溫下運作毫無問題，一旦曝露在寒冷天氣下就容易出事，好幾艘在駛入寒冷的水域後嚴重受損，其中幾艘甚至無預警地斷成兩截。

今天用來造船的鋼比當年更有韌性得多，鋼材等級更是浩繁，不下好幾千種。有可以彎曲的鋼、不能彎的鋼；比樹幹厚三倍的鋼、比廚房用鋁箔紙還薄的鋼；有來自瑞典的裝甲鋼板、來自謝菲德的著陸裝置用鋼；有真空成型鋼、3D列印的粉末鋼……

但製作這類鋼材未必容易。至少直到不久前，中國境內生產的鋼大多品質不優。這些一般充作混凝土中鋼筋的鋼往往容易鏽蝕，導致橋梁與公路的結構性損壞。二〇一五年，時任中國總理的李克強在瑞士參加世界經濟論壇（World Economic Forum）會議時，拿起一枝原子筆，滿腹狐疑。

「為什麼，」他問道，「（中國）造不出一枝像這樣書寫如此輕鬆、順暢的筆？」

答案是，儘管中國鋼產量龐大得驚人，儘管全球八〇%的筆是中國製的，中國製造業者仍然未能掌握原子筆細小滾珠軸承與球座的技術。中國製造的筆尖往往粗糙、不平，使用不了幾天就沒了墨或寫不出來。中國製造廠如果需要高品質筆尖，就得從日本、德國或瑞士進口鋼零件。[16]

李克強這句話，把中國煉鋼廠造不出這種精準零件變成一種國恥：鋼筆製造業者與煉鋼廠代表紛紛上了電視自我檢討。兩年後，一家國營煉鋼鐵公司終於宣布它成功製成夠水準的筆尖。中國國家電視台說，這是一項值得舉國歡慶的偉大成就。[17]

所以你看，鋼與矽其實並沒有太大差別。這是又一種得在火中、在碳中鑄造的原料，鋼的故事不僅觸及中世紀的鼓風爐、熔融的金屬，還涉及人類純熟、謹慎操控原料的能力。的確，在二十一世紀數不清的各類型鋼材產品中，有些產品的晶體結構完美無瑕，可以媲美我們製做電腦晶片的矽晶錠。

不過在所有這些鋼材產品中，最不起眼的或許是低本底鋼（low- background steel），一種完全不受放射性同位素汙染的金屬，是生產蓋格計數器（Geiger counters）等敏感裝備與一些醫療裝置必不可少的材料。在今天，想從零開始生產這種低本底鋼，基本上不可能，因為自第一枚原子彈引爆後，地球大氣已經遭到鈷—六十（cobalt-60）等同位素的微量核子汙染。這些汙染數量甚微，對人類不能造成什麼危害，而且還在逐漸減少，但由於煉鋼需要將氧噴入岩漿溶液，也由於這些氧取自空氣，直到今天，我們還找不出可以阻止空氣中些許放射性同位素滲入煉鋼過程的辦法。

也因此，想造出低本底鋼的唯一途徑，就是找出一九四五年第一次核試爆以前已經存在、而且沒有暴露在空氣中的鋼。沉在海底的戰鬥艦殘骸於是成為特別搶手的資源。一戰中在斯卡帕灣（Scapa Flow）鑿沉的德軍艦艇遺骸上的一些鋼板，據信已經打撈上岸，製成醫療裝備。近年來，特別是在南中國海，偷盜老軍艦金屬的海盜交易特別猖獗。[18]

一九四二年在印尼爪哇島西北外海巴坦灣（Baten Bay）沉沒的澳洲戰艦伯斯號（HMAS Perth），六〇％的船殼已經遭非法盜取；於馬來西亞外海沉沒的英國戰艦卻敵號（HMS

Repulse）與威爾斯親王號（HMS Prince of Wales），以及在婆羅洲（Borneo）附近沉沒的幾艘日本貨輪，也有類似的命運。這些保存多年，做為船上官兵墓園與留念之用的沉船遺骸，卻因藏有的金屬與礦物而遭人盜取、褻瀆，令人感到有悖常理。但原料世界的情況不就是如此嗎？

離開塔爾伯港煉鋼廠後，我在山上找到一處俯瞰煉鋼廠的地點。一艘散裝貨輪正將鐵礦石卸下，倒在鼓風爐下方的碼頭上。望著這些紅褐色的礦石逐漸堆成一座小山，我不禁好奇：這些即將熔成岩漿、鑄製成鋼的岩石來自何方？

這類地方正不斷減少。今天在全球各地，只有五百多座廠仍然裝備鼓風爐，做著將礦石煉成金屬的原始工作。曾經有段時間，英國生產的鋼比世界上任何其他國家都多。這裡原是現代鼓風爐與鋼鐵製造的發源地，而今，中國每兩年生產的鋼，就超過英國自工業革命以來的鋼產總量。

甚至就在我置身威爾斯，望著陣陣煙塵從焦爐與鼓風爐冉冉升空之際，政府在能源價格不斷高漲的今天，是否需要出手拯救煉鋼廠，已成為倫敦方面熱議的話題。塔爾伯港煉鋼廠顯然前途未卜。不過話又說回來，在過去幾十年任何一個時間點上，你可以說差不多同樣的話。他們在這個地區煉鐵煉了近一千年，在這個廠煉鐵了一百多年，而他們被人唱衰的次數也多到沒有人還想記得。

儘管擁有這許多先進製程與奈米科技，煉鋼廠仍難免讓人聯想到某種歷史遺跡，而就一種意義而言，情況也是如此，因為煉鋼——與為煉鋼廠提供原物料的鐵礦買賣——即將出現自亨利·柏思麥時代以來最大的轉型。

第九章
最後的爆炸

皮爾巴拉（Pilbara），澳洲西部

像皮爾巴拉這樣的地方，世上可說絕無僅有。這裡是灌木叢與尤加利樹之鄉，氣溫經常超過攝氏四十五度，不時出現的道路標誌會警告你，最近的加油站在幾百公里外。這裡同時也是一處彩色世界：狹谷深處長著沙漠無花果，以及毛茸茸、有豔紅色尖的澳洲狐尾草（mulla mulla）；有暗紅色、人稱「瓶刷」的紅千層與紫色、高大的阿什伯頓豌豆（Ashburton peas），但最重要的是那片有地標意義的皮爾巴拉土壤。

河谷裡有紅岩，山上有紅岩，處處紅塵。它黏在你的靴子上，沾在你的衣服上，駛在這

筆直、漫長、澳洲人所謂澳洲「西大荒」的道路上，它還會覆蓋在你的車窗擋風玻璃上。這裡的土看起來像鐵鏽，是因為它們確實就是。世界上大多數地方的土壤都含鐵，但像皮爾巴拉這樣，在如此廣袤的地區、以如此高密度藏了這麼多鐵的地方，別無分號。

將這些岩石切開，眼前是一種很特別的橫截面：像極了一張土著編織的地質掛毯。隨著時間流逝，鐵、燧石、頁岩、粉砂岩、白雲石，層層疊疊，在掛毯上留下它們的蹤跡。地質學上，幾乎沒什麼比這種帶狀鐵岩層（banded ironstone formations）——地質史上最早期、約始於四十五億年前的前寒武紀（Precambrian era）時代海洋活動的遺跡——更令人著迷的了。

這種鐵岩色澤近乎血紅，並非偶然。鐵岩的學名 Hematite（赤鐵礦）來自希臘文的「血」，內含鐵原子的氧化狀態一如在我們血管裡發生的事。世上其他地方還有其他類型的鐵岩，包括俄羅斯磁山的黑色磁石，包括許多地方，以及火星表面發現的褐鐵岩，但都不像皮爾巴拉的鐵岩這樣引人入勝。[1]

早自史前時代，人就在開鑿鐵岩，用鐵岩製作斧頭與工具，用鐵岩研磨食物、獵殺動物，有時還會用它們在洞穴壁上刻下畫作。四萬年前生活在這裡的狩獵—採集者，會從一個水窪移到下一個水窪，不斷遷徙，一路追蹤他們的獵物，每天平均旅行二十七哩。入冬之後，他們躲進這裡隨處可見的天然岩洞，生火避寒，直到春暖再上路。今天，考古學家仍不斷在這裡發現石頭與獸骨製作的物品，年代可回溯數萬年前，比巨石陣與吉薩（Giza）的大金字塔（Great Pyramids）還早。

但今日的開鑿與挖掘，與古代完全是兩回事。紐曼（Newman）城郊的鯨背山（Mount Whaleback）就是明證。鯨背山是現代採礦的指標性案例，山本身早已消失，取而代之的是一個六公里長、三公里寬、好幾百公尺深的大洞。整個表層土壤都讓巨型挖掘機挖起、堆成塊，由長達一哩的火車載往港口，再運往中國或日本，變成上海的摩天樓與承載子彈列車從東京開往大阪的鋼軌。二十一世紀的亞洲與其他建築成果，都是皮爾巴拉鐵岩的產物。

澳洲擁有比世上任何國家更豐富的鐵礦石資源，與最接近它的競爭對手巴西相比，澳洲每年開採的鐵礦石超過巴西兩倍有餘、為中國的大約三倍。澳洲這項成績意義非常，因為至少早自一九九〇年代起，北京就將打造領先全球的國內鐵礦石產業列為主要戰略目標。但與幾乎所有其他產業——包括煉鋼、混凝土、塑膠與機器組裝——不同的是，中國儘管投入數以十億計人民幣、數以十億計工時，依然成效不彰。所以說，儘管世界各國在各式各樣可交易產品上極度仰賴中國，在不可或缺的鐵礦資源上，中國仍極度仰賴澳洲。畢竟，這是不容否認的地質事實，中國的鐵礦儲存就是比不上澳洲的皮爾巴拉。

足夠供應全世界的鐵

地質學家很早以前就相信這裡有鐵，而且有很多。早在一八九〇年，地質學家哈利．佩吉．伍華德（Harry Page Woodward）就曾寫道，「如果能將現有資源開採出來，這裡的鐵礦石足敷全球需用。」不過這個故事到一九五二年十一月才真正展開。當時，郎．漢考克（Lang Hancock）正帶著妻子浩波（Hope）尋路返回伯斯。[2]

根據《紐約客》雜誌的說法，漢考克是個「難纏的傢伙」：粗脖子、脾氣差，而且是個極右派。他曾在接受訪問時說，處理原住民問題最好的做法就是在他們的水裡「下藥」，讓他們結紮，讓他們絕子絕孫。漢考克熱愛飛行，由於承繼家產，又在幾年前賣了一個石棉礦，手頭闊綽。在駕著他的雙引擎飛機飛越哈默斯利山嶺（Hamersley Range）時，他發現一場雷雨正在逼近。[3]

從紐曼西北延伸近三百哩，直到福提斯克河（Fortescue River）的哈默斯利山，地貌崎嶇複雜，有山嶺、高原，還有湍急河流切割成的峽谷與深淵。眼見烏雲逼近，駕駛技術精湛的漢考克降低高度，開始在峽谷間穿梭，而就在這時，他注意到一件奇事。

「這片山壁看起來像是鐵做的，」他之後告訴澳洲電視。「讓我印象最深刻的是它呈現的那種鐵鏽色，說明它們是氧化鐵。」[4]

《紐約客》這篇報導（為漢考克寫傳的人對這篇報導的正確性存疑，因為根據這一天的氣象紀錄，哈默斯利山脈附近並沒有下雨）繼續寫道，漢考克等雨過天青之後又回到峽谷，進一步觀察。

想知道你眼前的岩石是否含很多鐵，最簡單的辦法就是劈下一小塊，握在手裡掂一下斤兩。鐵礦石很重，比一般岩石重得多。結果他發現，哈默斯利山脈根本就是一條沉重的赤鐵礦；它是鐵做的山——含鐵之多，足以供應全球。在漢考克發現這事當時，一般認為澳洲鐵礦頂多只能開採兩代就會用罄，所以當局禁止鐵礦出口。在這項禁令於一九六〇年解除後，漢考克說服倫敦礦物公司力拓集團（Rio Tinto）探勘哈默斯利山脈。力拓同意每在當地開採一噸鐵礦就支付漢考克二．五％權利金，直到永遠。一個數字如果極為龐大，它的一小部分仍是一個大數字。就這樣，隨著哈默斯利山脈鐵礦開採，先銷往日本，之後又銷往中國，漢考克也成為澳洲首富之一。漢考克於一九九二年去世，他的公司以及那筆豐厚的權利金，由他的女兒琴娜．萊茵哈特（Gina Rinehart）在打贏一場激烈的官司之後繼承：琴娜指控她的繼母陰謀殺害她父親。[5]

直到半個多世紀之後的今天，力拓連同開採鯨背山的必和必拓（BHP Billiton），仍是哈默斯利山脈鐵礦的最大礦主。他們使用的採礦技術——用炸藥把地炸開，然後把炸出來的土劏走——直接師承十九世紀末葉，安德魯．卡內基的採礦機器對明尼蘇達東北部的梅沙比山嶺（Mesabi Range）做的事。梅沙比山嶺的鐵礦礦脈一直往北延展到蘇必略湖（Lake Superior），供應了美國汽車工業與最初幾棟摩天樓所需的鋼材。美國人當年在梅沙比開礦時，首先使用巨型蒸氣剷土機撕開地面，開啟了人類與土地關係的新篇章。所謂開礦，不再意味著十字鎬與隧道；在梅沙比，開礦指的是將整個山景一片片剷下，運往廠房煉鋼。梅沙比鐵礦直到今天仍在運作，業主是前身為卡內基帝國的美國鋼鐵公司，不過曾經不可一世的梅沙比礦區現已幾近枯竭。今天，需要大量廉價鐵礦、而且立即需要的人會找上皮爾巴拉。

漢考克有許多執念，包括他認為礦場業主只要擇定地點，喜歡在哪裡開礦都可以，就算那是土著部落早在萬年前已落腳、奉為聖地的地點也不例外。而直到一九七〇年代，澳洲採礦業者就是這麼做的：動輒將好幾百平方哩的土地剷平，完全不考慮世世代代祖居當地的原住民。大多數文化——例如前文提到的內華達州的肖肖尼人——都不能接受這種暴行，對澳洲原住民而言，這種作法尤其帶來毀滅性惡果，因為澳洲原住民的哲學觀「夢」（Dreaming），強調的正是人與土地的聯繫。當地流傳許多故事，講述祖先英靈如何創造這片紅色山嶺景觀、結構。破壞這裡的地質，你也破壞了澳洲原住民比《可蘭經》、比《聖經》早上幾萬年的「夢」。世上沒有人比原住民擁有的文化傳承更悠久——而對他們中的許多人來說，這就寫在皮爾巴拉的鐵岩上。

根據一九七二年通過的原住民遺產法（Aboriginal Heritage Act），力拓等業者必須承認相關原住民為這些地區的傳統主人，就開礦事宜與他們取得協議，避免損毀任何具有文化或歷史價值之事物。理論上，自這項法律通過後，任意破壞聖地的事件應該就此打住，儘管如此，事情還是往錯的方向發展，有時還錯得離譜。布洛克曼四號礦坑（Brockman 4）事件就是一個例子。

顧名思義，布洛克曼四號礦坑是布洛克曼礦坑（正確地說，是布洛克曼二號礦坑）的分支，坐落在哈默斯利山嶺一角，就在漢考克當年發現鐵礦的山區。這裡的礦石含鐵量高，鐵岩脈絡廣袤，跨越一座座大山、深谷。開採頭幾年成果非常豐碩——正因為太豐碩了，力拓請得當局許可，打算擴大礦區，建立皮爾巴拉第二大礦區。

布洛克曼二號礦坑附近、位於計畫擴大礦區內，有座尤坎峽谷（Juukan Gorge），皮爾巴拉許多短命的小溪中，有一條就在這裡：平時乾涸、雨季水漲，普里庫提溪（Purlykuti Creek）隨即出現。住在當地的原住民部落也因為這條溪流而自稱「普圖昆蒂・庫拉瑪」（Puutu Kunti Kurrama）。自有記憶以來，普圖昆蒂・庫拉瑪人就在這些小溪與山谷間活動，採集草藥，有時在附近的洞穴過冬、避雨。尤坎峽谷有兩個這樣的洞穴，還有一個呈蛇頭形狀的岩池。根據「夢」的故事，很久很久以前，一條水蛇穿過這裡，遂在岩石堆中形成這處水池。

力拓派赴當地的考古學家很快證實這個地方具有特殊意義。尤坎峽谷的洞穴具有「高度考古意義」，洞穴裡藏有用鐵岩鑿成的工具碎片，與年代可回溯數萬年前的人工製品遺跡。考古學家在送回力拓的報告中說，除非無法避免，這個地方應該受到保護。力拓考慮了三種替代方案，每一種都避開這處考古要地，代價是犧牲多達八百一十萬噸的鐵礦——價值約一億三千五百萬美元。二〇一三年年底，力拓向政府申請「挪動」這些洞穴的正式批准。兩個月過後，政府批准了；力拓只需在六十天內，將「挪動」對這些原住民古蹟造成的衝擊提出報告即可。[6] 紙上作業完成。一場大難已開始倒數計時。

而考古學家們在這些洞穴挖得愈深，發現的寶藏也愈多，包括一些四萬多年前的人工製品，年代比第一次挖掘時找出的更加久遠。他們發現磨石、石椅、一塊磨成矛的袋鼠骨，與一條用人髮編成的帶子，經基因比對，這條帶子用的是普圖昆蒂．庫拉瑪人的頭髮。一位考古專家在結論中說，這些洞穴不僅很重要，它們還是「澳洲境內最具考古重大意義的一處遺址」。在上個冰河期之前與之後，都有人進入這些洞穴藏身——這件事已經非常稀罕——不僅如此，直到現代，仍有人躲進這裡居住。換句話說，此地是一縷綿延不斷、將古時與今日的居民聯繫在一起的線。這是集奧妙大千世界的活歷史。

問題是，這些洞穴頂部——古時原住民用來遮風避雨的頂——的鐵岩，正是力拓要找的東西。甚至在考古專家提出這些報告後，力拓仍一再將這些洞穴的考古價值說成「低度到中度意義」。從接獲政府批准那一刻起，力拓已經展開摧毀這些洞穴的計畫。力拓進行的考古活動，重點不在於保住這些洞穴，而是在剷土機與炸藥抵達前將洞穴內的一切寶藏運走。就這樣，這些人工製品都裝進擺在礦場的一個貨櫃裡。

開礦是一種緩慢而一再反覆的過程；先炸開一個地區，展開挖掘與清除，然後移到下個地區。衛星影像顯示，布洛克曼礦區緩緩朝洞穴的方向擴展。二〇一〇年九月，它距離尤坎峽谷四．四公里。到二〇一五年，它距離峽谷不到三百公尺。二〇一九年十一月，它距離峽谷只有一百二十公尺。一度矗立峽谷邊的那座山，山頂已遭剷平。

礦區的延伸為普圖昆蒂．庫拉瑪部落帶來財務上的好處。單是洞穴區開採出來的鐵礦，就能賣到約三百一十萬美元。但這個山谷與這些洞穴顯然珍貴無價，力拓如果真將它們摧毀，不僅匪夷所思，而且還荒謬愚蠢。力拓對有關計畫的含糊其辭，更加深了這種印象。二〇一九年年底，剷土機已經來到山谷谷口，考古專家希瑟．布尤斯（Heather Builth）與幾位原住民人士一起來到現場，探勘這些古洞穴。布尤斯指著尤坎峽谷，問站在她身邊的力拓礦區業務經理布萊德．韋伯（Brad Webb），他們對這座峽谷有何打算。

布尤斯事後回憶，韋伯當時向她保證，力拓「沒有把礦開進尤坎峽谷的計畫」，還表示力拓「正監視局部爆破的震動效應，以確保岩洞安全」。但韋伯事後的回憶不一樣。韋伯後來說，他不清楚布尤斯當時指的究竟是哪裡，還說，他當時只是含糊作答。無論怎麼說，布尤斯在離開礦區時認為這些古洞穴的安全無虞，而力拓也沒有否定她的想法。事實上，力拓已經計畫在幾個月內毀掉這些古洞穴。

這時，根據放射性碳定年法推算，尤坎二號（Juukan 2）古洞穴中的古物有四萬六千年歷史，是在皮爾巴拉發現最古老的物品——但洞穴即將被毀，剩下的時間只夠工作人員撤離半個洞穴。誰知道那裡面還藏了些什麼？隨著更多長老發聲，這處古洞穴的文化意義也更成為眾所矚目的焦點。尤坎峽谷不僅是原住民偶爾藏身的庇護所，還是他們親人死後靈魂的安息地。它是一處「非常、非常老的人」的家。

儘管這個資訊於二〇二〇年初轉交力拓，爆破準備工作仍按預定計畫展開。四月，洞穴上方挖出幾個十一公尺深的洞。五月初，力拓在這些洞裡裝滿硝酸銨炸藥，準備製造一個中速震波，將周遭岩石搗成大碎石。由於想移走這些炸藥就像拆除炸彈一樣，非常困難，一但爆破孔填入炸藥，一般而言已經無法回頭。始終認定力拓會保護古洞穴完好的普圖昆蒂．庫拉瑪代表，直到五月十五日才接獲洞穴將被毀的通知——這時炸藥已經填進爆破孔了。[7]

之後幾天，整個部落一片恐慌、混亂，原住民與他們的代表竭力阻止這項爆破。他們向力拓、律師、政府陳情呼籲，但力拓說炸藥已經裝妥，這時就算想收手也太遲了。根據廠方建議，炸藥應在十四天內引爆。他們將引爆時間延後了幾天，但二〇二〇年五月二十四日，他們按了引爆鈕。

爆炸過後，古洞穴之一的尤坎一號覆蓋在一層碎石與岩屑中，但穴頂與穴壁輪廓似乎倖存了下來；而已經發現四萬六千年前人類居住跡象，還有許多未知寶藏，意義最重大的尤坎二號則全毀：穴頂、穴壁與入口處全數消失。

隨之而來的抗議怒潮引發礦業史上一場最大的公司危機。澳洲國會調查發現，力拓雖然告訴原住民，說炸藥既已裝妥就不可能拆除，一面卻拆了用來炸毀蛇形岩池的炸藥——因為它沒有炸毀這處聖地的法定權利。力拓既沒有設法拆除裝在古洞穴上方的炸藥，也沒有告訴地方人士，說它其實另有三套可以保全峽谷的替代方案。它帶給地方人士的印象是，別無其他選擇。

力拓道了歉，但之後幾個月，隨著公司亂象愈鬧愈凶，懲罰行動展開，執行長與另兩名高管下台（不過都領了一筆優渥的資遣費）。沒隔多久，董事會主席也引咎辭職。力拓委外進行了一次對公司內部文化的調查，結果發現公司內部普遍存在種族歧視、性騷擾與性攻擊等各種亂象。

普圖昆蒂．庫拉瑪原住民在事後交給國會調查當局的報告中說，他們非常震驚，「想到祖先靈魂將再也找不到棲身之所，令他們恐懼、焦慮與無助。」報告中談到：

一位高齡近百、身體極孱弱的老婦。她是尤坎碩果僅存的女兒，尤坎峽谷與附近幾處古穴，就是她根據她父親的名字命名的。她的父親是備受當地許多民眾尊敬的先祖。

沒有人敢告訴她岩洞與峽谷已經被毀，因為每個人都怕她會承受不住。大家都希望她永遠不知道這件事。

這次爆炸事件出現幾個小小奇蹟。岩池大致完整無缺。爆炸過後幾個月，有人在池中見到一條巨蟒——根據原住民的說法，這證明岩池仍是祖先們靈魂棲身的聖地。古洞穴中取出的人工製品仍然保留在貨櫃裡，不過有鑒於皮爾巴拉其他地方發生過的一些事，沒有人敢保證這些古物的安全無虞。一九九〇年代，在開採馬蘭杜（Marandoo）礦時，人們從一處即將炸毀的岩穴中搶救出一些古文物，存放在其他地方，但後來傳出消息，說這些文物誤遭人丟進了達爾文（Darwin）的垃圾掩埋場。

炸藥爆炸是二十一世紀皮爾巴拉最主要的悸動。只需在這裡小憩片刻，你很快就會習慣遠方不時傳來的悶響，數以百萬計的岩石——包括地球上最古老、最美麗的帶狀鐵岩構造——就這樣擊成粉碎。僅僅力拓一家礦主每年就要在這裡引爆約一百萬個爆破孔，平均每三十秒引爆一次，不過一般會集中在一起，一次引爆幾百個爆破孔。有人估計，每年約有一、兩百個珍貴的考古與文化遺跡與遺物被毀——而且全無例外，都經過政府批准。畢竟這是一塊文化歷史與鐵礦儲藏同樣豐富的土地。

鐵、金、鈾、銅、鋰：在所有富含這些礦藏的地點開礦，或多或少會打擾仍住在那裡的居民權益與記憶。或許尤坎古洞炸毀事件最讓人難以釋懷的是，就一個或另一個角度而言，我們每個人都是共犯。中國能夠不斷生產廉價商品銷往全球，澳洲來的廉價鐵礦是部分原因。中國用這些廉價鐵礦煉成的鋼打造工廠與機器，製作我們的智慧型手機，組裝電池、生產玩具。

今天，或許明天，又一場大爆炸會把成千上萬噸皮爾巴拉鐵岩炸飛出幾呎，然後墜落地面，成為一堆堆岩塊；像教堂一樣大的剷土機會將它們剷起來，送往處理廠搗碎、整理，然後裝上火車，開往北邊的黑德蘭港（Port Hedland）。黑德蘭是當今世上最大的散裝貨運出口港，主要是鐵礦，但也包括鹽與近日愈來愈熱門的鋰。皮爾巴拉的鐵在這裡裝上巨大的貨輪，運往世界各地：中國、日本、韓國、美國，偶爾還會運往南威爾斯的塔爾伯港。

廉價的澳洲鐵礦正逐漸拉近世界各國人均擁鋼噸數的差距，先後協助亞洲與非洲建造公路、鐵路、學校與醫療設施，幫助他們提升生活水準、跟上世界腳步。但在察覺採礦對當地造成的種種衝擊——皮爾巴拉壯麗的山谷夷為平地、文化古蹟遭到褻瀆，大量二氧化碳排進大氣之後，我們很難不捫心自問：難道沒有比這更好的辦法了嗎？

廢鋼時代

我們可以樂觀面對這個問題。因為在大部分富裕世界，對鐵礦與新煉鋼的需求正在不斷減少。美國與英國的人均擁鋼噸數已大致持平了數十年，這意味一旦來到某個點上，當一個社會有了足夠的醫院與鐵路，對鋼的需求也達到飽和。一旦來到某個點上，或許「傑文斯悖論」不再適用，我們真的能擁有足夠的鋼。

由於鋼相對而言容易回收（主要是鐵的鋼，大多有磁性，將它們與其他廢料分離相當容易），我們可以輕鬆將用了幾十年的舊鋼梁、鋼板回收再利用；事實上，今天使用的鋼已經有一部分來自這種廢鋼再利用，而且這一部分還在不斷擴大。當然，是有相當一部分廢鋼送進了鼓風爐，但近年來我們使用的鋼愈來愈多來自小型煉鋼廠——用電弧爐（electric arc furnaces）熔融廢鋼，與鼓風爐的煉鋼方式完全不同。美國今天使用的鋼有三分之二以上來自廢鋼，舊摩天樓與舊汽車經過重造，成為新鋼條、新鋼板再生。[8]

稍想片刻，或許你能見到未來有一天，富裕國家將完全依賴資源回收鋼。每隔三十或四十年，老舊建築與基礎設施可以解體，鋼材拆除，用電弧爐熔成液態鋼。揭開工業革命序幕的鼓風爐與柏思麥轉爐時代於焉告終，「廢鋼時代」登場。這會是一場大地震式的轉型，不過我們已經緩緩移向震央。根據目前的趨勢，到本世紀下半段展開之際，我們從回收中獲得的鋼將超越從鐵礦中獲得的。皮爾巴拉的炸藥爆炸悸動將逐漸減緩，突然間，中國的鼓風爐會顯得太多了些。有生之年，我們很可能見到中國將它的煉鋼廠運往非洲，就像它在幾十年前拆除德國與美國的煉鋼廠，一塊塊運回中國那樣。[9]

如果為我們再生鋼材的這些小型煉鋼廠使用資源回收能源，真正的「綠鋼」將問世。這個世界或許再也不需要鼓風爐——至少在接下來的幾代人不需要。當然，這一切都得視我們能不能提升再生廢鋼的能力而定。目前，大多數再生鋼仍是低等級的建築用鋼，汽車使用的主要仍是原鋼（virgin steel）。[10]

但不用鼓風爐，無須排碳也能製造原鋼：直接還原鐵（direct reduced iron）技術，能在既不需要我們在塔爾伯港見到的那許多煤、也不必排放二氧化碳的情況下，將鐵礦石煉成一種鐵。不過這種科技存在幾個細節。首先，製造這種綠鋼需要大量的氫，而不用化石燃料生產綠氫的製程非常昂貴。其次，並非任何鐵礦石都適用這種科技，只有等級極高的那些才可以——今天倒進大多數鼓風爐的礦石都不合格，而近年來由於最好的礦石已經掏空、品質不斷滑落的皮爾巴拉鐵礦石，或許就不夠格了。

這意味著，在全球各地尋找新的、等級較高的鐵礦行動已經展開。或許巴西帕拉州（Pará）蘊藏的鐵礦最有前景。有關帕拉鐵礦起源的故事，與漢考克當年在哈默斯利山的發現像得出奇：一九六〇年代，美國鋼鐵公司巴西分公司的一架兩人座直升機，在這個地區的一座山頭迫降。這架飛機究竟為什麼要在這偏遠山區降落，一般都一筆帶過，不過開礦專家們熱傳的一個說法是：機上的一位地質專家尿急。他走下飛機，響應了自然的號召，一面放眼打量四周地貌，發現這裡的土地有一種特別的顏色。他見到身周地面有幾塊顏色近似的岩石，於是撿起其中一塊，發現它非常重。他用槌子敲開它，露出它鮮紅的岩面——這是一塊超純的鐵礦石。今天，帕拉州的卡拉加斯（Carajás）是全世界最大的單一鐵礦。所以礦業界圈內有句玩笑話說：探勘地質專家最有價值的，就是有一個小膀胱。

但這中間免不了也有問題：礦區就位在亞馬遜雨林邊上。擁有此礦區的巴西礦業集團「淡水河谷」（Vale）說，它會竭盡全力保護環境，但想開採鐵礦而不剷除表土是非常困難的，礦區每延伸一平方哩，就意味著有一平方哩的森林將消失無蹤。

就這樣，專家們繼續找著適合綠色原鋼的高等級鐵礦石。西非國家幾內亞（Guinea）有非常豐富的鐵礦蘊藏，力拓與一家中國財團擁有它們的開採權，不過這件事已因政治難題而破局。二〇二二年初，幾內亞執政的軍政府突然下令停止採礦。

另一選項是開採磁鐵礦（magnetite）——這類型鐵礦通常沒有赤鐵礦的純度高，但更容易製成精礦砂。瑞典北部的基魯納（Kiruna）礦，經過幾個世紀開採，直到今天仍有若干蘊藏。兩次世界大戰使用的武器與裝甲，有許多是基魯納磁鐵礦石的製品，而今天的瑞典也走在全球綠鋼研發的尖端。

最後，我們得將故事拉回源頭：前蘇聯。在鋼城的磁山，羅盤依舊無法運作，經過近百年開採，這裡仍能挖出高等級的礦石。在曾為亞速煉鋼廠供應鐵礦的烏克蘭克里維利（Kryvi Rih），也有豐富的磁鐵礦。

這些地方之所以重要，是因為鋼——儘管看起來又乏味，又無所不在——仍是現代世界的基礎。近年來，我們已找出其他一些可以取代鋼的原料。你可以用木材打造摩天樓。有些物質，包括碳纖維與玻璃纖維，強度重量比比鋼還高。你還可以捨鋼用鋁，打造汽車大部分車身。但鋼仍是我們不可或缺的東西，為什麼？部分原因是，它比它的競爭對手更具材料與實用優勢。甚至是鋁車也需要硼鋼（boron steel）強化它的關鍵安全節點。煉鋼需要付出的碳成本儘管高昂，但還遠低於需用原油與天然氣製造的碳纖維。

還有其他原因：我們非常擅長取得鋼、製造鋼。這就要回到一個在原料世界反覆出現的話題：這些東西這麼有用，不僅因為它們的物理屬性，也因為我們可以用相對低廉的價格輕鬆購得。鐵從什麼時候才開始普及的？是我們使用化石燃料，不必為了鑄鐵而將森林砍伐殆淨時。鋼改變世界，並不始於幾千年前第一次發現鋼的那一刻，而始於亨利・柏思麥爵士發現一種製程，不需幾小時、幾天，只消短短幾分鐘就能煉成鋼的那一刻。

鋼造就了今天的世界，也就是說，我們今天生活在一個鋼的世界。我們居住的結構、使用的基礎設施與運輸系統，以及用來製造其他一切的工具，都離不開鋼。鋼仍是原型金屬，因為它的用途遠遠超越其他所有金屬。鋁是僅次於鐵的第二種最普遍使用的金屬，但以二〇二一年為例，我們每生產一噸的鋁，就生產了二十八噸的鋼。除了一個例外，沒有一樣能與鋼相比。只有一種金屬，我們為了取得它而下更多工夫；為了開採它，我們挖開的土比開採任何金屬都多。為開採鐵礦，我們挖掘的坑、打造的礦場已經大到驚人，但與我們將在下一章談到的這種金屬相比，這些礦坑與礦場只能算是小巫見大巫。

第四部

銅

第十章
第二件最偉大的事

「兄弟姊妹們，」男子說。「我要告訴各位，這世上最偉大的事就是心中有上帝的愛，而第二件最偉大的事，就是家裡有了電。」

時間在一九四〇年代初。說話的人是農人，地點在田納西鄉間一所教堂。自他的農場不久前有了電，他會不時坐在小丘上，望著從他的家、穀倉與燻製室透出的燈光入神。1

這是四十年代的諸多小插曲之一。當時電氣網路正從城市擴展到美國偏鄉，以一種今人難以想像的突然與奧妙改變人們的生活。千百年來，我們的生活水準歷經多次革命，但像電這樣突然來到、這樣受歡迎的革命並不多見。

想了解電氣革命帶來的衝擊，不妨想一想鐵塊——不是我們在上一章談到的那種鐵塊，而是你用來燙衣服的熨斗。

今天，沒有人會把熨斗看得多重要，它的地位就連爐灶或吸塵器這類簡單家電都比不上，但過去並不是這樣的。燙衣服曾經是非常、非常不一樣，非常、非常艱鉅的苦勞。套用德州一位家庭主婦的話：在有了電以前，「燙衣服最可怕了。沒有比燙衣服更辛苦的家事了。」[2]

附帶一提，這些家庭主婦可都是吃苦耐勞的非等閒之輩，「辛苦」的定義幾乎肯定與我們想像的大不相同。她們會用苛性皂在搓衣板上搓洗衣物，一連工作幾小時，搓到皮膚起泡；她們一年要走幾百哩路，從水井挑水走到農舍——正因為這樣，在電氣時代來到以前的美國偏鄉，大多數婦女到了中年就明顯駝背。根據一八八六年的一項統計，北卡羅萊納州典型的家庭主婦每年累計得挑三十六噸的水，走一百四十八哩路，而且這還不算她必須將柴火添進爐灶的家務。就算是煮開水都得大費周章；燙衣服就更可怕了。[3]

今天的熨斗大多是塑膠製品，帶一個稍重的鋼製或鋁製底座，電氣時代到來前的熨斗都是沉重、結實的鐵塊。如果你在幾年前玩「大富翁」這種棋盤遊戲，當時還沒有用一隻貓取代熨斗，就會知道這種鐵熨斗長什麼樣子。不過大富翁遊戲用的熨斗只是一個棋子，真正手握這種「傷心熨斗」（sad irons，sad〔傷心〕這個字引自古英文，即 solid，結實之意）的感覺可完全不是那麼回事。這種鐵熨斗奇重無比——約為現代熨斗的三倍——這樣才能維持熱度。而且就算如此，你還得不斷拿著它穿梭爐灶間加熱——燙一件襯衫得加熱兩次。你得在每次加熱時翻動爐火，加熱完再刮掉加熱面上頭的爐灶灰燼。在那個時代，農村婦女的手由於不斷接觸「傷心熨斗」，幾乎都是傷痕累累，無一倖免。

當電來到這些村野偏鄉時，大多數家庭購買的第一件用品就是電熨斗。這一切早已是為人遺忘的陳年往事。史學家在論及電氣時代到來時，一般談到的都是顯而易見的表象——明亮的電燈泡取代了昏暗的煤油燈；電動幫浦問世，不必再挑著井水，一路蹣跚走回家。但電之所以能成為繼上帝垂愛之後的第二件大事，是因為它迅速改善了人生從大到小、幾乎每一方方面面。而發電、將電送入住家，促成這場電氣革命的原料就是銅。

這本書討論的六種原料都是現代生活必不可缺的，但銅還有一項誘人之處：這種閃閃發光的金屬，既是我們古歷史的象徵，又是我們未來前景之鑰。善變的礦業億萬富豪羅伯·弗里德蘭（Robert Friedland）曾說，「基於世界生態與環境問題，每一個解決辦法都將你引向銅。」美國投資銀行高盛（Goldman Sachs）在二〇二一年的一篇報告中說「銅是新的石油」；近年來，其他一些比較鮮為人知的金屬——從鈷與鎳等電池材料，到釹等稀土金屬——愈來愈獲重視，但沒有其他任何材料能與銅絕對的基本重要性相提並論。很少有像銅這樣兼具多種功能的材料：它的原子結構能導熱與導電；它的自然延展性使之能軋製、拉伸和扭成線而不斷裂；還有它的強度、抗腐蝕，與適合循環再利用。[4]

銅是支持撐現代世界的偉大隱形框架。沒有銅，我們真的將生活在黑暗中。如果說鋼是這個世界的骨架，混凝土是血肉，那麼銅就是文明的神經系統，是我們不會見到、但少了它就不能運作的電路與電纜。銅的故事不僅涉及我們生活水準的大轉型而已，還有其他故事：

人類如何願意不避艱險，進入極深處尋找、開採這種金屬。就若干意義而言，已經隨我們一起，從混凝土大舉應用，到將岩漿冶煉成鋼，走完幾段原料世界之旅的你，應該對這個故事不再陌生。銅的故事與規模和決心有關。但由於平常不會見到為我們帶來電力的銅，我們一般也不會花時間思考銅的真正來歷。銅比玻璃更隱匿，又不像石油那樣搶眼，然而它是一種神奇、獨特的金屬。

想體驗銅的神奇，不妨將一個重磅的強力磁鐵丟到一塊純銅板上——或者，比較簡單的做法是，可以到線上看相關視頻。磁鐵丟出後，接下來的一幕非常神奇：磁鐵像任何金屬物件一樣墜落，但就在撞上銅板前，它會懸在半空，稍停片刻，然後緩緩轉圈，最後輕輕落在銅板上。看著這幕奇景有些像是看著伊隆．馬斯克（Elon Musk）的一枚火箭在回程著陸時點燃推進器一樣——讓人覺得物理定律似乎反轉了。不過，造成這幕奇景的源頭，遠比火箭推進器燃料更加精采得多：這是因為磁鐵接近時，引發看不見的電磁力，造成銅板內的電子一陣騷動。的確，當你將磁鐵靠向一塊銅的時候，你在引發電流，在製造現代最重要的一種力。[5]

從你的手機發出的叮聲，到冷氣機的低鳴——我們對所謂活動、所謂「能」的諸多定義，都來自這種磁鐵與金屬間的相互作用。從銅開始的電流，傳輸過銅（無一例外，都透過無數變壓器的銅芯與鐵芯）到與它連線的裝置。不過，由於這些金屬大多包覆在線路護套或藏在不見天日的基礎設施中，我們很容易忘了對它的依賴。電氣系統中的發電機與變壓器——大多用鋼與銅製作——應該是人類史上最重要、最了不起的發明，但我們在歌頌電腦或噴射引擎之餘，卻總是忽略了它們。原料世界就是這樣。但隨著我們逐漸用電力取代化石燃料加熱與推進系統，在今後幾年，對銅的依賴只會加劇。儘管如此，在討論這最新一波能源轉型之前，值得先花點時間思考一下現代史上第二偉大的能源轉型。

電氣時代降臨田納西的農村、美國中西部的教室，自然還有倫敦與中東的住宅，這徹底改變了世界。當我們不必擦火柴，只需扳一個開關就能帶來亮光，一切都變得不同了。就現代標準來說，電氣時代來臨以前的住家異常陰暗：就算最高級的點燈用鯨魚油或煤油，亮度也只及一百瓦燭光燈泡亮度的十五分之一。除了氣味不佳而且危險以外，電氣時代來臨前的照明也非常昂貴。經濟學家威廉．諾德豪斯（William Nordhaus）曾經估計，十九世紀的工人如果想擁有足夠的蠟燭，每晚享用一個一百瓦燭光燈泡發出的光，得工作將近一千小時，才能存足買這些蠟燭的錢。現代工人只需工作約十分鐘就可以了。[6]

更明亮的住宅意味更乾淨的住宅。更明亮的學校意味更聰明的學校，因為學生讀書與學習都更方便。更明亮的街道更安全，更明亮的工作場所讓工作時間得以延長。就像眼鏡玻璃鏡片讓許多年長者額外多了幾年工作壽命一樣，電燈泡的問世也為人們拉長了寶貴的工時——特別是在高緯度地區。但光只是個開端，因為隨著電燈於二十世紀最初幾十年間逐漸普及，電也成為主宰一切的動能。

電動馬達為製造業者帶來的生產力大躍進，是現代世界最為人小覷的一項經濟成就——而這又是因為這個進步出現在大多數人的視線之外。笨重、效率不佳的蒸氣引擎從工廠消失，電動馬達開始進駐，單是這點就讓美國製造業產能在一九三〇年翻了一倍，到一九六〇年再翻一倍。事實上，不單製造業，各行各業都因電動馬達的問世而現代化：電動馬達能幫礦廠碾碎岩石，能帶動有軌電車與火車，能啟動升降梯，促成摩天樓時代，能在建築物內部提供空調，使大片原本無法居住的地區適合人居。就連一些似乎不很起眼的突破，意義都比乍看之下大得多：以手持電動工具（使用銅製馬達與電路）為例，對建築世界帶來的革命性影響就幾乎不下於預拌混凝土。

如果這些描述仍然讓你覺得太遙遠、太抽象，看不出電的力量，不妨試試這招：拿一片吐司麵包塞進你的烤麵包機。等它跳起來，為它塗上奶油，再上網搜尋德國奧林匹克自行車名將羅伯・福斯特曼（Robert Förstemann）的視頻。羅伯用一部室內自行車發電，烤一片吐司。只見他拚盡全力踩了約六十秒，接著力竭而止。那片吐司只烤了半熟。[7]

電的重要性幾乎大到無法想像，它不僅威力驚人，仔細想來還非常珍貴。但沒有銅，我們既不能製作、也不能傳送這種必不可缺的重要動力。事實上，直到今天，我們採用的發電方式與麥克・法拉第在一八三一年採用的方式並無不同：用一塊磁鐵繞著銅轉動，或用銅繞著磁鐵轉，將動能轉換成電。

今天，連接到銅線圈的渦輪機比過去更強大、有效率，遠非法拉第當年所能想像。它們使用燃煤或鈾產生的蒸汽、或燃燒氣體（或風力發電機的玻璃纖維扇葉）來轉動，磁鐵通常也是銅製的電磁鐵，但原理相同，核心金屬也相同。

以正在英國蘇莫塞（Somerset）興建、與通用電氣（General Electric）的阿拉貝爾（Arabelle）蒸氣渦輪機——全世界最強渦輪機——連接的欣克利角C核電站（Hinkley Point C）為例，將這類高科技核能電廠的功率島（power island）拆開，你會發現一部用一圈圈銅線製成核心的發電機。這些繞線，或稱線圈（windings）負責一件關鍵性工作：將每分鐘旋轉一千五百次、高速輪轉的動能轉換成電流，送進你我的住家。這些纏在一起的銅圈網路提供了全球的主要發電，是現代生活的動力來源。無論哪一處傳統發電站、風力渦輪機、地熱廠或水力發電站，銅都是關鍵。[8]

太陽能板雖說不用銅圈纏繞磁鐵的方式發電，但這種主流發電形式的內部仍得使用大量的銅。簡言之，只要它出現一股電流，這股電流所以能存在，最主要的原因就是銅。你在家裡無論打開任何一個裝置的開關，都是在啟動銅的力量；把這塊金屬拿走，我們依賴的電氣基礎設施也差不多無用武之地了。[9]

值得注意的是，銅不是唯一能導電的金屬。鋁的導電性也很強，由於鋁輕得多，不能埋在地下、需要高掛空中的高壓長途電纜往往採用鋁線而非銅線。銀比銅的導電性更佳，儘管強度或許較弱，但延展性與銅相比並不遜色，不過銀的例子又一次突顯了原料世界反覆出現的一個教訓：如同混凝土或鋼，一個原料的屬性固然重要，它的普及性同樣重要。銀太稀少了。銅的資源或許不像鐵那樣豐富，但比銀多得多，而且人類開採、提煉銅的歷史比任何其他工業金屬都更悠久。

採礦術的發明

人類與銅的關係，比與電的關係久遠得多。銅的世界裡，沒有類似腓尼基在地中海海灘烤砂、意外發現玻璃的故事。不過，或許就在腓尼基人發現玻璃的大約六千年前，人類也發現了如何熔融銅的辦法，地點或許就在亞美尼亞、土耳其與埃及之間的三角地帶。你若造訪塞浦路斯某些山區，有時會見到一種黑色的化石化礦渣——那是最早期開礦與冶金活動的遺跡，是我們先祖幾千年前熔融礦石、製造液態銅時留下的燒焦廢料。當年目擊這種冶金過程的人，想來一定目瞪口呆：透過若干形式的煉金術或魔法，智者可以讓看來不起眼的石頭湧出紅色液態金屬。[10]

從石頭轉型到金屬工具的變化，帶來人類學中的銅器時代（Copper Age）或紅銅時代（Chalcolithic period，源自希臘文的銅 chalkos）；之後，人們發現加入錫一起冶煉，可以製成更強、更硬、更適合製作工具的合金，青銅時代（Bronze Age）於焉登場。青銅工具使我們的祖先能打獵、造屋、作戰。這一切都在鐵器時代之先，鐵的強度與可塑性又更勝青銅。但話又說回來，真正的銅時代——直到今天依然舉足輕重的銅時代——還沒有到來。

在過去多年裡，銅礦貿易中心不斷從一個國家跳到另一國家，從塞浦路斯到以色列，從力拓在西班牙那些蘊藏豐富的礦，到瑞典的大銅山（Kopparberg）。有一陣子，在今天的德國、當年的薩克森（Saxony），地方貿易商仿照混凝土與玻璃製造業規矩，以新規嚴厲規範銅礦貿易、建立最早的礦務學校，將原本非正式的買賣化為一門專業。在英國，古塞爾特人與羅馬人開採過銅礦與錫礦，也曾在全球銅礦貿易中不只一次揚名立萬，不過到十九世紀中葉，英國的銅產量已經超越全球總產量之半。英國的銅主要來自康沃爾，這裡的銅礦資源非常豐富，直到今天，殘留下來的康沃爾礦石仍比智利或祕魯這些產銅超級大國的礦石純度要高得多——不過英國能在銅礦貿易搶占優勢，也與英國如何使用銅有關。11

像今天一樣，英國當年也有一個遍及世界各地的軍火工業，而且特別依賴高品質的銅。十八世紀，英國海軍開始用銅包覆船體，即包銅皮底（copper bottoming）——使船更快、更靈活，能在海上停留得更久，而且最重要的是，船體較不容易在駛經溫暖水域時受到腐蝕與生物附著。包銅皮底是出現在航海時代的早期科技，是英國用來統治海上的重要利器。包銅皮底需要大量的銅，一艘標準型、七十四門砲的戰艦需要十四噸銅，才能完成這項工程。這就產生一個問題：這麼多銅從哪裡來？答案是，來自一個根本不產銅的地方：南威爾斯。

史文西（Swansea）儘管銅產量微不足道，卻有全球銅產之都（Copperopolis）之稱：這是原料世界又一遭人遺忘的故事。不過，由於它帶來一個世人直到今天仍然沿用的經濟模式，值得一提。事實上，就若干意義而言，我們今天所知的「全球化」雛型就誕生於威爾斯的這些河谷中。

誠如法國工程師兼社會經濟學家斐德烈・勒普雷（Frédéric Le Play）在一九四八年的著述中所說，直到十九世紀，金屬冶煉始終「嚴格受限」於地質：業者只能在本地採礦，用本地產的林木做燃料（所以在那個年代，你若來到一個地方，發現樹木突然消失，就知道附近有人採礦），在本地冶煉礦石。勒普雷寫道，但「近二十年來，這種老秩序已經大幅轉變」。[12]

他指的正是史文西。十八世紀初葉，史文西當地的實業家發現一個商機，這裡儘管銅產不多——主要產地是位於它南方的康沃爾，與位於它北方的安格雷斯（Anglesey）——但有豐富的煤。而在冶煉銅礦的過程中，每煉一噸銅礦石需要三噸的煤。就這樣，在之後幾十年，銅礦業主紛紛將礦石運到史文西冶煉。[13]

史文西煉銅廠效率很高，很快就在產能上超越全球其他競爭對手，於是礦石開始從全球各地浮海而來：古巴與澳洲、紐西蘭，美國與祕魯。曾有一段時間，全世界的銅礦約有六五％送到史文西提煉。以史文西市中心為圓心，方圓五哩內有不下三十六座煤礦、十二座煉銅廠，與其他各式各樣的冶金廠，硫磺味的雲霧長年壟罩市區上空，提煉廠排出的廢料在市郊堆積如山。這處一度風景如畫、綠意橫生的河谷，成了英國最開發、最工業化，汙染也最嚴重的地區。

進入十九世紀後，史文西的銅礦貿易壟斷逐漸顯露疲態，之後全面崩潰。美國境內新開採的巨型礦場開始自行煉銅，威爾斯各地的提煉廠步入倒閉，一開始勢道還很緩慢，隨後突然加速。今天，這些提煉廠全數走入了歷史……除了位於克里達（Clydach）的一家鎳廠，它目前的主人是在亞馬遜開採巨型鐵礦的巴西礦業集團淡水河谷。另外，觀察現代金融市場也能發現銅都時代的遺緒——許多金屬商品的定價為三個月內交割，這個傳統就可以回溯到銅都時代，因為當年將銅從智利運往史文西要三個月。

不過，銅都的真正傳承不在南威爾斯，而在世界的另一端。史文西模式證明了一件事：一個國家就算沒有特定礦產資源，仍然可以壟斷它的生產。而最能擁抱這種模式的莫過於中國。今天的中國是全球「處理廠之都」（processer-in-chief），除了琳瑯滿目、各式各樣的金屬，全球近半的銅礦也在中國熔融、冶煉。

電網

講述電氣化的傳統故事，一般離不開發明第一個電燈（弧光燈）的漢弗萊・戴維（Humphry Davy）或他的門生麥克・法拉第，離不開發現電磁的漢斯・克海斯提安・厄斯特（Hans Christian Ørsted），與將電力普及化的愛迪生。但我們談的是原料世界，得歸根究底、找出這些故事的源頭才行。因為電氣時代的出現，是一項更加古老、也實際得多的科學研究——找出適當類型、適當數量的銅——的成果。

把時間拉回十九世紀中葉，當美國開始在各地城市之間建立電報線，並計畫鋪設橫跨大西洋的電纜時，早期銅線生產商使用由史文西反射爐（reverberatory furnaces）煉製的銅，還能勉強應付。但隨即愛迪生與西屋電氣創辦人喬治・威斯汀豪斯（George Westinghouse）在倫敦與紐約建了世界第一批發電站，其中的大型發電機需要導電性強的銅線。情況很快明朗：威爾斯生產的銅導電性不佳，這與早期半導體製造業者碰上的問題如出一轍：矽或鍺晶圓的原子結構純度愈低，電子愈不容易通過。銅線亦然。

但也就在愛迪生尋找更好的銅的大約同一時間，美國與英國的一些礦業專家找出了解決辦法。他們不僅將礦石熔融，還將礦石電解——將礦石浸到溶液中，引入電流。經過電解煉成的銅純度高得多，才足以造出啟動未來的新一代電動馬達與發電機。

這項新技術徹底斷了史文西提煉廠的命脈，但對萌芽中的電氣產業，它來得正是時候。就在電氣業者迫切需要高純度銅的同時，金屬業者有了滿足這項需求的能力。此外，愛迪生與威斯汀豪斯旗下的電廠——例如尼加拉瀑布（Niagara Falls）水電站——發的電愈多，提煉廠的電解池用的電愈多，生產出來的銅就更精純。這種良性循環使愛迪生等企業家能築起一道圍繞全美各地大小城市的電網，然後推向全球。經威廉．諾德豪斯量化的「照明價」大幅下降：但這不僅是聰明才智與創業精神的成果，也要歸功於原料世界的神奇。事實上，這是銅市場打臉悲觀論者論調，提供足夠金屬、滿足全球需求的第一次（但不是最後一次）。[14][i]

愛迪生不是發明燈泡的第一人——這項榮譽或許得歸給約瑟夫．斯萬（Joseph Swan）。斯萬是來自英格蘭東北的科學家，不過甚至在他之前，也已經有好幾個人製造出原型燈泡。但就像處理混凝土，愛迪生也找到了將燈泡量產之道。他知道，僅僅是製造一種燈泡或一些聰明的電氣用具還不夠；他必須打造電氣基礎設施，讓這些裝置可以插在上頭使用。

而這意味著很多、很多的銅：他得用銅製做銅線，埋在紐約的街道下，得在住宅與工作

---

i 電解革命也帶來其他各式各樣的發現與產品。拜電解科技之賜，鋁才能成為量產產品，鹽才能製成氫氧化鈉與氯，造出其他無數產品。（作者註）

場所置入銅，得用銅纏繞發電機轉輪。事實上，儘管銅價下跌，但由於愛迪生這項計畫的所需實在過於龐大，若搞砸了會讓他破產。愛迪生於是發明了可以用更細的銅絲點亮的燈泡，他還重新設計鋪設在紐約的電氣網路，用較細的銅線取代原先計畫的粗銅線。但他的系統在紐約這類人口稠密的都市中心雖說運作良好，離開市中心約一哩左右，效果就逐漸削減。

那麼位於發電站一哩以外的地區怎麼辦？威斯汀豪斯與尼古拉・特斯拉（Nikola Tesla）用交流電解決了這個問題。愛迪生電線的直流電，朝一個方向前進，像河水沿河而下；威斯汀豪斯與特斯拉電線的交流電（AC）則脈動著，像起伏的海浪。交流電的好處是可以沿非常細的電線傳送高壓電。這有兩個重大意義。首先，也是最重大的意義是，我們不必再擔心會將全世界的銅開採一空，其次，發電站再也不必建在社區裡。我們沿用至今的電氣基礎設施就此誕生：龐大的發電站用高壓電纜將交流電送往城市、小鎮，與田納西農村這類偏遠鄉鎮。這是一個構築在銅上的系統。但問題是：這些銅究竟來自何方？

第十一章
洞

丘基卡馬塔，智利

一眼看來，丘基卡馬塔與你在智利北部各地見到的小山城很像。漫步在主街，你能見到一家銀行，一間劇院，一個圖書館，與一間小旅館。市區有一處遊樂場，裡面有溜滑梯和鞦韆，還有一尊花俏的皮諾丘（Pinocchio）雕像。市區廣場設有演奏台與一座小體育館：蟒蛇體育館（Estadio Anaconda）。

像這個曾隸屬於玻利維亞地區的眾多其他智利小鎮一樣，這裡幾乎每條街道都用智利史上的英雄人物命名：這條是科克蘭爵士街（Calle Lord Cochrane），他是協助智利取得獨立戰爭勝利的英國海軍軍官，下一條與之平行的是硝石戰爭的英雄奧圖洛・普拉特街。色彩繽紛的房舍外牆在一望無涯的寶藍色晴空下閃爍生輝。

但丘基卡馬塔有兩件事與其他城市大不相同。想知道其中第一件，你可以開車沿著主街走，蜿蜒轉向東北，離開市區廣場，走向地平線上的山區。只需一、兩分鐘，住宅區逐漸消逝，取而代之的是混凝土與鐵皮浪板搭建成的巨型倉庫。你會見到古怪的黑色池子、積滿塵埃的鐵路站場，以及隨處可見的岩石堆。之後，再轉幾個彎，穿過一個隧道，眼前赫然出現一處巨型裂縫。來到看來像是一座小山的山頂，你就能見到一座無比壯觀的峽谷：峽谷很深，一眼望不見底；側壁陡峭得令人目眩。

但這不是峽谷，這是丘基卡馬塔銅礦。丘基卡馬塔銅礦是在阿塔卡馬沙漠山區挖出的一個巨坑，它比紐約的中央公園（Central Park）更長、更廣，而且非常深：你可以把世界最高建築、杜拜的哈里發塔連同它的避雷針，整個都放進坑裡。從這裡挖出來的土，比人類有史以來在任何其他地方挖掘的土都多，丘基卡馬塔銅礦也因此成為現代工程史上一項幾近不可能的奇蹟。[1]

這裡早在幾世紀前就有人開採銅礦。一八九九年，在這個礦場的現代故事展開前大約十年，探礦人就在這裡發現一位礦工的遺骸，連同他的工具一起埋在兩公尺深的地下。就像哈萊因鹽礦中那位古塞爾特人礦工，他也是在採礦時因隧道坍塌而遭活埋。儘管已有幾世紀之久（根據之後進行的放射性碳定年法推算，他已經被埋了五百五十年），由於被包在一層含銅頗豐、有抗菌性的鹽裡，他的屍骨依然保存完好。這位後來得名「銅人」的礦工，頭髮整齊地編成辮子，皮膚因受氧化銅影響，變成古怪的綠色。今天，你可以在紐約市美國自然歷史博物館（American Museum of Natural History）見到他，並聯想到很久很久以前有一天，開採銅礦曾是一門工藝。不過這與今天的銅礦開採已經完全不可同日而語了：今天的銅礦場，一切都是超巨型的。[2]

從地面往下看，在礦坑底部載運礦石上來的卡車幾乎小得無法辨認，但這些可都是日本「小松」出廠的全球最大型的卡車。它們得花一個多小時才能從礦坑底部開到山頂，將礦石運到城郊附近的庫房。像內華達州柯提茲處理金礦一樣，卸下的礦石先要搗碎，磨成粉後浸泡在特製溶液裡發泡、分離銅與其他雜質。之後，一部分銅會經過熔煉與電解，成為近乎百分百精純、閃閃發光的銅板——業界稱為陰極銅（cathodes）。其餘則叫銅精礦（copper concentrate）：黑色、顆粒狀，含銅量約三〇%——送往其他地方煉成成品。[i]

每天都有一列滿載陰極銅與銅精礦的火車從這裡出發，路線與導致硝石戰爭那條著名鐵

---

i 「陰極銅」這個名字，就像電池中的電極，是因為它們的最後生產階段涉及電解。將純度相當高（約九五%）的銅塊泡在電解池裡，施以電流，銅原子從熔融的塊（電解過程中的陽極）移向另一極，即陰極。如此製成的銅純度更高——約為九九．九九%。丘基卡馬塔提煉廠採用的就是這種製程，而且規模極大。（作者註）

路相同：沿海岸南下，陰極銅送往製造廠，銅精礦則裝進貨櫃輪，運往中國境內的提煉廠。銅精礦在中國煉成純銅，不過到了那一刻，已經沒有人還能確定礦石的原產地了。

全世界絕大部分的銅——約八〇%——就是在這種採礦場與提煉廠相距遙遠的狀況下生產的，幾乎不可能確定銅塊的產區。世界上大多數的銅板、銅條與銅線都是來自全球各地的大雜燴：一些來自智利、一些來自澳洲，部分來自印尼或剛果民主共和國，部分來自古早以前出土、經回收再利用的銅。每一塊銅板都是全球化的實證。話雖如此，由於就若干標準而言，丘基卡馬塔是全球最大的礦場，如果說現在在距你身邊不遠處就有一些來自丘基卡馬塔的銅，可信度應該很高。

全球最大礦場的判定，是有待爭議的問題。如果以單一地點煉出的金屬數量為衡量標準，則澳洲、巴西，或俄羅斯境內的鐵礦可以輕鬆超越丘基卡馬塔。不過由於鐵礦石的密度遠比銅礦石高——每一塊鐵礦石的含鐵量約為六〇%，銅礦石含銅量僅有〇．六%——相較之下，每生產一噸銅需要挖掘的土更多。根據我的粗略估算（有關這個主題的研究少得出奇），儘管終端產品比其他金屬都顯少，開採銅礦對地表造成的破壞，卻比開採所有其他金屬造成的都大得多。ii

近年來，來自艾斯康迪達（Escondida）的銅逐年增加。艾斯康迪達位於丘基卡馬塔以南數百哩的阿塔卡馬沙漠，是另一處巨型礦坑。猶他州賓漢谷（Bingham Canyon）的舊銅礦場，技術上挖得更深。顧名思義，賓漢谷原本就是一處凹陷，而丘基卡馬塔在成為一個大洞，深得擁有自己的微氣候以前，原本是一座山。不過，如果以或許最全面的標準，也就是說以一座礦在開採期間提取的銅量來計算，丘基卡馬塔絕對遙遙領先。一個多世紀以來，「丘奇」（Chuqui）——本地人給丘基卡馬塔的暱稱——生產的銅比有史以來其他任何一座銅礦都多。從地殼開採、提煉的銅，每十三克就至少有一克來自這裡。[3]

一又四分之一個世紀以來，無數公司來了又走，商業帝國興衰浮沉。電氣時代成為昨日黃花，電腦時代誕生、成熟，電動車開始取代石油動力車，但丘奇維持不墜。年復一年，它挖出數以億噸計的岩石，煉成數以十萬噸計的純金屬。從這個絕大多數世人聽都沒聽過、更別說見過的深坑提煉出來的銅，帶動了我們的二十世紀；它促成中國崛起，並將在未來幾十年間幫我們打造電網、綠能車，與去除碳排放的風力發電機。

談到這裡，就不能不談銅的祕密武器：規模。世上能夠有電，部分得歸功於丘奇這些銅礦——這裡每年生產的銅，就數量而言，遠遠超過世上所有金礦自有史以來生產的金的總

ii 我以生產一般等級的金屬為基準，根據美國地質探勘局（USGS）與世界黃金協會（World Gold Council）提供的二〇二一年數據，得出為了生產以下金屬而從地表移除的礦石量：黃金：二十二億噸；鐵：二十六億噸；銅：三十五億噸。但事實上，在這一年，為了生產這些金屬，真正從地表剷除的土石遠比這些數字要大，因為以上數字還不包括廢石。廢石的估算又是完全不同的另一回事。而且以上數字也仍然比煤（二〇一九年為七十八億噸）與石油（四十四億噸）少。（作者註）

合。略花些時間沉澱一下，想一想：與丘基卡馬塔的偉大魅力相較，內華達的柯提茲金礦簡直像蒼海的一粟。

吃掉一座小鎮的礦

在回到主街時，我們發現丘基卡馬塔的另一件怪事。遊樂場上沒有孩子，體育館裡沒有人打球運動，銀行櫃台前也沒有人排隊辦事。這座古老的小鎮空無一人。原來，丘基卡馬塔是阿塔卡馬沙漠中的又一座鬼城。但與內華達金礦邊上那些廢棄工寮，或位於阿塔卡馬沙漠更下方那些老硝石礦城不一樣的是，丘基卡馬塔訴說的警世故事不發生在過去，而是未來。丘奇小鎮荒廢，不是因為礦場關門或礦脈空了；正好相反。它快被土石吞噬了。隨著機器愈挖愈深，剷出的土愈來愈多，成堆的岩塊、碎石，與開礦帶來的殘渣廢料開始侵入小鎮。

到二〇〇〇年代初期，丘奇挖出來的廢石已經開始堆進住宅區與庭院，提煉廠的毒煙霧飄向市區街道；居民開始得病，礦廠也得了一個新綽號「殺人丘奇」（Chuqui qui mata）。於是在之後幾年，這座礦的礦主、大型國營公司智利國家銅業公司（Codelco）將小鎮的兩萬居民全部遷到附近的小城卡拉馬（Calama），給他們新家、新學校；二〇〇八年，丘奇正式搬空、廢棄。

不過由於這裡是阿塔卡馬，是地表最乾燥的沙漠，自然環境利於維護現狀，小鎮內許多建築物仍像人們最後一次離開它們時一樣，保存完好。從學校窗口看進去，仍能見到學生們臨走留在黑板上的告別字樣。在幾戶住家，水槽上還擺著牙刷，料理台上還有紙捲，壁爐架上有聖誕卡，廚房餐桌上還留著購物清單。

驅車前往丘奇北區，你很快就會發現自己駛入一座廢料堆成的大山陰影中。智利各地有許多這類人造的廢料山，本地人喊它們「蛋糕」（tortas）。丘奇的蛋糕已經覆蓋了超過四分之一的住家與商店區，一九六〇年代曾是拉丁美洲最先進醫院的七層樓建築，如今完全埋在廢料堆裡，每隔一段時間，就有一條街遭深洞挖上來的廢石給填滿。

但丘奇不是世上唯一遭礦廠吞噬的城鎮。瑞典北部的基魯納鐵礦由於礦區愈來愈大，位於礦廠北方的小鎮被迫一棟接一棟，將房子搬遷到幾哩外；在丘奇，索性將建築物丟下了事。

二〇二二年，我有幸（不知道這個字眼用得對不對）目擊在丘奇礦坑底部進行的一次爆炸。幾百噸岩石瞬間炸裂，儘管我身在山頂，距坑底爆炸現場足有一公里之遙，仍能明顯感受這震耳欲聾的爆炸力，比我在柯提茲礦場目擊的那次更威力驚人。無煙火藥辛辣刺鼻的濃霧很快瀰漫整座人工谷，碎石隨即裝上卡車，沿礦場邊的山道緩緩駛向山頂，一天二十四小時、一年三百六十五天，從不間斷。這些礦石的一小部分將煉成銅或銅精礦，其餘則堆成

「蛋糕」，吞噬鬼城丘奇。

然而，堆積成山的廢石，不過是丘奇帶給環境景觀最顯而易見的影響而已。丘奇與這裡其他幾座礦場之所以被人放大檢視，還有另一個原因：在這處全世界最乾燥的沙漠，為什麼要供應這麼多水給地下挖礦作業使用？這種開採與處理礦石規模需要大量的水，你處理的岩石愈多，需用的水也愈多。這些水主要用在「堆浸」（heap leaching）程序：將搗碎了的大量礦石堆在塑膠墊上，用稀釋酸液浸透，再噴灑水。就像柯提茲的金礦，丘奇也使用堆浸法處理礦石，只不過處理的是銅，規模也更大。瞇著眼斜視，你或許以為這是一種灌溉水利作業，因為它們很像縱橫交織著灌溉水喉的廣大農田。但不是的：這些水的作用是幫著酸液分離礦石中的銅，然後讓這些含銅的溶液從石堆底部濾出，送往提煉製程的下一階段。往石堆澆水，不是要為它們注入新生，而是要奪走藏在它們身上的財富。

一直以來，礦場也試過減少用水。有些礦不再使用在地河流資源，改以抽取海水進行堆浸。但除了碳排放與水資源問題外，更難忽視的是：離開丘基卡馬塔，驅車下山，經過鄰近的哈雷斯銅礦（Ministro Hales。技術上，哈雷斯是一座各別、規模較小的礦場，不過它的銅產已經可以與丘奇分庭抗禮），再經過卡拉馬，取道駛向聖佩德羅（San Pedro），一路上，你會發現路邊總有一道高土牆，卻看不出土牆後藏著什麼。

經查證，我才知道這是丘基卡馬塔的尾礦壩（tailings dam），提煉過程產生的廢料就送到這裡堆放。由於這是地表最大銅礦場幾十年來堆積開採廢料的地方，龐大得如此難以想像倒也不足為奇。這個巨型堆棧場的正式名稱是「塔拉布雷」（Talabre），似乎意在提醒人們，這裡曾是一座同名的鹽湖。幾十年來，這裡所有的鹽完全藏在灰濛濛、富含鉬與砷的淤泥中，覆蓋面積約與曼哈坦相仿。4

儘管看來令人提心吊膽，但與過去的作法相比已大有改善。曾有一段時間，阿塔卡馬礦場任由排出的廢水流入附近的河谷與溪流，最後注入海洋。沿岸地區的水質歷經這段持續數十年、毫無節制的肆意蹂躪，直到今天仍汙染嚴重。在夏納拉爾（Chañaral）港，銅礦場產出的兩億兩千萬噸廢料堆在海灣，造出一個綿延十公里的人造海灘，無數在地野生動物因此喪命。這項廢料堆積作業雖因司法當局干預而於一九八九年停止，但最近一項研究發現，當地居民的尿液中的鎳、鉛與砷含量都超標。5

今天，卡拉馬當地居民有人投訴，說他們的水與空氣仍遭到砷汙染，銅礦主則回應，砷汙染來自這片土地，而非採礦。嚴格說來，這辯辭不完全錯，只不過它粉飾了一項事實：如果不在這裡採礦，這些砷會留在地下，不會危害人體。在卡拉馬停留期間，我曾與一位兒科醫師聊天，他說他發現這裡的孩子罹患呼吸道疾病與過敏症的比例偏高，他認為這與空氣中的顆粒物質過多有關。但在卡拉馬城裡，或許由於幾乎每個居民的生計都與銅礦開採有關，甚至是性工作者——在智利的所有城市中，卡拉馬的人均性工作者人數首屈一指——每個人都主張銅礦應繼續開挖，挖愈久愈好。

不過銅礦產業也因此面對一項最大的挑戰：隨著丘奇這類礦場愈挖愈深，最容易挖、含銅量最豐的礦石不斷出土，接下來又會如何？在世人對發電機、馬達、電動車、風力渦輪機的需求不斷增加的情況下，銅礦會不會有採盡的一天？

這不是新問題。這其實是一個極其古老的問題，經濟學史上最著名的一場打賭就是由此而來。

打賭

經濟學家在討論生產力——最重要的經濟力——時，喜歡以電腦與人工智慧這類事物為例。他們指著那些在亞馬遜配送中心忙上忙下的機器人說，人類能用愈來愈少的投入創造愈來愈多的價值，這些機器人就是證明。他們引用我們在第三章談到的摩爾定律說，每隔一年、兩年，矽晶片上電晶體的密度會更高。但他們對丘基卡馬塔這些地方的大礦坑卻幾乎絕口不提。

部分原因是，與電腦或機器人，甚或金融服務不同的是，丘奇提供的產品數十年未變。

今天的 iPhone 比當年阿波羅號（Apollo）負責帶人登月的登陸艇電腦，或你兩、三年前用的筆記型電腦強大太多，但銅依然是銅。而銅礦開採的故事——人造的峽谷與小山，抹殺了的景觀，龐大的卡車等等——講述的是一個偉大、祕而不宣的經濟活動。這是生產力的奇蹟，而且，雖說時而或許令人不快，但無論怎麼說，能有今天這種生活享受，部分得歸功於這種活動。

想了解這點，首先得聽一段發生於一九八〇年代的雙人賭局。故事中的兩位主角分別是保羅．艾利克（Paul Ehrlich）與朱利安．賽門（Julian Simon）。艾利克是昆蟲學家，一直專精於蝴蝶群落的研究，後來被譽為某種當代預言家諾查丹瑪斯（Nostradamus）。艾利克在一九六八年寫了一本暢銷書《人口炸彈》（*The Population Bomb*），一開場就扼要概述了他的主要立論：

> 餵飽全人類之戰已經徹底失敗。就算今天立即展開緊急應變計畫，在一九七〇與一九八〇年代也會有幾億人餓死。世界人口死亡率將大幅提升，現在無論怎麼搶就都已經晚了。[6]

艾利克預測，人口多了幾十億後，消耗的資源比過去要多，世人賴以生存的原物料即將耗盡；土壤逐漸劣化，森林將砍伐殆盡，汙染問題會嚴重到讓人無法忍受，幾十億人將因此喪生。在一所普通大學任教、名氣也不響亮的經濟學者賽門大大不以為然。賽門認為，事情絕沒這麼悲觀：世界人口愈多，想辦法解決環境問題的人也愈多，人類一定能開創新局，避開這場災難。而且佐證的實例已經不少。費里茲・哈伯與卡爾・博施研發的合成氮肥意味，儘管欽查群島的鳥糞與智利沙漠的硝酸鹽幾近掏空，人類現在已經擁有基本上取之不盡的氮肥可以幫助作物生長。諾曼・伯勞格（Norman Borlaug）培育的特種小麥，促成一場以餵飽全球為宗旨的綠色革命。賽門認為，地球資源當然絕非無窮無盡，但遠比我們想像的更加豐富。而且，就算我們耗盡其中一種資源，難道就不能發明、或找出一個代用品嗎？[7]

若干意義上，這兩人是在重演一場非常古老、至少早在古希臘時代已經展開的辯論。孔子、柏拉圖與亞里斯多德都曾擔心人類的貪得無厭會讓自然世界失衡。十八世紀末葉，英國經濟學家湯瑪斯・馬爾薩斯（Thomas Malthus）為這種憂慮創造出了名目與架構：他在一七九八年發表的《人口論》（*Essay on the Principle of Population*）提出警告說，人類繁衍的速度，已遠超過土地餵養我們的生產力；他說，我們卡在陷阱裡，人口愈膨脹，我們面對饑荒、短缺與毀滅的機率也愈高。[8]

在馬爾薩斯之前，與在他之後，唱反調的都大有人在。就像三百年後的賽門，十七世紀的哲學家威廉・佩提（William Petty）也主張，世界上人愈多，提出聰明點子解決問題的可能性愈大。一八四八年《共產黨宣言》（*The Communist Manifesto*）共同作者恩格斯（Friedrich

Engels）寫道，「運用資本、勞力與科學，可以將土地的生產力無窮盡增加。」

一年年過去，這正、反兩派主張也有了各自的名字。一派是「馬爾薩斯派」，包括艾利克等人，另一派根據古希臘「豐饒角」（horn of plenty）的典故，引申為「無限發展派」（Cornucopians）。但在一九六〇年代末、一九七〇年代初，哪一派崛起已是不爭的事實。戰後核能時代的科技樂觀主義解體；美國在越南戰場敗象已現；通貨膨脹與犯罪率正在飆升。一九六八年，就在這場動亂達到高峰、艾利克發表《人口炸彈》的同一年，學者、決策人士與商人創辦羅馬俱樂部（Club of Rome），致力於人類面對的環保、文化與經濟等迫在眉睫的問題。他們之後發表《成長的極限》（*The Limits to Growth*），書中提出警告，人類正走向生態與環保災難，而且很快就會耗盡地球的天然資源。

這類觀點並非邊緣。一九六九年，時任聯合國祕書長的宇譚（U Thant）呼籲全球合作以避免災難。他說，想拯救地球，「或許還有十年時間可用」。一九七〇年，諾貝爾獎得主、生物學家喬治・華德（George Wald）說，「除非立即採取行動，對抗人類面對的問題，文明將於十五到三十年內結束」。在從華府與紐約到倫敦與北京的權力走廊，馬爾薩斯派正迅速形成傳統智慧，艾利克不過是其中立論最驚悚的一人而已。另一方面，賽門則認為他們的論點「太超過」。9

賽門在《科學》（*Science*）雜誌中寫道，「壞消息更能賣書、賣報紙，賣雜誌；人們對好消息的興趣不及對壞消息的一半。」之後，他一一列舉許多說法——其中不少來自艾利克的《人口炸彈》與《成長的極限》——說它們幾乎全是錯的。食物生產非但沒有減少，反而正不斷增加，饑荒的頻率也沒有過去頻繁。賽門寫道，如果我們的世界真的人滿為患、天然資源即將告罄，所有這些的價格豈不要一飛衝天？[10]

在這一刻之前，艾利克一直沒把賽門放在眼裡，也沒人把賽門放在眼裡。但賽門在《科學》的這番批判太不敬，讓他無法忍受。艾利克於是投書給《科學》，駁斥賽門的論點，兩人就這樣你來我往，在《科學》上一連打了幾場投書論戰。賽門最後在反駁艾利克的投書中提出一個建議，將這場論戰帶到最高潮。賽門說：

我相信，非政府控制的原物料（包括穀物與石油）成本就長期而言不會上漲。為證明我不是空口說白話，我願以一萬美元為賭注，當社會大眾之面公開向你挑戰，你可以以每筆一千或一百美元的方式分別下注，賭我的判斷錯誤。

艾利克迅速接受了這項挑戰。他賭五種關鍵性金屬——銅、鉻、鎳、錫與鎢——的實價（換言之，就是經過通膨調整後的價值），會在一九八〇年九月二十九日至一九九〇年九月二十九日之間上漲。艾利克挑出這五種金屬，每一種下注兩百美元，是經過計算的：如你所知，鉻與鎳是冶鋼的關鍵材質；錫與鎢是生產無數電子用品的重要原料。如果全球營造與工業化走勢持續，而且最重要的是，如果人類繼續繁衍，則對這些金屬的需求一定只會水漲船高。

根據艾利克的看法，需求不斷增加的銅，走勢是所有金屬當中最明顯的。在所有鐵或鋁這類工業用金屬中，銅又最為稀有。在大約一萬年前最早期的金屬製造時代，銅的蘊藏量還很豐富，偶爾還可以從地上挖出美麗、高純度的天然銅錠。第一座大銅礦場塞浦路斯（Cyprus）——希臘文Kupros，即今天的銅（copper）字來源——開採出的是含銅量高達二〇%的藍綠色礦石。但在隨後一千年間，我們將所有純度最高的礦石幾乎開採一空，只剩下一些純度低得多的礦石。當艾利克下注時，全球鐵礦石儲量預計還能開採幾百年，銅礦石儲量預計只敷使用三十餘年。

艾利克在看過他選出的這五種金屬過去十年的價格後，或許更加信心滿滿：銅價上揚了五九%；鎢更是漲了驚人的三五七%。在世界人口迅速增加的情況下，他應該穩賺不賠吧？他在回信中寫道，他「要搶在其他貪心人也來趁機撈一筆之前」，接受「賽門這項驚人的賭約」。

只不過事情的發展與艾利克的預期有出入。在一九八〇與一九九〇年間，世界人口從將近四十五億迅速膨脹到五十三億，但在經過通膨調整後，艾利克選定的這五種金屬每一種價格都不升反降。一九九〇年十月，朱利安．賽門接到從加州帕拉奧圖（Palo Alto）寄來的信，信中有一張金屬價格清單，與艾利克簽字的一張五百七十六塊七美分的支票。信封裡沒有附上說明字條，兩人也從未謀面。賽門於一九九八年去世，直到二〇二二年，艾利克仍然覺得自己輸得冤枉。某種意義上，他確實有點冤：如果賭的時間是在一九六〇年代或一九七〇年代中的任一年，或甚至在二〇〇〇年代，而不是在一九八〇年代，艾利克都會成為最後贏家。在這場賭注結束多年之後，經濟學者不時做一些腦力激盪：如果艾利克當時選用其他金屬，結果將如何？如果他用其他方式來賭，結果又將如何？簡單的答案是，艾利克的贏面會比賽門大。但話說回來，如果以收入成長而非交易價為準，調整銅價，則賽門會成為贏家。兩派人士都宣稱獲勝，而且也都言之成理。

之後幾年，這場「打賭」成了某種經濟神話，就像許多這類故事一樣，它的眾多精奧與大多細節已為人遺忘。對馬爾薩斯派來說，艾利克基本上是對的；賽門獲勝純屬運氣。對無限發展論的豐饒角一派而言，賽門的勝利證明人類的聰明才智總能戰勝環境與原料的挑戰。進入一九八〇年代以後，隨著世界擁抱自由市場，這場「打賭」也成為新紀元的最佳寓言：擔心世界末日嗎？大可不必：要相信供應、需求，與市場可以解決幾乎任何問題。不過，世事當然不會一直那麼簡單。

艾利克既非提出銅礦資源即將告罄的第一人，也不是這麼做的最後一人。早在電氣時代初期，當愛迪生絞盡腦汁尋找足夠的銅、製作他的發電機與電線時，已經有觀察家預測，這種新電氣科技將因為對銅的仰賴而無以為繼。一九二四年，著名地質學家伊拉・喬拉里蒙（Ira Joralemon）預言，「全球的銅供應頂多支撐二十年」，「我們基於電力的文明將凋零、滅亡」。[11]

羅馬俱樂部在《成長的極限》中，透過精心製作的模式指出，世界的原物料供應，包括銅、鋁、石油與黃金，將在幾十年內消耗殆盡。他們說，就算樂觀估計，銅的供應也撐不過四十八年，頂多到二〇二二年就會枯竭。換句話說，丘基卡馬塔之所以淪為鬼城，不是因為挖出來的土、石無處可堆放，而是因為整座礦因為挖空而關閉。

甚至到今天，仍不時有用心良善的研究人員提出類似數據，預測銅的生產即將步入歷史：耶魯大學在二〇〇七年的一份研究報告、《科學》雜誌在二〇一四年刊出的一篇論文，都預言銅的供應將於二〇三〇年起逐年遞減。用 peak copper（銅峰值）在 Google 搜尋，你會找到許多其他例證。[12]

這些預測直觀上令人信服，因為地球資源有限是不爭的事實。就算過去每一項預測都錯了，也不表示下一項預測也錯。開採銅礦的難度確實愈來愈高：在十八世紀，當銅礦主要來自康沃爾時，礦石含銅量一般可以到十二%或更多；到十九世紀末，含銅量已經降到八%以下；二十世紀初葉，全球各地許多最好的礦場已開採一空。

丘奇的情況正是如此。古代的「銅人」，以及直到十九世紀末葉的礦工，都能從這裡挖出含銅量十%到十五%的礦石，但到二十世紀初，這裡的殘礦含銅量已經只剩幾個百分點。每個人都知道丘奇地下仍有很多銅；問題是，它已經太分散、太薄。現在的難題在於，怎麼開採它——應該說，怎麼開採它並獲利。[13]

這就得談到礦業鉅子古根漢家族。在見到卡內基用巨型剷土機於梅沙比開採數量驚人的鐵礦後，古根漢家族想，如果用同樣的作法開採銅礦呢？在採礦工程師丹尼爾・傑克林（Daniel C. Jackling）的協助下，古根漢家族開始用蒸氣剷與大量炸藥，在猶他州賓漢谷——就是美國境內那個曾與丘奇角逐世界最大礦坑的礦場——的低等級礦石中採銅。不過智利的礦藏更豐，於是古根漢家族南下，在丘基卡馬塔設立據點。

這是一個很少人說過的故事：就在亨利・福特在底特律大量生產汽車的同時，古根漢家族也悄悄將採礦轉變成一種大型生產活動——或者如一些人所說，一種「大型毀滅」活動。他們做的是古老煉金術士在做的事：把不起眼的岩石變成一種可以大賺一筆的東西。就在丘奇，他們廢了舊有的採礦方法——人工挖出岩石、徒手分類——改採新方式。他們將用於挖掘巴拿馬運河的蒸氣剷土機運到智利，展開挖掘；他們建立巨型碾磨廠，將石塊研磨成粉，讓較重的銅粒與較輕的石英分離。[14]

最後，古根漢家族採取一項改變家族命運的行動（有人認為是一項災難性行動），將丘奇賣給阿納康達銅礦公司（Anaconda Copper），將資金轉投入硝酸鹽的生產。不過易主以後的丘奇，開採腳步比過去更快了，高山剷成一座高原，然後是深谷。革命家切．格瓦拉（Che Guevara）在一九五一年造訪丘奇時寫道，「你不能說它不夠美，但它是一種沒有優雅，壯觀與冷冰冰的美。」[15]

回想那處深坑，你不僅會自問它怎能挖得那麼深，還包括怎有人負擔得起挖那麼深？因為在丘奇，挖得愈深，開採的成本也愈高，而且礦石的等級還愈來愈差。它們真的是「跌跌不休」。以二十世紀為例，新出土礦石的含銅量從一九一三年的二．四％，跌到二十世紀中葉的不到二％，再跌到二十世紀結束時的不到一％。而由於礦石等級愈來愈差，從礦石提煉銅的工作也更加繁重艱辛。在一九〇〇年，想煉成一噸銅得挖出五十噸的礦石，到今天，你得挖出八百噸。礦石開採與處理過程中需用的水資源從七十五立方公尺增加到一百五十立方公尺。整個過程耗用的能源也從大約兩百五十度電（KWh）增加到四千度電。但最令人稱奇的數據是，在這一百年間，經過通膨調整的銅價基本持平，沒有增加。[16]

這件事讓人愈想愈覺得了不起。二十世紀的電氣時代是用銅打造的：一波波洶湧銅潮湧入，引領大城市電氣化、促成消費者電子時代、推動中國與印度這類龐大新市場的崛起。而就在世人對銅的需求不斷增加的同時，我們的土地卻愈來愈吝於釋出這種資源。但丘奇與其他各地的銅礦場還能以幾乎不變的價格不斷生產銅。供應持續減少，需求一直增加，你以為價格一定飆升，窒息世界的進步——真相卻並非如此。

我們且重返丘基卡馬塔峽谷邊。你凝目望向坑底，望向那些比半獨立屋還大的巨型卡車。這些都是一九八〇年代出廠、載重最大的「超級車」。在它們來到以前，礦場卡車平均可以載運約四十噸岩石；今天，這個數量超過了四百噸。轉過頭來看那些碾磨石塊的碾磨廠，你見到一排又一排壓碎機，不斷將石頭壓成粉末；再遠眺那綿延不絕、延伸到沙漠地平線的堆浸墊。但這些只是你看得見的部分，還有你看不見的：在這座巨坑深處，智利銅業還在挖呀挖。這裡已經不再只是全球最大露天礦坑而已；還是全球最大地下礦坑。

他們在做的事，技術名詞是「區塊開採」（block mining）。這種作法的概念聽了能讓人皺眉：大多數地下開礦的作法都是沿著岩層開挖，然後將礦石鑿出或炸出來；區塊挖礦就野蠻多了，它並不沿著岩層開挖，而是在礦底挖一個地道，接著把大量炸藥埋入頭頂上方的岩石裡。退出地道後，在安全距離外引爆炸藥，讓重力發揮作用，使幾十、上百萬噸的岩石墜入地道，最後用輸送帶將這些岩石運往丘奇的冶煉廠，或其他地方做進一步加工。這之所以令人不安，在於礦場兩點的工作是彼此重疊的：就在我看著礦工在露天礦場朝地下炸洞的同時，他們身下的某處，有另一組人員正在地道頂部埋設炸藥，把上方炸開。[17]

區塊開採是工業挖礦新盛事，而丘奇不是唯一這麼做的礦場。在地球彼端的印尼巴布亞省偏遠地區，格拉斯伯格（Grasberg）銅礦場就在這裡一座海拔四千多公尺的大山上。

格拉斯伯格或許堪稱全世界最讓人驚豔的礦場，它在山頂上鑿出的那個大洞，彷彿電影場景中躲在雲端的惡棍巢穴。這裡的礦物資源非常豐富：它擁有全世界已知最大的黃金儲藏，與第二大的銅儲藏。但由於山頂礦坑已經鑿空，礦工們現在搬出用在丘奇的那套做法：在山頂礦坑下方鑿出一個地道網，從山腹內引爆、分解這座山的中心。自動駕駛的火車往返於一條長二十三公里（十四哩）的軌道，將礦石運到外面，加工、提煉成金條與電解銅，放進電線與金庫，或裝在機器與發電機裡面為我們的世界供電。格拉斯伯格與丘奇令我們印象深刻，除了因為它們可觀的規模，與為環境帶來的累累傷痕外，還有一個原因：這麼多的工作竟然只需要這麼少的人手。在二十世紀，美國境內銅礦開採與生產的從業人員人數少了三分之二，銅產量反而增加了四倍有餘。

保羅．艾利克之所以輸了那場賭局，原因之一就在此：我們比過去更能以較少的人力生產較多的物品。在羅馬帝國統治期間，一噸純銅的價格約與四十年的平均工資相等。等於工作四十年才能掙得一噸銅。到一八〇〇年，工作六年可以賺到一噸銅。之後兩百年間，這數字跌到〇．〇六年賺得一噸銅。對來自倫敦、學識淵博的礦業投資者保羅．蓋特（Paul Gait）而言，這種「真正銅價」的衡量標準，才是格拉斯伯格與丘奇銅礦故事的重點。就像摩爾定律有關半導體的邏輯一樣，這也是一種令我們印象深刻的生產力奇蹟——但甚至是業內人士，真正了解它的人似乎也寥寥無幾。

我們因此又一次面對一個反覆出現在原料世界的主題。礦場從地表開礦、煉成有用產品的生產力不斷增加，需求的人力卻不斷減少，甚至在今天，礦場仍不斷推出新作法，將作業自動化。在礦業這行，下一波大創新是將這些巨型卡車與剷土機無人化，將整個作業從現場控制改為遙控——或許遠在好幾百哩外。在造訪安托法加斯塔期間，我參觀過一處控制中心，見到工作人員望著電腦屏幕，握著操縱桿，控制一百多哩外一座銅礦的壓碎機與剷土機。在丘奇新地下礦坑作業的卡車也將自動化。

自動化帶來的快樂副產品是，直接操作重機械裝備的人愈少，可能發生的意外事件也愈少。但隨著直接參與生產工作的人不斷減少，有一天，我們會不會因此對這些原料如何形成、或如何將它們轉換成產品的過程一無所知？會不會因此將原料世界視為理所當然？

艾利克賭輸的第二個原因是，我們找出比過去更好的採礦、煉礦之道。而這個故事也在丘奇展現得淋漓盡致：靠著大碾磨廠與泡沫浮選（froth flotation）機，使一百多年前留下來的低等級礦石也有開採價值；堆浸墊呈現的是近幾十年濕法冶金（hydrometallurgical）的革命，這意味著可以用溶液噴灑礦石、分離出銅，不必再像過去那樣倚賴成本高、汙染嚴重的鼓風爐；一九八〇年代出現的電解冶金設備，令液態銅精礦在電解後成為純度極高的陰極銅。由於有了這許多鮮為人知的採礦科技與巨型卡車，現代世界礦脈得以繼續生息——解釋了眾多有關銅礦資源即將耗盡、有關銅峰值的預言為何一直未能成真。[18]

但不是說世上殘存的銅礦儲藏僅夠三十到四十年用度嗎？這其實是一項總是讓人誤解、造成誤導的統計數字，所以我們先在這裡簡單上一課。礦業人士在談到一項特定原料還有多少儲藏量時，他們指的是在其開採的礦裡，或已經過批准、可以開採的礦裡，還剩下多少可以在任何一段特定時間、以合乎經濟效益的手段加以開採。所謂還剩下三十到四十年的銅礦儲藏（在寫這本書時，我們還有四十二年），不是因為藏在地下的銅礦只剩那麼多，而是因為礦業人士在訂定開採方案時，一般會以這段時間為年限。[19]

每隔一段時間總有一些報告出爐，用這些統計數字推斷我們即將耗盡某項資源——《成長的極限》不過是這類說法中最著名的一份罷了。危言聳聽、大難將至的報告，總比真實世界的硬統計數字更吸睛，所以這裡要提一個數據點供你參考：二〇一〇到二〇二〇年間，我們在全球各地共挖了兩億零七百萬噸的銅，但銅的全球儲存量非但沒有減少，反而增加了兩億四千萬噸。想一想。人類就有這個能耐，以穩穩超越實際耗用的腳步，找出更多可資運用的銅礦資源。

事實上，更值得我們關注的，不是礦業人士經常引用的儲藏量，而是另一數字：資源。這指的不僅是我們已經訂定計畫、準備日後開採的礦，而是所有藏在地下、包括那些還未發現的金屬。這類數字當然涉及許多猜測與推斷，但也讓人安心得多：根據美國地質調查局的數字，全球銅資源總計達五十六億噸，其中我們已發現二十一億噸。以我們今天的年度耗銅量估算，這相當於大約兩百二十六年的用度——若以十年後，綠能轉型全面展開時的年度耗銅量估算，大約可敷用一百二十五年。[20]

當然，這一切都是有代價的。更有效地開採愈來愈貧瘠的銅礦造成一種負面影響：我們為採礦而必須從地殼中挖掘的土石愈來愈多。在二〇〇四到二〇一六年間，智利礦場將年度銅產量增加了二．六％，增幅看似不大，從地下挖出來的礦石卻增加了七五％。這項統計數字最讓人心驚的還非數字本身，而是環境會計（environmental accounts）或物質流分析（material flow analysis）報告只計入已經煉成的銅，對於必須挖出多少土石才能提煉這些銅卻隻字不提。甚至連聯合國發表的人類對地球造成多大影響的評估報告中，也未納入這些土石廢料。[21]

這個問題值得我們深思，還因為就基本而言，想削減碳排放就得將我們的許多活動從化石燃料轉為電能。家用天然氣與燃油鍋爐將走入歷史；電熱泵取而代之。內燃機汽車逐漸消失；電池動力車蔚為主流。根據預測，在二〇二〇到二〇五〇年間，我們來自電的基本能源占比將從二〇％增加到五〇％。突然間，銅成為幾乎一切的骨幹。

一般汽車內部已經裝有約一哩長的銅線，連接負責各種功能的感應器與電氣組件。電動車需要的銅線為一般汽車的三到四倍，其中約半數用於馬達，其餘用於線束（wiring harness）與電池。一輛電池動力巴士的馬達、電路，與能夠承載比傳統電線更多電流的匯流排（busbars），共需要近半噸的銅。高速火車需要的更多。[22]

如果我們需要能產生額外綠電的基礎設施，數字又更驚人。傳統發電站的發電機雖然以銅為芯，相對上需要的銅反而較少。太陽能板需要的銅約為傳統發電站的七倍，岸外風力發電站得用約十倍的銅才能發同等的電。[23]

或許你可以預見我們面對的挑戰了：若想兌現近年來許下的各式淨零排放（net-zero）承諾，就需要巨量的銅。減少碳足跡，意味著增加銅足跡。好消息是我們可以用資源回收技術取得一些銅，壞消息是，就算盡可能將一切舊銅管、舊電線全數再生利用，仍遠遠無法滿足我們對銅的需求。

而真正的挑戰既不在銅資源即將耗盡，或銅愈來愈昂貴，是人們還能容忍多少這種不斷的爆炸與挖掘。就在本書付梓之際，南美洲各國政府，包括智利與世界第二大銅產國祕魯，對銅礦開採帶來的環境成本表示關切。這些政府開始對開採設限，引發有關未來供應的疑慮。

電氣時代的萌芽，正好碰上一波礦物資源豐足的良性循環：愛迪生與威斯汀豪斯對銅線、發電機與變壓器的需求，因新發明的電解提煉科技與新開發的大礦場丘基卡馬塔而得到滿足。現在有一種看法，認為最新這場能源轉型可能將碰上一波惡性循環：政治阻力將阻止銅的開採，從而影響人類掙脫化石燃料的努力。根據一項評估，如果想滿足今後幾十年對銅的需求，我們或許每年得增加三個像丘奇那樣大的礦場。我佇立山頭，凝望眼前巨坑……每年三座……那會是什麼景觀。

儘管我們比過去更懂得如何從老礦坑挖出更多的銅，新礦的發現與開採腳步都正在放緩。地表既有的銅礦大多已經枯竭。這是一個我們才剛開始面對的難題。沒有銅，世界各國政府與環保機構設計的淨零排放藍圖無望實現。就這樣，在我們的電氣化胃口愈來愈大的情況下，幾位勇敢的探險家開始往更深、更黑暗，也更有爭議的地方開採銅。

第十二章
深海

北緯二十六度，西經四十五度

在海平面上，世界最大的山脈看起來像煎餅一樣平。這座高峰與山谷連成的山脈，由北而南蜿蜒數萬哩，比安地斯山脈或科迪勒拉山脈（North American Cordillera）都長，有些地方甚至比喜馬拉雅山還高。但見過它的人寥寥無幾，更別說在它的山頂進行測量了，因為這座世界最大山脈位在幾千公尺深的海水下。

我們搭乘詹姆斯．庫克號皇家研究船（RRS James Cook，RRS 是 Royal Research Ship 縮寫）駛在大西洋正中央，下方某處就是這座「大西洋中洋脊」（Mid-Atlantic Ridge）。這裡海面波濤洶湧，浪高超過十五呎；季風以高達五十哩的時速狂吼，吹得船與船上人員東倒西歪。好不容易雲散天青，也不到能做日光浴的地步，因為甲板上的起重機與重機械裝備不斷在滑動。[1]

我們船上有一支由地質專家組成、負有特殊任務的特別小組。只見小組成員白天都在操作這些機器，入夜後他們就在觀察圓柱狀岩心標本，研究石頭。他們來到大西洋正中央，是因為海底深處一片新土地正在此成形。

這是個現在進行式：在你讀到這裡時，北美板塊正以大約每年一吋的速度緩緩離開歐亞板塊——兩億多年前，「盤古」超級大陸也因這種無法抵擋的漸進過程而分裂。隨著這兩大板塊遠離，各式地質活動也出現，填縫抵隙：火山、枕狀熔岩、冒煙突火的岩塔從海底深處竄上來。絕大部分這些活動雖說不在我們的視線內，但看看冰島——火山、熔岩與間歇泉之鄉，是大西洋中洋脊的一部分——就能略窺一二。想像海底深處有這樣一座綿延千哩、比地表任何山脈都宏偉得多的大山。

一八七二年，皇家海軍挑戰者號（HMS Challenger）在許多次探勘海床任務的第一次就發現了這處中洋脊。挑戰者號原是戰艦，裝在艦上的火砲換成了科學設備：探測錘、挖泥機、取樣瓶，與用義大利麻織成的近兩百哩長纜繩。船員發現，海底深處生機盎然，並非不毛；其地形就像水面一樣，高低起伏、變化多端。在尋找鋪設跨大西洋電報電纜的最佳路線時，航行到半途，他們才發現自己正駛在一座山脊上。這不是人類第一次偶然發現深海的奧祕，也不是最後一次。一九七七年，海洋地質學家鮑伯・巴拉德（Bob Ballard）在駛經南美外海的加拉巴哥洋脊（Galápagos Rift）時，發現世上已知第一處海底熱泉：經過火山加熱、富含各種化學元素的水，從這些「黑煙筒」噴出來，為無數奇形怪狀、聞所未聞、不需要陽光的物種提供生機。二十年後，整合海洋鑽探計畫（International Ocean Discovery Programme, IODP）的亞特蘭蒂斯地塊（Atlantis Massif）研究組科學家，在另一次大西洋中洋脊的探勘之行中，有了更令人著迷的發現：怪異的白色煙囪從黑暗中升起，自發性地噴出生命基質的碳氫化合物。這個後來科學家們稱為「失落之城」（The Lost City）的地方，很可能真正握有生命來源的線索。

這一切都說明一件事：我們對海底有些什麼幾乎一無所知。就某種意義而言，這也是最近一次探勘大西洋中洋脊的任務重點。「極端計畫」（Project Ultra）首席科學家布拉姆・莫頓（Bram Murton）說，這是一個高科技懸疑故事，謎團核心是幾年前在馬尾藻海這處水域進行水深測量時，發現的幾個高約一百五十公尺的錐狀物。布拉姆說，「大家都說那是火山，我們不那麼確定。」

就在這艘船即將於二〇二二年二月底啟航之際，俄羅斯入侵烏克蘭。這項海脊探勘的準備工作主要由駐聖彼得堡的一個團隊負責，但在入侵事件發生後，英國外交部唯恐發生外交事件，堅持不能按照預定計畫讓俄國科研人員登船。拜訪不起眼的海底山會引起政府關注，並非巧合，因為這類任務很快就會成為國家安全事務，就像二十一世紀的海底尋寶一樣，他們找的是龐大的資源——包括龐大的銅儲藏。

這個故事得從挑戰者號，以及她在一個半世紀前從太平洋海底撈起的幾個奇形怪狀、馬鈴薯般大小的石塊說起。這些色澤黝黑、略脆，上面光滑、下面粗糙的石頭，後來稱為「多金屬結核」（polymetallic nodules）。如果你來到太平洋某些水域海底——特別是克利珀頓破裂帶（Clarion-Clipperton Zone）——你會見到到處都是這種石頭。

幾百萬年來，礦物質不斷在海床上的有機物殘骸——鯊魚的一顆牙，或一片貝殼——周遭堆積，形成這些結核。至少從地質學家的觀點來說，這些礦物質堆積物之所以令人震驚，是因為它們含有豐富的鎳、錳、鈷與銅，而且純度之高為地表罕見。這些結核的發現是一個初步暗示：海底有豐富的礦物資源，足夠滿足許多許多代人類的原物料需求。一項研究指出，海底黃金的儲藏足夠讓世上每一個人分到九磅黃金，相當於每個人十七萬美元。但另一項研究表示，事實上，想取得這些黃金得花費不只兩倍的成本，所以還是別想太多吧。

無論怎麼說，海底礦物資源確實豐富，鈷就是具體例證。鈷這種稀有金屬是現代電瓶（當然還有鋼合金）的關鍵材料，全球鈷的儲藏幾乎全集中在一個國家：剛果民主共和國（DRC）。該國政局極為動盪，礦場環境出了名的惡劣。鈷也不是唯一一個碰上這類問題的重要電池用金屬。許多高效電池的化學運用還需要許多鎳，而作為世上主要產鎳國的印尼，卻因動輒摧毀原始雨林，任意將開礦廢料排入河川與海洋而惡名昭彰。

儘管如此，海底礦物資源的開發潛能仍令人垂涎。就目前而論，世上有大約兩千五百噸陸地鈷資源，其中大部分位於剛果與尚比亞，而已知藏在那些多金屬結核，與所謂鈷結殼（cobalt-rich crusts）的另一海底資源中的鈷儲藏，約為一億兩千萬噸。陸地上的鎳資源約有三億噸，而根據評估，單在克利珀頓破裂帶就有約兩億七千萬噸的鎳，有鑒於這不過是太平洋廣大水域的一小部分，海底鎳資源總額應遠超此數。[2]

在進行這類評估時，基於若干理由，銅總讓人不得不考慮再三。首先，如本書前文所述，我們已經很擅長開礦取銅，也因此直到不久以前，除了羅馬俱樂部成員外，真正重視銅峰值問題、擔心陸地銅資源即將用盡的地質專家寥寥無幾。其次，多金屬結核中雖說也藏有許多銅——據評估，克利珀頓破裂帶有兩億三千萬噸的銅，足供全世界使用十年——但這含銅量的數字就不像含鈷與含鎳的數字那麼誘人。[3]

不過，部分也因為最豐富的銅資源事實上不在這裡：它們在海底山脈沿線海床上、那些噴發黑色富含礦物質海水的「黑煙筒」。你若砍下一個這樣的黑煙筒，會發現裡面有各種礦物：鐵、鋅、硒，與黃銅礦（chalcopyrite），含銅量高達二〇%的原礦石。黑煙筒會在歷經幾千年後停止運作、崩塌，留下世上最豐富的銅礦。順帶一提，丘基卡馬塔發現的礦石中，就

有這種閃耀著金光、美得讓人著迷的黃銅礦。[i]

儘管我們可以在相當程度上掌握海底可能有多少多金屬結核，對「海底塊狀硫化物」（seafloor massive sulphides）的數量卻沒有絲毫概念。有人以能在海脊發現多少黑煙筒為根據，推斷海底塊狀硫化物數量，結果並不特別令人心動。一項據此做成的評估推斷，全世界所有的海底塊狀硫化物加起來，可能有三千萬噸的銅與鋅——比從丘奇出土的金屬數量還少。不過，如果他們估算錯誤呢？如果他們低估了這些海底資源——不僅是略微低估，而是低估了許多倍呢？[4]

布拉姆與他的團隊來到大洋中央，檢視幾個其他大多數地質專家不屑一顧的海底山，最主要的原因就在這裡。布拉姆的團隊帶來一個龐大的深海鑽井——世上只有寥寥幾個能承受壓力、在海平面以下三千公尺工作的裝備，這是其中一個。這個深海鑽井在海底深處鑽探了一個月，採集超長的岩心，還協助進行對海底山的地震觀測。布拉姆說，初步成果「相當了不起」。

「那裡的礦物沉積量大得令人稱奇。我認為它會完全改變我們對海底有多少銅的了解。」

由於在撰寫本書時，這項研究還在進行，現在討論它對地球海底資源的確切評估如何還言之過早。但有鑒於單只馬尾藻海海底這小小一點地方——它還不在傳統估計的海底銅資源蘊藏區內——就有數以千萬噸計的礦石，地球海底資源之豐，可能遠超我們的想像。布拉姆說，「結果很可能超過過去那些評估數字的二十、三十，或四十倍。」

這意味，深海銅資源很可能不只十億噸——遠遠超越我們的陸地銅資源。有了它，全世界今後幾十、上百年的需求將供應無虞，我們可以不必再挖一個像丘奇這樣的礦，遑論每年挖三個了。當然，你會問：這裡面有什麼可疑之處？

京斯頓（Kingston），牙買加

國際海床管理委員會（International Seabed Authority, ISA）召開會議的會議中心，很像由羅傑・摩爾（Roger Moore）主演的詹姆斯・龐德（James Bond）七號情報員電影裡的場景。在迎戰惡魔黨的黨羽之前，龐德就在那排電話亭打密電回倫敦；還有那片玻璃觀景窗……龐德即將駕快艇破窗而出，逃離京斯頓。壁紙的顏色過於鮮豔，座椅像是來自六十或七十年代的博物館古董，又大又寬的大廳，辦公桌上布滿各式按鈕：對講機的、投票的，或許還有啟

i 話雖如此，無論在任何情況下，可別嘗試砍一個正在噴發的黑煙筒。姑不論你用的刀能不能承受這股攝氏三百六十度高溫噴發的熱泉，黑煙筒周遭的環境總是變化莫測，富生物多樣性與火山活動。但話說回來，這一切都是幾千公尺深海底的活動，你能用刀砍這種熱水管的機率應該很小。（作者註）

動彈射座椅的吧？

這個地方給人一種進入時空膠囊、數十年不受外界干擾的感覺，其實相當合適，因為這也正是國際海床管理委員會給人的感覺。ISA 這個聯合國機構，負責管理世界上大部分水域的海床，決定哪些國家有權處分海水底下的礦物。有關 ISA 權限有效範圍的規定相當簡單：所有距離任何國家海岸兩百浬外，符合一九八二年《聯合國海洋法公約》（UN Convention on the Law of the Sea）規定、屬於「人類共同遺產」的「公海」。我知道這些事，是因為當我來到 ISA 圖書館時，工作人員從一個大書架上拿了一本有關這項公約的副本給我。

公海因此成為一種外交與經濟灰色地帶，也就是說，每個人都會想方設法把公海當成巨大的公共垃圾場（我們確實這麼做了）或在公海濫事漁捕（我們也確實這麼做了）。那麼，如果有人想在公海採礦呢？他們只要派出剷土機潛入海底，爆破、開挖就行了嗎？挖多少礦有沒有限制？還是說，海底採礦就像漁業貿易，本著西部精神、帶得走的就是你的？由於現代潛水科技已經可以做到深海採礦，這類問題也愈發受到重視。有很長一段時間，深海採礦不過是遙不可及的夢；今天，商業性深海採礦雖說尚未成真，但大家都相信那是遲早的事。事實上，許多人猜想，像中國與俄羅斯這類大力投入資源開發、政策又不開放的國家，或許已經在暗中進行了。

這一切發展讓 ISA 處境尷尬，因為歸根究底它是負責當局，絕大多數已知資源——那些多金屬結核、結殼與黑煙筒——都在公海海床上。這個低調的機構，是決定深海鑽井開挖，與人類共同遺產分配的主要當局。但在走訪緊鄰這棟一九七〇年代會議中心旁邊、搖搖欲墜的ISA辦公樓時，你完全沒有置身一場全球資源大戰前線的感覺。你只感覺有一點……空虛。我與ISA負責人、和藹可親的英國律師麥克．洛吉（Michael Lodge）聊了好一陣。他領著我穿過安靜的走廊，來到一間牆壁上掛了許多海報般大小海洋地圖的房間。他指著地圖說，這裡是特別的克利珀頓破裂帶、這裡是大西洋中洋脊；那邊的方格代表哪些水域已經分配給哪些ISA會員國。

或許你不相信，但已有一些國家簽約，取得多處深海水域的開發權：中國跑在最前，簽了四份ISA開發合約，而且下定決心要成為第一個從海底提取大量資源的國家。南韓與俄羅斯居次，都簽了三份合約——事實上，詹姆斯．庫克號皇家研究船造訪的這些海底山，就位在ISA分配給莫斯科的水域內。德國與法國像英國一樣，都有兩份合約，不過英國已經將它的認領權讓給美國國防工業巨頭：洛克希德．馬丁（Lockheed Martin）。談到海底資源開發，洛克希德．馬丁有段屬於自己的精采歷史。一九七〇年代，它大張旗鼓展開一項深海採礦作業，但事後卻透露，這整件事不過是煙幕彈，真正的目的是中央情報局（CIA）想打撈一艘沉在海底的蘇聯潛艇殘骸。但或許不能說整件事都是幌子：洛克希德．馬丁表示，這次行動為公司帶來至今仍然仰仗的專業知識，儘管沒人完全確定它真正的目的為何。

一家美國公司得靠英國才能取得國際海床探勘權，並非沒有道理：美國一直沒有簽署《聯合國海洋法公約》，因此不能與ISA打交道。不過，由於太多的海床位於距美國海岸與島嶼——包括一串將太平洋一分為二的群島——兩百浬水域內，就算美國只在自己的專屬經濟區內、不在公海行動，仍將是深海採礦最大的潛在受惠國之一。

說來有些奇怪，這與許多年前發生在祕魯欽查群島的那些事有關。美國之所以在太平洋與大洋洲擁有這麼多小島，是因為在欽查群島第一次鳥糞熱期間，美國國會於一八五六年通過的一項「鳥糞島法案」（Guano Islands Act），允許美國公民可以將任何無人居住、覆蓋鳥糞的無主島嶼據為己有。拜這項法案之賜，中途島（Midway Atoll）、豪蘭島（Howland Island）與一堆汪洋中的不毛孤島成了美國領土。學過相關歷史或看過相關電影的人，就知道中途島在第二次世界大戰期間成為美國在太平洋最重要的一處基地。現在，這些一直是美國肥料與炸藥重要補給站的島嶼，由於位處全球資源最豐富的一些海底礦脈左近，或將在下一個科技新世代中成為美國採礦重鎮。

ISA的宗旨是，世上每個人都應該因深海資源開發而受惠。一旦深海採礦作業終於展開，每一個在公海採礦的國家為履行「人類共同遺產」條款，都必須與世上其他各國共享權利金。但這個科技新世代什麼時候才能真正到來仍是未知數。多年來，採礦業者只是耐心守在一旁，看著ISA緩緩起草採礦法規。這些法規一旦批准，將像起跑槍鳴響一樣，讓業者在公海展開一場海底採礦大賽。

對有些業者來說，起跑槍早該鳴響了，比方爭議性人物吉拉德・巴隆（Gerard Barron）：皮夾克、蓄短髭，似乎想將自己塑造成深海印第安納・瓊斯。他曾透過一家鸚鵡螺（Nautilus）公司展開他的初次深海採礦，結果以失敗收場。鸚鵡螺當年計畫在巴布亞新幾內亞（Papua New Guinea）外海開採硫化礦與海底結殼，最後由於與巴國政府關係搞僵而破局。之後巴隆又開了一家公司，原本取名深綠（DeepGreen），之後改名金屬公司（Metals Company），計畫在分配給太平洋島國諾魯（Nauru）的水域開採多金屬結核。他說，開採出來的銅、鎳、鈷與錳有助於推動能源轉型。

與巴隆交談，涉及迴避一連串被刪除的名字（「沒錯，伊隆有興趣……我告訴里奧，好萊塢一定得搞這個才行……路易斯想做些事，但還沒有辦妥F1……」），不過稍加整理，他的深海採礦之夢無疑非常精采。

「這是最後的大開採，」他說。「我們需要打造採礦平台，不過它是可以循環再用的；這是周而復始的經濟。我們不認為我們是在販賣金屬；我們做的是金屬出租。我們要支持使用再生金屬的品牌。我們的立場是：一切讓科學主導。」

金屬公司為此而贊助進行的同儕審查研究顯示，傳統採礦每生產一公斤的銅，會產生四百六十公斤的廢料，但從多金屬結核中採礦只會產生二十九公斤。這念頭很誘人：再也不用在地表挖大坑，再也不會有巨型土石「蛋糕」埋葬附近城鎮；用精度這麼高的礦石提煉，幾乎不會製造什麼礦渣。金屬公司只需派出自動採礦車潛入海底，真空吸取這些小小結核，抽到海面上就行了——不用炸藥，不用剷土機。你的確可以說，深海採銅，或採鈷、採鎳，是最綠的採礦。

不過，當然，這裡面有問題：而且是大問題。就在巴隆主張迅速啟動深海採礦、極力敦促ISA盡速發布採礦法規之際，世界各國正朝反方向行動。二〇二二年，正在縮緊對本國銅礦開採管控措施的智利，呼籲暫緩深海採礦，直到能確定其環保影響為止。斐濟、帛琉與其他幾個國家也加入這項呼籲。法國總統艾曼紐·馬克宏（Emmanuel Macron）呼籲聯合國會員國「創建阻止公海採礦的法律架構」。由於智利、法國與斐濟都是ISA主要決策機構成員，ISA在牙買加舉行的會議，可能打破多年來乏人問津的常態，成為國際外交的重頭戲。深海採礦很可能在還沒有展開以前已經有效遭禁。

這種謹慎態度是可以理解的。海底是地球最原始的棲息地之一，而我們對它的了解比其他一切生態都少。在鮑伯·巴拉德意外發現黑煙筒附近那些化合作用[ii]生物以前，科學家一直認為地球上一切生物都直接或間接仰賴氧或太陽。自挑戰者號首航以後，幾乎每一次深海之旅都帶回一些我們連作夢都想不到的物種信息。許多海底生物由於太過陌生，我們連名字都叫不出，更別說對牠們做什麼進一步研究了。過去幾年，我們新發現的深海物種包括彩虹魚、超黑魚、無臉魚，以及數不清的螺、螃蟹、海膽，奇形怪狀的蝦、海綿，與沒有嘴或沒有消化道的巨型管蟲。

生物學家相信，我們對這塊新棲地的了解才剛入門而已。礦界人士說，只在有限幾處水域採礦應該不致對生態造成太大干擾，他們或許有點道理：布拉姆與團隊發現的、銅礦石堆成的小山，像寸草不生的岩石一樣，完全沒有噴發中海底熱泉周遭那種各式生物群聚的現象。

儘管如此，說深海採礦可以不造成損害仍讓人難以信服，而且每項新研究都只是徒增戒懼：最近一項研究發現，克利珀頓破裂帶水域中這些看來生氣全無的結核，其實是這處水域半數較大物種的棲息地。更深一層的議題是，由於我們對這些水棲生態的了解實在太少，即使最嚴格的環保措施也幾乎肯定將有所疏漏。或許由於堆積物干擾，或許由於噪音汙染，或海底微生物群落變化——總之人類的干預必然造成生態反響。

在牙買加，ISA 一直在起草環保法規——可以在距離噴發中黑煙筒多遠的水域進行開採，遇到海洋生物時應該怎麼做等等——不過這個藏身在靜悄悄的建築物裡、處於半睡眠狀態的組織，是否有能力管理這類程序，讓人感到懷疑。陸地採礦規範當局一般都有好幾百名員工在責任區不斷做現場檢查，ISA 卻連一架直升機或一艘船都沒有。在可靠的監督系統建立之

---

ii chemosynthetic，一些細菌能將無機物分子氧化，取得生長所需能量。（譯註）

前，ISA 只能仰賴採礦公司本身遵守它的規定。而 ISA 能否嚴格執法是另一個問題。我問麥克．洛吉，ISA 是否拒絕過任一項深海採礦申請。他停下來想了一下說，「不曾。」

交給各國政府開發的幾處水域中，有一處位於大西洋中洋脊、面積三千九百平方哩的水域，是與波蘭政府簽約。這件事原也不足為奇，但問題是，它就位於「失落之城」海底山的旁邊。沒錯：ISA 已經將這處矗立著幾座天主堂尖塔形石山——地球已知絕無僅有的生命之鑰——水域，做為深海採礦場。這教人難以想像：不久前，負責保護世界重要景觀的聯合國教科文組織（UNESCO）才宣布，失落之城海底山、大峽谷（Grand Canyon）與泰姬陵（Taj Mahal）都是要保護的世界遺產。結果一個聯合國姊妹機構卻將它變成了礦區。

事實上，沒有人認為波蘭會把失落之城拆了；而且再怎麼說，那幾座高聳的白塔裡面也沒有什麼值得開採的金屬，採礦業者也會說，只有派遣探勘車輛潛入深海，我們才可能發現更多像這樣令人驚豔的地方。他們說，事實上，深海採礦競賽會讓我們更加了解這些海底地層與生態系統。只是，想到連深海也成了礦場，很難不為之心驚膽戰。

業者為了開採銅礦而讓世人提心吊膽，這不是第一次，以引發爭議的新科技開採銅礦而遭民眾阻止，也不是第一次。或許最有名的例子，是美國公司於一九六〇年代提出的「單桅帆計畫」（Project SLOOP）：有業者申請在亞利桑那的銅礦場引爆一枚兩萬噸當量的核子裝置（爆炸威力約比廣島原爆強三分之一），但由於地方居民激烈反對，該計畫一直沒有成真。

一如今天的深海採礦，核爆採礦當年也曾是「下一波大創新」，直到突然遇阻，胎死腹中。

如果說這個故事為我們帶來什麼教訓，就是極具刺激、爭議性的創新，最後總是遭一些看來平淡無奇的進步所取代。堆浸與電解技術的問世，意味業者可以從過去視為礦渣的岩石中提煉銅，核爆開礦也因此變得不具意義。在為明天的風力渦輪機與高速火車提供這種金屬時，我們自然會想到深海採礦這類簡潔的解決辦法。但同樣可能的是，我們還可以用一些行之多年的老辦法。

我們還可以在一些「困難」國家採銅：這些國家的政治安定度雖低，礦石等級卻仍然很高。事實上，在撰寫這本書時，一座大型銅礦正在剛果民主共和國的卡莫阿—卡庫拉（Kamoa-Kakula）開工投產。發現這條礦脈的羅伯・弗里蘭德（Robert Friedland）——蒙古境內的銅礦奧尤・陶勒（Oyu Tolgoi）也是他發現的——很快就成為全球礦業大亨。

此外，我們繼續加強從等級愈來愈差的礦石提取更多銅的能力，也已取得進展：捷提（Jetti）這間公司表示，它以新科技從最貧瘠的黃銅礦中取銅。有鑒於世上約三分之二的銅資源都藏在這類低等級礦石中，這項突破的意義非常重大。

試想一下，這項突破可能對丘基卡馬塔帶來的衝擊。在丘奇，業者一般只會處理含銅量至少有〇・五％的礦石，其他一切都堆成「蛋糕」。如前文所述，丘奇城的醫院、遊樂場、住宅等等，都因此而埋在等級不達標的廢礦土裡；現在，如果幾乎所有這些「蛋糕」都成了可開採的礦石呢？突然間，智利南、北各地這類礦場周遭的人造山將全是採礦資源。過去我們看不順眼的這些廢礦土，如今都可以重新投產，幫助我們因應氣候變遷的問題。

如果事實證明，保羅．艾利克的末日預言又錯了——不過這一次不是因為更大的卡車與挖得更深的洞——如果吉拉德．巴隆談到的「最後的大開採」並非來自海底，而是那些破壞沙漠景觀的廢礦堆呢？

世界最大礦丘基卡馬塔的礦坑坑底，爆破響聲停了。礦業史上一章就此寫下句點——不過在這座大坑下方的地底深處，在區塊挖礦的那些大隧道中，機器仍在不斷鑽著，爆破作業也仍在持續。

沒有人確定接下來該怎麼處理這座巨坑，但如果捷提的科技能為這個故事帶來令人滿意的結局呢？如果我們能從那些人造山廢礦渣中提取銅，用來製作風力渦輪機與太陽能電板，將剩餘的土石送回人造峽谷呢？丘基卡馬塔的那些房屋將重見天日。阿塔卡馬各地山谷也不會再堆滿人造假山與假谷了。

讓全世界最大的坑再次全面運轉——這豈不是最理想的結局？

電氣不再只是世上除了上帝以外第二件最偉大的事；它還是我們解決氣候變遷問題的第一個、也是最大一個指望。只是就算根據最樂觀的假定，假定我們能提高再利用比率、減少能源耗用，想要成功，我們仍將需要數量驚人的銅。而開採銅礦——無論從地下或海底——都是一團糟的工作。

但話又說回來，這不過是原料世界的眾多矛盾之一罷了。更讓人想不通的一個矛盾是：我們當年為了減少化石燃料消耗而大舉採銅，進入電氣時代，而到了今天，為掙脫開採銅礦帶來的一團亂，我們或許得投向化石燃料的懷抱。

第五部——石油

第十三章
大象

一九四〇年：哈拉德（Haradh），沙烏地阿拉伯

第一個線索就在河流。

其實它不算真正的河流：更像一條乾枯的河床，是沙漠中常見的乾谷（wadi），只有在難得幾天下雨時才會出現水流。但當厄尼·伯格（Ernie Berg）在上面來回踱步時，他知道事情有些蹊蹺。

這條乾谷從附近山上下來，一路往東入海，但在本地貝都因人（Bedouins）稱為「哈拉德」的這個地區，它突然轉向南方，經過好一段距離後才重新折返，繼續它的東流入海之

旅。為什麼轉這麼個彎？從地表上找不出任何解釋。

奇怪的不是只有乾谷，還有那些彷彿醉酒般的山丘。本地人稱為「結貝」（jebels）的山丘是一些山頂平坦的小小高地，但都長得東倒西歪。風與沙不可能把它們腐蝕成這樣；那會是什麼造成的？

大多數人不會注意這些事，但身為加州阿拉伯標準石油公司（California Arabian Standard Oil Company，今天雪佛龍〔Chevron〕的一家分支）地質專家的伯格，觀察的就是這類異常現象。當時是石油探勘初期，衛星影像、重力儀（gravity meters）等精密工具的問世還是很久以後的事。當時的探勘人員已經開始運用地震感測計，但對伯格而言，用肉眼仔細觀察，再充當一下偵探，仍是最佳作法。

他來到沙烏地阿拉伯已經幾年，日復一日在沙漠旅行、觀察，偶爾碰上在地貝都因人找上來攀談時，還會趁機練一下他的阿拉伯文。這裡白天很熱，夜晚冷得難以忍受，特別是在像現在這樣的冬天，但美國人與他們的沙烏地地主們處得很好；他們來探索這片幾乎未經丈量、遑論有人居住的地方。地質探勘本就是件刺激的工作，不遠處燃起的戰火——而點燃這場戰火的正是他們尋找的東西——更加深了工作的緊張感。他們有時開車，有時騎駱駝，往往得自己找吃的，或打一些阿拉伯劍羚與獵鳥果腹。一旦發現貌似有前景的地區，在完成探勘評估之後，他們就會鑿井深入地下，看看會不會有什麼東西從地底冒出來。[1]

這些試探性質的「野貓井」（wildcat wells）大多是白費工夫，不過偶爾也會撞上死耗子。幾年前，在位於這裡東北方的達曼（Dammam），柏格的老闆、首席地質專家馬克斯・斯坦內克（Max Steineke），也像厄尼現在一樣，覺得當地山丘的樣子有些古怪。他在當地鑿了一個井，接著又鑿了一個，然後再鑿了一個。但從井裡噴出來的只有一些溫暖的鹽水，與一些非常濃、只能用來鋪路的油。等挖到第七口井時，每個人都筋疲力竭，有人已打算徹底放棄。就在這一刻，突然傳來一聲天然氣爆炸的巨響，井裡隨即噴出原油。幾乎就在一夕之間，沙烏地變成了產油國。[2]

黑金

原油與它的姊妹燃料天然氣，是過去百年來最大的能源。如果說鋼是現代世界的骨幹，銅是它的筋脈，那麼石油就是維繫我們的食物。它為我們提供能源，以及製造肥料、養活半個世界的化學物；它是偉大的生命加速器，啟動一場動力運輸革命，以機動車輛為起點，直到噴射機的巔峰。像之前的煤炭時代一樣，石油時代也幫人類掙脫許多乏味而沉重的勞力工作；它在全球各地提高收入，讓我們活得更長久。石油產品與石油帶來的能，降低嬰兒夭折率、克服營養不良。若不是因為有了石油，僅憑地球動、植物與土壤本身的養分供應，今天世上人口會少掉幾十億。換句話說，沒有石油做為燃料與化學物來源，很難想像我們的世界會像什麼樣子。儘管它加速了我們的生活風格，石油也造成溫室氣體排放，加速了氣候變遷。

在石油問世早期，這一切影響都並不特別明顯。就像焦煤問世之初，意在緩解（濫伐森林以餵飽早期鼓風爐造成的）生態災難一樣，在一開始，石油似乎也是一項解決方案而非一個問題。它取代鯨油成為燈油上品，挽救了瀕臨絕種危機的抹香鯨。就在評論員們擔心市街即將淪為馬糞場時，汽車取代了馬車。石油就這樣走入原料世界。

不過，早在厄尼．伯格對哈拉德那座乾谷感到好奇之前很久，原油的故事已然展開。生活在這個地區的人，對我們現在所謂的原油早習以為常。幾千年來，波斯與波斯灣地區的人用這種從地底滲出的濃厚黏膠狀液體填補船底裂縫，或用它們製作磚塊。古埃及人在製作木乃伊之前，會先用取自焦油坑的瀝青對屍體做防腐處理；極早期的炸彈有時也會使用到它們。但大致上，我們的祖先只是把石油當成一種化學產品，而非燃料。

十九世紀中葉，化學家們找出從瀝青提取一種可燃液體的辦法，情況開始改變了。根據希臘文「臘」命名的煤油（Kerosene）是一種神奇的產品，燒煤油產生的光，比燃燒提煉自抹香鯨頭骨中的鯨蠟（spermaceti）明亮上六倍。就在人們為「那些鯨魚都被殺光」的一刻終將到來而憂心忡忡之際，煤油的問世帶來一線旖旎的希望。當然，這是電氣時代尚未到來之前發生的事，即便如此，照亮夜空、延長工時、改善家居生活品質已成為當時人們爭取的偉大目標。就這樣，一波追逐更多煤油來源的行動展開了，始於亞塞拜然（Azerbaijan）的巴庫（Baku）油田，但最熱切跟進的是在美國。[3]

一八五九年，賓州泰特斯維爾（Titusville）發現原油，掀起一場一窩蜂式的鑽油狂熱。但就像過去一樣，對財富的追求總是跑在知識之先。直到一段時間過後，地質學者才逐漸開始了解石油如何形成、在哪裡可以找到它們。幾年後，德州傑佛森郡（Jefferson County）的紡錘頂（Spindletop）山上鑿到一個巨型噴井，經調查發現，它正位於一座鹽丘（salt dome，地下一層鼓起的岩鹽層）上。

既堅不可摧，又柔軟有可塑性的鹽，正是保住地底石油儲藏不致流失的絕佳物質。有鹽的地方往往也有石油與天然氣——中國人在一千年前就發現了，懂得燃燒不時從鹽礦冒出的天然氣以蒸發鹽水。一場在全美與全球尋找鹽丘進行鑽探的競賽就此展開，最後發現：波斯灣地區藏有豐富的鹽。於是先是伊朗於一九〇八年發現石油，接下來是一九二七年在伊拉克、一九三〇年代在科威特與巴林。

這些消息引來更多美國與英國石油公司。他們與在地酋長簽訂合約，儘管這些統治者似乎對鑽井取水更有興趣得多。這是一個貧窮、遊牧民族生活的地區，一九三〇年代以前，這裡的主要出口貨物一直是波斯灣裡捕獲的野珍珠，直到日本商人御木本發現人工養珠的辦法，造成波斯灣諸國出口營收崩盤為止。發現石油以後，這一切即將改變，儘管從地面上很難看出什麼端倪。

當時沙烏地阿拉伯與今天不一樣，還遠遠稱不上石油巨人。一些大石油公司的地質專家對這個地區的石油開發潛能仍然存疑。當年最熱門的探勘地區是阿爾巴尼亞，或東歐其他地區與高加索（Caucasus）。但在觀察哈拉德的這些山丘時，柏格認為，這塊位於空漠（Empty Quarter，覆蓋阿拉伯半島大部分地區的沙漠）邊緣的不毛之地一定不簡單。[4]

與波斯灣其他地區不同的是，這裡沒有鹽丘；不過有石油的地方未必非有鹽丘不可。伯格知道，鹽丘只是一種可以困住地下石油的「陷阱」而已。原油也可能困在地質斷層，或背斜（anticlines）的岩層下。不過無論哪一種「陷阱」，往往能造成地表隆起，從而洩漏藏在地下的機密——這種隆起不顯著，大多數人不會發現，但它們逃不過伯格這類地質專家的法眼。

一連幾個月，伯格不厭其煩地測量與觀察這些「結貝」的走勢，他發現，它們都從一個中心點逐漸向外傾斜，彷彿它們底下有什麼東西隆起似的。伯格又一次研究地圖；如果地底有一塊隆起，或許乾谷突然改道、之後又折回向海的原因就在這裡？沒錯，應該就是這樣……伯格愈想愈興奮：這裡有油，他敢打包票。

這裡有油，有儲存量驚人、足以改變世界的油。伯格發現的是後來人稱「加瓦爾」

（Ghawar）油田的南端。這座油田奇大無比，地質專家直到許多年後才發現，他們在位於這裡北方一百多哩外鑿的另一口井，其實是鑿在同一塊油田上。加瓦爾油田南北長一百七十五哩，寬十九哩；從地圖上看，你會發現它有些像是芭蕾舞者伸出的一條腿。在沙烏地，他們稱這種背斜為En Nala——拖鞋。

在那之前與之後，發現的油田也不在少數，但像加瓦爾這樣的卻堪稱絕無僅有。根據儲藏量區分，經證實儲藏量超過五億桶原油的油田屬於「巨型」；儲藏量達五十億桶或更多的為「超巨型」。加瓦爾比在那之前與之後發現的任何「超巨型」油田都更大，而且它的規模至今仍無定論，事實上，由於新的原油與天然氣儲藏不斷發現，加瓦爾的儲量規模也在不斷變化——不過它已經生產了七百億桶原油，而地底還有五百億桶可以開採。它自成一格：既非「巨型」也非「超巨型」，或許可以根據有些人的說法，稱它是「一頭大象」，或者應該說「唯一的大象」，因為我們幾乎可以肯定，在這地球上，再也找不到像這樣的地方了。[5]

想了解何以如此，不妨思考原油形成的條件。原油像極了一種由焦黑色重油到輕燃油等各類不同化合物組成的雞尾酒。確實有人認為，談到「原油」（crude oil）應該用複數形：crude oils。這暫且按下不表，不過我們會把原油與天然氣——甲烷、乙烷、丙烷的混合物——放在一起談。原油與天然氣都是碳氫化合物，形成的方式大致相同，而且經常（但也有例外）在一起出現。加瓦爾不僅是世界最大油田，也是世界最大的天然氣田之一，每年都生產足夠的甲烷，既來自儲油層的伴生氣（associated gas），也有沿著它長度上的獨立氣藏，自然稱得上是巨型天然氣田。[6]

說來有些奇怪，但加瓦爾之所以存在，靠的是全球暖化。它的故事大約始於一億年前，當時出現一波密集的火山活動，推高了大氣二氧化碳含量，造成浮游生物大舉繁衍。在今天的阿拉伯灣（Arabian Gulf，即波斯灣）左近（當時是岡瓦納古大陸的北海岸），這些生物的遺骸逐漸一層又一層在海底堆積。

你或許已經知道接下來發生的事了：經過千百萬年的加熱與壓縮，浮游動物與藻類轉化成為油與氣。不過在這裡我們先淺談一個有關地質學的知識，因為它是了解我們即將談到的石油史關鍵。

值得記住的是，石油形成與後來發現石油的地點，通常不在一起。這與煤的情況不一樣：當你挖煤、用炸藥把煤從地下炸出來的時候，你在抹殺一個古森林的樹幹與草皮。但當你在油藏地鑽井時，你一般不會鑽進一處古海床。厄尼．伯格發現的岩層，與那些浮游動物與藻類一億年前沉積的地方不是同一地點：那些「生油岩」（source rock）——石油實際形成的海床化石——在別的地方，占據大部分阿拉伯半島下方的一塊龐大硬石床。

堆滿藻類與其他微生物的一處古海洋，經壓縮成為堅硬的生油岩，但這只是第一步。你還得有另一個地方讓油與氣冒著泡往裡鑽。這種「儲油岩」（reservoir rock）需要是多孔、可滲透的，而且要有一個可以藏住油與氣的硬頂。伯格搜尋的就是這種儲油岩；他找到的是加瓦爾油田伸出來的那條腿。波斯灣——直到二〇二三年，仍穩居地表碳氫化合物最豐富地區榜首，擁有全球約半數的石油儲藏與四〇%的天然氣儲藏——之所以與眾不同，正因為它滿足所有以下條件：古藻類沉積在正確的岩層上，千百萬年來熱與壓力的量恰到好處，有無懈可擊、可滲透的儲油岩，以及正好搭配的硬頂，將一切油與氣藏在裡面。[7]

世界各地還有許多其他油田，但沒有一個能像加瓦爾這樣萬事具備。伯格發現了一處地質奇觀，它的重要地位就像皮爾巴拉之於鐵礦石、智利與祕魯的安地斯山脈之於銅礦那樣。如果說，沙烏地阿拉伯是原油這一行最重要的國家——在寫這本書時，這點仍是舉世公認——則加瓦爾當之無愧，是世上最重要的油田，自石油時代展開以來，沙烏地每生產一桶原油，就有大半桶來自加瓦爾。

世上沒有一處油田——沒有一處煤礦、鈾礦或核能電廠、風力或太陽能電廠，無論它們有多大——能像加瓦爾這樣，為這個世界帶來這麼多能源。我們在這本書裡不斷談到的一個主題，也因此進入最高潮：在我們許多人生活的以太世界，「能」幾乎就是一切。

第三次能源大轉型

工業革命不僅是一場理念、工程與化學革命：它還是一場能源革命。本書前文討論的絕大多數工序，從用砂製作玻璃，到製造矽晶片，到利用鹽水生產氯，到將鐵冶煉成鋼以及發電，都仰賴龐大的「能」，而就目前為止，這些能大多直接或間接來自化石燃料。十九世紀中葉展開的財富與福祉飛速躍進，可以說是巧妙運用這些化石燃料的成果。[8]

幾個世紀以來，我們不斷在一個熱動力學階梯上緩緩攀升。煤的能量密度——也就是每一公斤煤可以釋放出的能——是木材的約兩倍。用原油煉成的煤油，能量密度是煤的近兩倍。能量密度愈高，意味你可以用較少的燃料走更遠的路。在工業化時代最早期，能量密度很重要：不用煤而用木材為動力的船隻，必須騰出一倍以上的空間貯存燃料。在內燃機與噴射機旅行時代，能量密度依然重要；動力飛行成真的原因之一，是煤油的能量密度奇高。

此外，還有實際操作方面的優勢。煤必須鏟進鼓風爐，而液態燃料可以用泵送入，開啟了內燃機可能性，讓引擎比之前幾世紀的蒸汽引擎更加有效率。地底下的東西可以用泵打上來，意味不必派礦工下地底操作，就能將礦抽到地上，經由輸油管輕鬆送入船艙。很難想像沒有石油的現代世界會是什麼樣，很難想像沒有來自沙烏地阿拉伯的大量石油，石油時代會是什麼樣。

但由於從地底抽取原油，我們正在打破一億多年前——早在有人類以前——已經展開的一段地質周期。由於燃燒石油與天然氣，我們將億萬年前沉積在地底的二氧化碳釋放進入大氣，開啟一個全球暖化新紀元。我們終於開始認清碳排放造成的後果：城市遭到微粒物汙染，海上也出現塑膠廢料——令人不安的不僅因為它們帶來的惡果，也因為拜石油與天然氣所賜而得以生存下來的數十億人。事實就是石油與天然氣如此有用，卻也如此具有毀滅性。

科學家在發現臭氧層主要因氟氯化碳（chlorofluorocarbon）而出現的破洞時，很快就能找出幾乎完全一樣、可以取代氟氯化碳的代用品，不著痕跡地拯救環境；但石油與天然氣基於本身特性，難以取代。它們代表一種幾近完美的能源，融入幾乎每一種產品的製程，成了幾乎無可取代的原料。僅僅靠著一點善意與「淨零排放」目標，遠遠不可能取代石油與天然氣。

但這個目標並非不可能達成。我們要在以下幾章探討幾種或許可行的辦法，儘管達標難度極高，既因為石油與天然氣發揮得實在太好，也因為我們實在太依賴它們：在撰寫本文時的二〇二三年，我們極度依賴它們，而就算用最樂觀的方式估算，到二〇三〇年與二〇四〇年，這件事實依然不會改變。

有鑒於近年來有關再生能源的議題甚囂塵上，以及近年來建了這許多風力渦輪機與太陽能板，還有電動車的迅速崛起，這麼說或許多少讓人意外，不過有幾個數據可以說明前述的問題。9

在二〇一九年，就在新冠疫情席捲全球、打亂一切數據之前，全世界略多於八〇%的基本動能——包括發電以及運輸、加熱與工業製程——來自燃燒煤、石油與天然氣等化石燃料。這個數字的令人稱奇之處在於它多年來幾乎持平不變：在二十一世紀之交為略多於八〇%，在一九九〇年也是略多於八〇%，在一九八〇年稍稍偏高一些，達到八五%。相形之下，風力與太陽能僅僅提供我們能源需求的一．五%。

甚至在今天，我們仍生活在一個化石燃料世界。儘管許多國家已經減少燃煤使用率，但對石油與天然氣的依賴度仍然不變或不降反升。今天，石油與天然氣為我們提供約五五%的能源需求——幾十年來，這個比例幾乎沒有變化。

在諸多可資引述的軼事裡，沒什麼比二〇二二年俄國入侵烏克蘭之後發生的更令人記憶猶新、印象深刻了。在接下來幾個月，儘管這些碳氫化合物的供應僅有小幅下降——俄羅斯供應的原油占全球十二%、天然氣約十七%——歐洲與美國面臨的風險依舊相當明顯。原本已從新冠疫情谷底反彈的全球經濟，突然間失了衝勁；隨著石油與天然氣價格飛漲，全球各國紛紛墜入媒體所謂的「生活成本危機」。汽油價格與歐洲天然氣成本創下史無先例的新高，而衡量更廣泛價格的指標「通貨膨脹」，每個人都認為它對能源已不再那麼敏感了，仍因此躍升至四十年來最高水準。

眼見加油站油價飆漲到每加侖超過五美元，美國總統喬．拜登於二〇二二年七月往訪沙烏地阿拉伯，呼籲沙國增加原油生產。對拜登而言，這是一次特別屈辱的訪問，因為他在競選期間曾信誓旦旦地說，美國「絕不會再為了買石油或賣武器就放棄原則」。兩年前，在記者賈邁・哈紹吉（Jamal Khashoggi）遭沙國特工謀殺後，拜登曾刻意冷待沙國王儲穆罕默德・賓・沙爾曼（Mohammed bin Salman），並暫停對沙國的武器支援，還抨擊沙國參與對葉門的戰爭。但現在，隨著汽油價格創下天價，拜登也只得走訪吉達，在紅地毯上與穆罕默德王儲碰拳、招呼，與他當年不屑一顧的人套交情。[10]

拜登這麼做，只是重覆自一九四〇年代加瓦爾油田發現以來，幾乎歷任美國總統都曾做過的事。在一九四〇年代以前，美國一直穩居世界最大產油國寶座，將位居第二的蘇聯遠遠甩在身後。但到一九四七年，國內供應逐漸減少，美國人的能源消耗倍增，石油進口開始超越它的出口。雖說美國之後在阿拉斯加發現「普拉德霍灣」（Prudhoe Bay）等超巨型油田，在墨西哥灣深海也發現油藏，但石油仰賴進口的走勢已經無力扭轉。突然間，對美國而言，這種作為運輸、取暖與石油化學產業關鍵性燃料的補給充滿了問號。

在產油量於一九七〇年代中期為俄國所超越，隨後又於一九九〇年代初期為沙國超越，美國終於不快地意識到它得仰仗產油國鼻息了。在這數十年間，中東政治問題，以及尼日、俄羅斯與委內瑞拉等國家對石油運補的干預，造成一連串石油危機。能源供應永不枯竭的幻夢就此破滅。從尼克森（Richard Nixon）以降，每一位美國總統都強調美國必須「能源獨立」，但最後都得像拜登現在這樣，向沙烏地阿拉伯求援。

不過，拜登這次二〇二二年之行有些特別矛盾之處，因為這時已經有些沙國勢力開始中衰的耳語。三年前，沙國國營石油公司「阿美石油」（Aramco）——前身就是厄尼．伯格服務的那家公司——公開募股，透露加瓦爾油田每日原油產量遠較大多數人想像得低。它仍然穩居全球最大油田寶座，但日產量為三百八十萬桶，不是大家以為的五百萬桶，似乎說明它已經盛極而衰。另一方面，美國境內出現的一場石油與天然氣生產革命，正在顛覆整個產業景觀。

頁岩油商

這場革命始於一九八〇年代，由德州企業家喬治．米契爾（George P. Mitchell）啟動。米契爾原是環保主義死忠派，深受羅馬俱樂部《成長的極限》這類書籍影響，決心減輕產業對地球造成的傷害。他認為，由於天然氣造成的汙染比煤少得多——碳或硫的排放都比煤少許多倍——天然氣是未來的燃料。[11]

米契爾雖力主運用天然氣，但大多數地質專家認為，美國的天然氣生產黃金時代已經過去。他們說，如果要用天然氣，美國或許得從伊朗與蘇聯這類動盪不安的政權進口才行。美國大陸早經詳細探勘，似乎不再有任何值得開發的油藏：每一處可能藏有石油與天然氣的地方都探勘、測試過，往往也鑽了井。主要石油與天然氣業者正紛紛放棄美國本土，向海外尋求油田。或許這代表一種垂死掙扎，但也可能是千載難逢的大好商機。

米契爾憑直覺認定是後者，雖然地質研究的共識確實讓他備感壓力。於是，當他的一個團隊於一九八一年發表報告，認為這項研究共識可能有誤時，他抓住了機會。他這個團隊的報告指出，或可直接從天然氣形成的「生油岩」開採天然氣，而非其最終所在的儲油岩。

這個構想很誘人。美國德州與附近地區下方的頁岩裡有龐大的油與氣，這是不爭的事實。儘管歷經數十年的研究與開發，沒有人找得出利用它們的辦法。就這樣，久而久之，地質學家益發認定，唯一的辦法就是再等千百萬年，等這些生油岩裡的油與氣像加瓦爾油田一樣，化為泡泡、逐漸滲入儲油岩，再行開採。這些古老的海床，即生油岩，實在太堅硬、無法滲透，碳氫化合物的量太稀釋，什麼也產生不了。

米契爾不為所動，催著他的工程師想辦法從巴尼特頁岩（Barnett Shale）——達拉斯（Dallas）周遭地區地下的一塊巨型生油岩岩塊——開採天然氣。這是一場耗時、耗資，往往還令人喪氣的奮鬥。工程師們嘗試一種叫做「水力壓裂」（hydraulic fracturing）的技術：用高壓將水、砂與化學溶液噴入頁岩，破開頁岩表面的氣孔，釋出裡面的天然氣。壓裂法不是新技術：美國人就是如此鑽傳統油井的，將化學藥劑打入地下，助長石油流動；這種技術已經讓一些開採既久的油田增加產量。

但單憑壓裂法還不夠。直到他們將壓裂法與另一種既有技術「水平鑽井」（horizontal drilling）結合運用以後，米契爾的工程師才開始見到真正的成果。比起由上而下的垂直鑽孔，從側面鑽入岩石的成本高昂，只有最堅定的傳統工程師（包括那些在加瓦爾的工程師）才會使用這種技術；這可以讓壓裂溶液接觸到倍數的生油岩。突然間，這些堅硬的頁岩釋出天然氣了。

這是一趟緩慢的學習過程，但消息終於在德州各地獨立營運商之間傳開。當二十一世紀第一個十年結束，美國的天然氣生產已經止跌回升。隨後石油公司也發現他們可以用類似技術從頁岩層取得原油。厄尼．伯格當年用來在沙漠尋找那頭大象的邏輯，已經完全顛覆。現在，石油與天然氣生產商找的，不再是那些困住地下油藏的「陷阱」，而是他們的前輩認為不可能利用的古代海床。

然而這無論在過去或現在都有一些負面影響。米契爾的這場革命在一開始或許志在減少汙染，但在他於二〇一三年去世時，壓裂採油已經淪為二十一世紀環保主義者最大的攻擊目標之一。特別是在這種技術運用初期，含有大量化學物質的壓裂溶液滲入地下水層，有關水汙染的報導層出不窮。有些居民抱怨壓裂採油引起像是迷你地震一樣的震動。此外，製造噴入頁岩的壓裂溶液需要採集、運輸大量的砂，也是讓人擔心的議題。生產商可以不理會這些憂慮，但除此而外，壓裂採油的成本比傳統採油昂貴甚多。

但無論如何，只需略看一眼石油與天然氣生產，你就能清楚見到這場革命的重要性。美國的石油生產在二〇〇七到二〇二一年間增加了一倍有餘，大幅超越沙烏地阿拉伯與俄羅斯，成為全球最大原油產國。這種跳躍式成長不僅罕見，還簡直是史無前例，對大多數觀察家來說，幾乎堪稱不可思議：那就好像世界油產突然多了一個沙烏地阿拉伯一樣。突然間，政界人士多年來只會喊口號、卻不知道怎麼才能達到的「美國能源獨立」目標，似乎真的有望達成。這場革命的衝擊遠遠超越石油與天然氣產業本身。較廉價、較充裕的能源，意味美國製造業者享有超越對手的競爭優勢。以美國化學工業為例，這意味生產成本可以遠比他們那些仰賴俄國天然氣的歐洲競爭對手低廉得多。這場革命甚至能幫美國減少碳排放，因為它讓美國加速遠離能量密度較低、而且汙染程度較高的煤。壓裂革命讓美國再次成為無可爭議——或許也是最大的——石油超級強國。《經濟學人》寫道，「能像喬治．米契爾這樣改變世界的商人寥寥無幾。」12

有人聲稱，德州西部、占地八萬六千平方哩的二疊紀盆地（Permian basin）現在比加瓦爾還大。雖說就某方面而言，這也言之成理——二疊紀盆地各處石油的總產量，現在已經大幅超越加瓦爾——但這像是用蘋果比桃子。二疊紀盆地幅員廣大，涵蓋無數生油岩與儲油岩區，而加瓦爾只是一處儲油岩，比二疊紀盆地小了近三十倍（只有三千三百平方哩），將兩者相提並論並無真正意義。真的要比，應該用整個沙烏地盆地——它的生產潛能為二疊紀盆地的兩倍有餘。

這就得將我們的話題拉回拜登這次有爭議的吉達之行。儘管美國現在的石油產量已經遠超沙國，總統仍得走訪沙烏地拉交情這件事，似乎令人費解，但這個沙漠之國與它的油確有其特色。德州各地數以萬計的油井千辛萬苦、從硬石縫裡採油是一回事，但沙國的厲害之處在於它能輕輕鬆鬆、從它龐大的儲油岩採油。沙國雖說不再是世界最大產油國——它的石油年產量現在與俄羅斯約略相等，比美國少了幾十億桶——但它仍像全球能源市場的某種中央銀行：當一切其他手段都失效，它是解決問題的最後手段。

多年來，許多人一直懷疑沙國是否仍能扮演這個角色。這個國家境內，在它龐大的石油基礎設施內部，在加瓦爾這樣的油田裡，究竟發生些什麼事，始終是最高機密，就連世界領導人也只能憑藉一些小道消息揣摩臆測。就在拜登這次吉達之行的前幾周，在德國舉行的一項峰會會場上的麥克風，透露了一件趣聞。當時，剛與阿拉伯聯合大公國領導人通完話的法國總統馬克宏把拜登拉到一邊，興奮地告訴拜登：「沙烏地可以增產一些，每天多十五萬桶。或許還能再加一些，但他們要等六個月以後才有大幅增產的產能。」[13]

如果說石油時代給了我們什麼長遠的教訓，那就是不要低估沙烏地阿拉伯，否則風險自負。二〇〇五年，《沙漠暮色》（*Twilight in the Desert*，書中預測沙國油產即將沒落）作者麥特・西蒙斯（Matt Simmons）與《紐約時報》專欄作家約翰・提爾尼（John Tierney），開了一個像極了當年保羅・艾利克與朱利安・賽門的那場賭局。西蒙斯在這場新賭局中扮演當年艾利克的角色，認為沙國油產將盛極而衰，油價將飆漲三倍以上，而且居高不下，世人也只能接受石油即將耗盡的事實。專欄作家提爾尼則是賽門的信徒，賭西蒙斯判斷錯誤。

到二〇一〇年，油價僅比二〇〇五年略高了一些。西蒙斯賭輸了，可惜他在結果揭曉前去世。另一方面，加瓦爾油田那頭沙漠中年邁的大象，仍像過去一樣，每天生產幾百萬桶原油。不過，無論在加瓦爾或其他地方，這只是原油故事的開端，因為直到它化身為我們能實際使用的東西時，這種又黑、又黏、又髒的液體，才開始展現它真正的神奇。[14]

第十四章
輸油管

科隆（Cologne），德國

韋瑟靈（Wesseling）煉油廠有些與眾不同——不過沒人願意談論它。在不熟悉的人眼中，韋瑟靈煉油廠與任何其他煉油廠並無不同之處：有縱橫交錯的鋼管、鉻合金桶子，與冒著刺鼻濃煙的煙囪。

當我訪問它時，適逢初夏，萊茵河岸一片青蔥，綠意盎然，偶爾瞥見從樹葉頂端突出的煙囪，與不時從某處倉房傳來的吼聲，才讓人想到這裡是德國工業的心臟地帶。我走在那條連接煉油廠各區的長路上，想了解眼前這一切。

了解一座煉油廠，或許是原料世界中最艱鉅的工作了。進入丘基卡馬塔這類銅礦，或粉碎礦石、將金屬熔成陽極的工廠，你可以直觀地看到眼前發生的事。走到玻璃鼓風爐邊，甚至（運氣好，獲准）進入一座用柴可拉斯基法製造完美晶圓的實驗室，情況也基本相同：你很快就能掌握眼前狀況。

煉油廠不一樣。一旦進入那一片油管森林，你愈往裡走，愈是搞不清眼前的一切。這類地方很少引人注意，或許原因就在這裡。人們在談到石油時，多半談的是它們來自哪些油田，或產品在哪裡生產，至於這兩者之間的煉製過程則乏人聞問。

但若是沒有煉油廠進行的「煉金術」，這世界會變得非常不一樣。就在這個處處輸油管的煉油廠裡，原油煉成純碳氫化合物，供我們製作化學藥劑、塑膠、燃料，以及其他用在你的車上、你的家中或你的衣櫥裡的東西。在煉油廠裡，液體注入一個槽時是一組分子，出來則變成了另一組分子：在煉油廠裡，經過若干製程，無須添加任何東西，一桶原油會神奇地變成一又四分之一桶原油。[1]

煉油廠是自相矛盾之處，它既是碳時代最典型的象徵，又是我們減少碳排放與掙脫化石燃料大業不可或缺的重要環節。煉油廠燒油，又排放很多碳，但它能充分利用進入輸油管系統的每一滴油的價值，同時也是效率典範。

有時，特別是在夜間，當它們燈光閃爍，偶爾從煙囪噴發的天然氣火焰照亮天空時，這些地方還有一種輝煌之美——有些像電影《銀翼殺手》（*Blade Runner*）一開始時，鏡頭飛掠反烏托邦洛杉磯煙囪上空的景象。巧的是，導演雷利．史考特（Ridley Scott）說，跟拍鏡頭的靈感來自他過去坐在俯瞰提賽德的山丘上，看著煉油廠煙囪將團團火焰噴入天空的記憶。至少他這些有關英格蘭東北的記憶，可以說明這部電影的場景何以總在下雨。

煉油廠存在的目的非常簡單：將原油分離成許多不同的化合物。它們都是為了把原油變得比較不「原」。事實就是：這些從地下湧出的原油是一種天然產物，出自哪些油井決定了它們之間可能極大的差異，有時它來自不同種的史前浮游生物或藻類，有時來自有不同雜質浸入的生油岩，有時是不同的熱量與壓力——結果是，原油有許多獨特的品項。

有甜有酸，有輕有重

舉例說，來自加瓦爾的原油有時稱為「阿拉伯輕質原油」（Arabian light）：說它「輕質原油」是因為相對於「委內瑞拉重質原油」（Venezuelan Merey crude）或墨西哥的「瑪雅重質原油」（Maya crude）；它比較不黏稠，密度也較低。由於從地下抽取較輕的油比較容易，沙國原油——至少是陸地油井開採的油——的抽取與煉製成本，比世上大多數其他的原油都要低。

視含硫量，原油還分「甜」（Sweet Crude）或「酸」（Sour Crude）——這種區隔始於原油主要用於室內照明的石油時代早期。點燈的煤油含硫量太高，不僅在燃燒時會發出刺鼻的氣味，還會讓燈中的銀失去光澤。在當時，檢驗煤油含硫量最簡便的辦法就是快速舔它一下，含硫量愈高的煤油愈酸，這種分類法就這樣流傳至今。廣而言之，比較不重、不酸的原油，煉油廠必須付出的煉製成本也較低，所以更輕、更甜的原油一般價格也更高。[i]

韋瑟靈煉油廠就以能將來自全球各地約一百種酸、甜、輕、重各不相同的原油進行煉製而自豪。舉例來說，歐盟（European Union）不久前禁止俄羅斯原油進口一事，對韋瑟靈完全沒有影響：只需轉用來自其他地方的另一種油就行了。對其他大多數煉油廠，這項禁令卻成了一大挑戰：受限於設備，一般只能用來處理相當特定類型的原油。這或許聽起來只是技術問題，但不妨再看看美國境內目前的困境，對照這項技術挑戰對現代世界的影響。

大多數美國煉油廠的設立，都是為了煉製來自加拿大、墨西哥與委內瑞拉的酸重油。這原本很有道理，因為當年美國似乎即將耗盡本國產的原油，沒想到油頁岩革命隨即出現。事實證明，美國的頁岩油一般屬於高品質的輕質原油，也就是說，它不適合送進國內的煉油廠煉製。結果是，美國生產的原油算起來遠超過本身需用，已經取得能源獨立，實際上卻非如此：美國必須一方面不斷進口其他地區的重油，讓境內的煉油廠運轉，一方面得將德州生產的原油送往歐洲與亞洲煉製。事實證明，從全球能源系統中抽身比想像中困難得多，所以拜登等歷任美國總統才必須繼續穿梭世界各地、討論石油；所以我們才值得花一點時間來看這些用來分離原油的龐大輸油管、煙囪與化學藥劑系統。

對任何煉油廠而言，在原油從沙烏地或尼日或德州運抵以後，第一步也是最重要的一步就是去除它的鹽水與汙染物——即分餾（distillation）。就如同它字面的意思：將原油反覆加熱、蒸餾、精煉，以分離原油所含不同的化合物，它們各有獨特的沸點——丁烷（butane）的沸點不到攝氏三十度，汽油的沸點為攝氏一〇四度，瀝青的沸點高達攝氏五八〇度以上。沸點較低的產品有時稱為「輕」餾分，因為它們在加熱後，很快就會升到頂部；較濃稠、堅實的部分稱為「重」餾分，會沉到底部。

分餾塔與用來蒸餾威士忌的器具很相像，只不過高得多，也大得多。事實上，在一九二〇年代美國煉油產業興起之初，許多釀酒技術人員因美國實施禁酒令而失業，轉而投入煉油，將許多有關分餾工法的技術知識帶進煉油產業；久而久之，煉油業者研發出更巧妙的辦法：他們結合加熱、加壓與催化劑，三管齊下，既能將大分子打碎成較小的分子，也能將小

---

i 以甜／酸命名並非唯一沿用至今的古老傳統。一桶油的定義也來自石油時代早期——當年產油商將油裝在一般用來載運酒類、泡菜、蘋果或釘子的二手桶子裡，用馬拉車載往市場。這些桶子通常可以載運四十六到五十加侖原油，但由於當年路況不佳，扣除一路上溢出的油之後，煉油商根據每桶四十二加侖原油計價，支付產油商。這個標準也這樣沿用至今。（作者註）

分子重組成較大的分子。

最終的成品可以粗略地分為六類：汽車用汽油；卡車、火車與其他重型運輸工具用的柴油；石化產品，包括可以製作塑膠等許多東西；噴射機燃料用煤油；蠟與滑潤油；還有鋪路用的瀝青。

這樣分類是太過簡化了，因為一桶原油可以製作上百種我們不可或缺的東西。且舉一個不起眼，但愈來愈重要的例子。我曾拜訪位於英國林肯郡（Lincolnshire）的菲利浦66亨伯煉油廠（Phillips 66 Humber Refinery），他們能將留在塔底的物質煉成堅硬、黑石塊狀的「針狀焦」（needle coke），這是生產人造石墨的主要原料，而人造石墨則是鋰離子電池陽極的主成分。大多數人現在已經知道智慧型手機與電動車內的電池，使用許多從地下挖出來的不知名物質——本書會在第六部做更詳細的討論——但幾乎沒有人知道這裡面還有一大團原油。

儘管在許多人心目中，煉油廠這類地方有的就是橫七豎八、一堆不起眼的管道，它們代表過去，與未來新世界扯不上關係，但事實沒有這麼簡單。首先，煉油廠運用的技術精密得令人難以想像：亨伯煉油廠的製程精巧、複雜，幾年前一名中國間諜滲入公司總部竊取製程機密（他在行動時被捕，隨後入獄）。一旦了解這些迷宮似的輸油管與艙內事物的真相，你會逐漸看清我們對這些地方的依賴之深。

韋瑟靈的祕密

當然，想了解一家煉油廠得先走過一遍。在韋瑟靈這可不是件簡單的事。在走訪德國以前，我做了相當準備：學著分辨「分餾塔」（distillation column）與「真空閃蒸器」（vacuum flasher），了解「裂解器」（cracker）與「焦化器」（coker）之間的差異。我知道典型煉油廠的典型配置。但當我來到韋瑟靈，我發現自己還是什麼都搞不清楚。

所有的管道與廠間都在，但它們似乎分配在不同區域，散布在老舊的磚造建築之間。我知道煉油廠很大，有層層疊疊的管道，如果將這些管道排成一線可以延伸好幾百哩。但韋瑟靈煉油廠大得出奇。廠裡有一條從頭到尾、貫通全廠的街，長得一眼望不到底，你可以騎自行車在廠區周邊騎上一小時（這裡大多數人都騎自行車，啟動引擎會遭人白眼）而仍然看不清它的全貌。

某種程度上，實體規模是韋瑟靈煉油廠產出的一個函數。它與坐落萊茵河彼岸的鄰廠，合為歐洲最大工業經濟體德國的最大煉油廠。但為什麼它要在廠區留這麼多空間？為什麼廠區建築的布局這麼奇怪？

「嗯，」韋瑟靈煉油廠與它鄰廠的經理馬可（Marco）說，「這事說來話長。」

馬可與我就這樣展開這次煉油廠之旅。來自尼日與其他幾個地方（馬可不願告訴我是哪些地方；碳氫調配是極機密的事）的原油混合物在我們頭頂上方的管道不斷流過。

「不過你說得沒錯：對煉油廠的認識愈深，會發現它愈是不通情理。如果你從無到有地打造這個地方，它會與現在的模樣大不相同。」馬可停了一下，壓低了嗓音。「這個地方有段有趣的歷史。過去這座廠叫做赫曼．戈林[ii]廠……」

原來韋瑟靈煉油廠在建立之初，是納粹打贏二戰祕密武器的一環：當年納粹建了一個遍布德國各地的廠房網絡，為德國空軍煉製航空燃料，韋瑟靈煉油廠就是其中之一。當年建造的其他化學廠雖說也投入戰爭，但韋瑟靈是為這場戰爭量身打造的。它的規劃在今天看來不合理，是因為在一九四〇年代設計之初目的就是如此；每一區之間留出那麼大的空間，以在空襲時混淆來襲的轟炸機。

在最初幾年，這一招還真的奏效了。隨著德國製造更多飛機與盟軍作戰，韋瑟靈也不斷出廠供飛機使用的燃料。它運用尖端科技自我隱藏，躲過一次又一次空襲，包括可以立即關閉所有照明的燈火管制系統，與一種可以隱藏鍋爐與容器的人造霧。跟今天一樣，這裡當年也是德國燃料產業的重鎮，僅有一項重要差異：燃料的來源不是石油，而是煤。

德國一直是個煤多而油少的國度，而十九世紀末、二十世紀初期的德國經濟奇蹟，部分得歸功於他們將此轉換為一種競爭優勢。其他國家或許有更多的碳氫資源，更多的金屬與稀有礦物，有更肥沃的土壤與更長的海岸線，但德國有煤。不過德國的煤品質不佳：是那種高汙染的褐煤，而非美國與英國煤田出產的那種黑色、能量密度高的無煙煤。儘管缺乏天然資源，德國卻擁有全世界最敬業、最有創造力的科學家，能將煤變化成幾乎一切。

英國與美國用鹽打造兩國的早期化學產業，德國用的是煤與煉金術。製藥業巨頭拜耳（Bayer）將德國的煤製成一般稱為「阿斯匹靈」（aspirin）的水楊酸（acetylsalicylic acid），賺進億萬財富；巴斯夫公司也因將德國的煤轉變成各式染料而大發利市。在這種情況下，將德國的煤轉變成啟動戰車、卡車與飛機的汽油，自然是順理成章的下一步。

跨出這一步的人是斐德烈．柏吉烏斯（Friedrich Bergius），他師從聰明絕頂但也頗具爭議的費里茲．哈伯，而當時哈伯離研發出利用空氣中的氮製造氨的技術只差一步。一九一三年，柏吉烏斯調整哈伯的一些作法，找出一套用煤製作燃油的辦法：在堅固的鋼容器裡運用催化劑促成高壓反應。今天在韋瑟靈以及其他各地的煉油廠，沿用的仍是當年柏吉烏斯設計的這套「裂解」法，在「加氫裂解」（hydrocracking）容器中，用氫將原油分子裂解成不同的化合物。[2]

在一個原油資源似乎無窮無盡的世界，這種將煤轉化為油的技術似乎沒有意義，但在一九二〇年代初期，第一波後來稱為「石油峰值」（peak oil）的恐懼出現，新油田發現的速度放

---

ii Hermann Goering，納粹德國空軍總司令。（譯註）

緩，人們開始擔心德州與巴庫的油田將在幾年內耗盡，這種珍貴的液體將從世上消失。在這種情況下，用取之不竭的煤也可以製造油品的構想，就突然變得非常有吸引力——而且不只在德國如此而已。

全球各地公司競相爭取柏吉烏斯「氫化」（hydrogenation）的專利權，包括英國的卜內門（Brunner Mond）：柴郡的化學公司，後來併入帝國化學；以及新澤西州的標準石油公司（幾年前分拆的洛克斐勒〔Rockefeller〕石油帝國的一部分）。但最興奮的人莫過於卡爾．博施。合成燃料很可能繼合成硝酸鹽之後，成為重磅炸彈級的熱賣產品。不過，問題在於成本。與進口原油相較，將煤轉化為油料的成本高了許多倍。當德州與奧克拉荷馬州一連發現幾處噴油井，原油從短缺轉為過剩，再沒有人對合成燃料感興趣了。一九三〇年代，博施與法本公司（IG Farben，巴斯夫公司併入這家業界大廠）極需援手，而伸出手的是希特勒。

希特勒篤信能源獨立，決心不讓德國繼續依賴從美國與蘇聯進口的石油。他要建立一個現代化德國，要讓德國造的汽車行駛在境內棋盤般縱橫交錯的公路上。他告訴法本公司主管，「在一個希望保持政治獨立的德國，如果經濟體沒有石油，是不可思議的事。」法本當時迫切需要政府援手，希特勒的以下結論聽在他們耳裡，彷彿仙樂一般：「德國的汽車用燃料必須成為現實，就算必須犧牲也在所不惜。因此，煤的氫化工作有必須繼續的緊急必要性。」3

當戰爭爆發，石油成了非常重要的關鍵。第一次世界大戰或許是人類第一場機器與內燃機的大戰，但它也是一場「不動」的大戰，西線的戰壕就是典型代表。反之，第二次世界大戰是一場機動戰，作戰地區跨度之廣史無前例。這是一場運用石油、為了石油、成敗關鍵部分也取決於石油的大戰。

與美軍在之前那場大戰相比，歐洲戰場上的美軍——戰車、卡車、作戰艦艇與潛艇——耗用的汽油多了一百倍。美軍虎將喬治・巴頓（George S. Patton）告訴盟軍統帥艾森豪（Dwight Eisenhower），「我的部下可以啃皮帶裹腹，但我的戰車非得有汽油才能動。」而對交戰雙方，汽油才是最主要的決勝關鍵，甚至比食物或鋼更重要。巴頓花很多時間催索燃料，曾對一位補給官說，「給我四十萬加侖汽油，我在兩天內就能讓你進德國。」在戰線另一方，德軍名將厄文・隆美爾（Erwin Rommel）寫道：

> 最勇敢的戰士若是沒有槍，什麼也幹不了。若沒有足夠彈藥，光有槍也是白搭。而在機動戰中，除非擁有足夠汽油推動車輛縱橫馳騁，就算有槍、有彈藥也沒什麼用。

日本在太平洋戰爭中的戰略就包括占領荷屬東印度群島的油田，燃油始終是日本最迫切需求、也最貧乏的資源。對日本戰略家來說，自殺機「神風」戰術的一項優點就是，只需為他們準備單程燃油就行了。

由於沒有自己的石油，如何從海外取得就成為德國的戰略重心：德國的石油補給約三分之一來自羅馬尼亞普洛什特（Ploiesti）油田，而希特勒入侵蘇聯的部分目的，就在於奪取麥科普（Maikop）、格羅茲尼（Grozny）與巴庫等高加索地區的油田。他告訴墨索里尼，「軸心國的生命就靠這些油田。」希特勒在一九四二年寫道，「除非我們拿下巴庫油田，否則這場戰爭要輸。」

德軍沒能占領巴庫，但希特勒至少可以依賴他的祕密武器：用柏吉烏斯的技術製造的合成燃料。到一九四〇年代初期，從東部洛伊納（Leuna）的巨型工廠到科隆的韋瑟靈，德國境內已經有十四處生產這類燃料的基地。附近魯爾（Ruhr）地區露天礦場開採的褐煤，就在這些工廠的廠房與管道中裂解、氫化。

戰俘與集中營犯人一批批送進這些工廠當奴工。在韋瑟靈，數以千計的奴工就住在萊茵河岸簡陋的木屋中。他們微不足道的工資也遭看守的黨衛軍（SS）軍官中飽私囊。一切可用資源全力投入合成燃料生產。納粹甚至在奧斯威辛（Auschwitz）集中營旁邊建了一座廠，集中營的勞動力搭配附近的煤田讓這座廠顯得「位置絕佳」——儘管到了最後，這裡一滴油也沒有生產。[4]

德國需用的燃料主要來自韋瑟靈與洛伊納等大廠。若是沒有這些廠，二戰應該可以提早很多時間結束。在巔峰時期，這些煉油廠每年可以生產兩千五百萬桶合成汽油，為德國空軍提供九五%的燃料。

艾哈德・米爾希（Erhard Milch）在一九四三年說，「這些氫化廠是我們最大的弱點。」

我們發動戰爭的能力完全仰賴這些工廠。如果這些氫化廠真的遭到攻擊，不僅飛機再也無法起飛，戰車與潛艇也動不了。[5]

翌年春天，「石油攻勢」展開：盟軍飛機在這些工廠上方扔了二十萬噸炸彈。洛伊納首當其衝，韋瑟靈也未能倖免。不過有好一陣子，保護韋瑟靈廠的特別措施——區與區之間的間距，機器周遭的磚牆、避難所，以及讓廠房能夠迅速關閉與重啟的安全方案——果然有效，韋瑟靈廠熬過初期空襲，繼續產油，讓德國作戰機器繼續運轉。

但在一九四四年七月十九日凌晨，近一百架英國皇家空軍轟炸機發動攻擊。當時夜空一片清明，空襲條件至為理想。空襲警報響起，工人急忙躲進防空掩體，結果這一次出了差錯——人造霧的施放發生故障。[6]

英軍飛機在韋瑟靈廠上空丟下照明彈，用耀眼紅光將廠房所有管線與庫房設施照耀得如同白晝，轟炸隨即展開。英軍轟炸機在前後約二十分鐘間發動三波攻擊，投了約一千枚炸彈。煤倉著火，氫氣生產廠房遭炸毀，整個廠區為火海吞噬，大火一直延燒到翌日中午。

經過兩個月努力，工人將韋瑟靈的產能恢復了約四〇％，但在十月初，盟軍又對韋瑟靈發動兩場空襲，這次是美軍的B17空中堡壘（Flying Fortress），韋瑟靈的殘餘產能也從此付之一炬。

由於擁有來自美國與中東、源源不絕的石油補給，盟軍一直享有能源方面的優勢，但到了大戰結束前最後幾個月，雙方在這方面的差距已經相當巨大。盟軍在一九四四年底對這些合成燃料廠發動的任何一次空襲，都得耗用三萬四千桶航空燃油。而在那個時候，德國空軍整個機隊每一天的總耗油量只有一萬兩千五百桶。到一九四五年，德國空軍已經沒有油，無法升空了。隨著大戰尾聲將近，希特勒只能藏在他的柏林地堡裡，向早已因缺乏燃料而無法動彈的師下達作戰命令。在地堡外，德軍卡車得用牛來拉車。[7]

第二次世界大戰不僅是一場對付煉油廠的戰爭而已，它還是一場煉油廠之戰。在轟炸德國氫化廠的同時，盟國在煉油競賽上也勝德國一籌，為盟軍取得巨大的戰力優勢。沒錯，德國的合成燃料確實很了不起，但在大西洋彼岸的美國煉油廠也有本身的突破。在摩天樓式煉油廠房中進行的催化裂解技術就是其中之一，這種複雜的技術可以生產辛烷值一〇〇的優質燃料，比韋瑟靈生產的辛烷值八十七的燃料更勝一籌。

辛烷值等級基本上是用以評估燃料抗壓性的，等級愈高愈能在引擎中抵擋壓力，不致於過早爆發，或稱「爆震」（knocking）。高辛烷值燃料意味英國的噴火（Spitfire）戰鬥機與蘭開斯特（Lancaster）轟炸機可以裝備「勞斯萊斯．梅林」（Rolls- Royce Merlin）這類優越的引擎。它們可以比德軍戰機快上十五％，在執行轟炸任務時可以多飛一千五百哩，最高高度也比德軍高一萬呎。這種燃料方面的優勢甚至或許是英軍在「不列顛之戰」（Battle of Britain）反敗為勝的關鍵。

重金屬的嚴重後果

讀到這裡，或許你想為美國煉油廠的如此成就鼓掌叫好，不過觀察這件事還有另一比較不光彩的角度。美國煉油廠首創的這些提高辛烷值的技術，其實來自另一種較黑暗的做法：在溶液裡加鉛，可以減少「爆震」。

引擎爆震是汽車工業早期面對的最大挑戰。為了超越競爭對手福特汽車，通用汽車（General Motors, GM）在一九二〇年代開始想辦法減少凱迪拉克（Cadillac）引擎的爆震噪音。通用工程師托馬斯．米基利（Thomas Midgley）發現，在汽油裡加一滴「四乙基鉛」（tetraethyl）可以奇蹟似的提高辛烷值，還能停止一切引擎噪音。現代史上最可恥的一頁就此展開——它比今天的碳排放更令人類蒙羞，因為我們在採用化石燃料之後才逐漸了解全球暖化問題，但打從一開始，每個人都知道把鉛加在汽油裡可能帶來的危害。

以一紙水泥配方啟發現代混凝土發明的羅馬哲人維特魯斯，曾經在觀察後指出，整天與這種重金屬為伍的人看起來極不健康，並勸告人們不要飲用流經鉛管的水。鉛是一種強大的神經毒素，特別容易對兒童的腦部構成損傷。醫生知道，決策人士知道，社會大眾多半也知道——但通用汽車沒有想辦法除去汽油中的鉛，它把「鉛」的名字改了，稱它為「乙基」（Ethyl）。

早在一開始就有警訊出現。這種乙基汽油上市後不久，新澤西一座煉油廠爆發群體染病事件，病人發瘋、產生幻覺，然後瘋狂工作。同在這座煉油廠合成四乙基鉛車間工作的六名男性死亡。這個部門有「蝴蝶屋」（House of Butterflies）之稱，因為在這裡工作的人總覺得有蟲飛到他們身上，於是不斷伸手驅趕。[8]

死亡事件的新聞傳開後，幾個州下令禁止有鉛汽油。有短短一段時間，通用汽車似乎將被迫找出替代方案（確實有一些，包括乙基酒精，不過由於乙基酒精不能申請專利，遠景不那麼有利可圖）。但接下來，米基利這位始作俑者舉行了一場記者會，當眾表演將雙手浸在四乙基鉛溶液中，還花了一分鐘吸著溶液冒出的煙，證明鉛液對人體無害。這是幕詭異的啞劇，特別是在場記者都不知道，米格利不久前才因為把自己搞得鉛中毒，而在佛羅里達療養了一陣子。[iii]

通用汽車與它的律師說，那些車間死者一定是因為疏忽，通用汽車的引擎並沒有毛病。

當時正逢「咆哮的二十年代」（Roaring Twenties），人們願意嘗試一切新奇的事物，就這樣，一州接一州解除禁令，有鉛汽油的時代展開了。

但鉛根本沒有所謂安全劑量，無論再少，都對人體有害。鉛能滲進任何接觸者的腦部、骨骼與肺部，慢慢累積。鉛造成的損傷，能使一整代吸入這種毒煙的人，智商不如沒有受到這種毒害的一代人。甚至一些頗具說服力的研究還顯示，有鉛汽油與暴力行為之間有關。

直到一九八〇年代，美國才正式禁用有鉛汽油。無論怎麼說，煉油廠既能在四十年前大戰期間，巧施手段，充分發揮燃油優勢，自然也能運用類似手段製造無鉛汽油。不過，半個多世紀以來，當年車輛排出的廢氣中，許多鉛粒子直到今天仍殘留在全球各地城市的土壤與塵埃裡，不著痕跡地提醒世人煉油史上這可悲的一章。

提到煉油廠，人們想到的總不外乎汙染——就算不是鉛，也是苯或其他毒素——煉油廠變得如此退流行，或許也不足為奇。甚至一些重量級石油業者面對電動與氫動力車的新趨勢，也在拋售旗下的煉油廠。傳統智慧說，隨著時代不斷進步，煉油廠這類地方將成為擱淺資產（stranded assets）。

iii 含鉛汽油不是米基利為環境帶來的唯一贈禮。他之後發明使用於氣溶膠（Aerosol）與冷媒中的「氟氯化碳」（chlorofluorocarbons, CFCs），後來科學家才發現氟氯化碳已經將臭氧層燒了一個洞。（作者註）

但韋瑟靈這類地方另有一方遠景。在大戰結束時淪為廢墟的韋瑟靈經過再造，用來煉油，而不是煤。韋瑟靈在原有那些令人摸不著頭腦的基礎上重造輸油管與煉油塔。施工人員每挖掘一處新區域，都會發現石油攻勢期間留下的未爆彈。有段時間，他們用哈伯—博施法製造氨。一開始為製造殺人用碳化氫而建成的廠，開始製造碳化氫來救人了。一九五〇年代，韋瑟靈又一次開始製造航空燃料，不過這一次用的是原油，而且供應的是法蘭克福起飛的民航機。到二〇〇〇年代，它已經成為歐洲最精密的煉油廠之一。

不過當我往訪韋瑟靈時，情況又一次出現變化。運送原油的輸油管將於二〇二五年關閉。韋瑟靈將開始利用綠色替代物製作燃料：植物、菜油、一般廢棄物，甚至牛糞將取代目前使用的尼日輕質原油。

我們走在那條將廠區一分為二的長路上，馬可指著幾個沿一堵磚牆而建的綠色槽。它們看起來像極了大戰期間的遺跡。果然，它們是納粹時代建造原廠的殘餘。曾有一段日子，這些槽是用來將煤製成燃料的，之後它們將原油製成燃料。現在它們有了新用途——用來貯存轉角電解槽生產的綠色氫氣。

這是一個頗具抱負、未經檢驗的計畫——或許抱負太大也說不定。而且這只是一座煉油廠；很顯然，在今後許多年，殼牌石油（Shell）在萊茵河對岸的煉油廠還會繼續原油煉製。無論如何，想到這座處處堆滿歷史遺跡的廠，可能即將成為一面反映未來的鏡子，很耐人尋味。

第十五章
鋪天蓋地的東西

原油時代初期打造「標準石油」（Standard Oil）帝國的約翰．洛克斐勒（John D. Rockefeller），有一則為人津津樂道的故事。話說有天他在巡視旗下一家煉油廠時，發現油廠有一個煙囪噴發著火焰。

「那是在燒什麼？」他問身邊一位助理。經過一番查詢，洛克斐勒發現那是煉油過程產生的一種副產品。在蒸餾、裂解原油的過程中，一定會產生某種沒有市場的化合物。這裡產生的是「乙烯」。

「我不主張浪費任何東西，」洛克斐勒說。「想個辦法利用它！」1

這個故事幾乎肯定是杜撰的，但當我們靜下心來，思考這古怪、奇妙，時而令人牽腸掛肚的石化世界時，這個故事或許有助於我們的了解。因為原油的故事與現代消費者故事是形影難分的，韋瑟靈這類煉油廠煉出的油愈多，它們帶來的副產品——包括塑膠、藥品、肥料，以及其他各式石化產品——也愈多。這些副產品能這麼廉價、可以用完就丟，而且無所不在，正因為煉油廠為提煉汽油與柴油得處理數量驚人的原油。我們每談及汽車如何改變世界時，總是說汽車帶來個人獨立，讓貨物暢流等等，但這只是這整個故事的一半。因為煉油廠與駕駛人買的每一桶、每一升油，都在實質意義上助長著另一產業領域。

絕大多數碳氫化合物最後仍然進了車輛油箱，大多數天然氣用來發電與供暖。但剩下的十％——石油與天然氣提煉過程的副產品——在我們生活中扮演大到不成比例的角色。

這些產品為我們帶來衣物與食物。它們保障我們的衛生與健康，而且絕大多數市面有售的東西都少不了它們。它們出自我們所知人類最新的發明，無法想像世上沒了它們會像什麼樣。它們幫我們節能，但它們是化石燃料的產物。它們既乾淨又汙染，普通卻又獨特。石化產品最有意思的地方在於大多數人不把它們當一回事。可它們無所不在。

塑膠，肥料，包裝與藥品。防腐劑與樹脂，油漆與黏著劑，染料與調味劑。如果煉油廠的工作是「去複雜化」，將原油化解為簡單的分子，石化部門的工作就是將這些簡單的分子重組，製成多到數不清、我們不可能在這裡一一介紹的產品。想了解這些從美國、卡達、沙烏地等國地底油藏取出來的東西，與我們的生活究竟有多糾葛，還得從另一個地方談起。

番茄的真相

想像你從藤蔓上摘下一顆紅紅的櫻桃番茄。它已經熟透、鮮豔欲滴，果皮上晶瑩剔透的小水珠在陽光映照下閃閃生輝。你咬了一口，它在你嘴裡爆開，滿口香甜。這世上還能有什麼其他經驗，比直接享用從土裡長出的蔬果更讓你貼近大自然？

嗯……這很難說。因為你剛才享用的那顆美味可口的番茄，其實是化石燃料產品。那顆番茄中帶甜味、香味的原子，原是由一家能源公司從地下打入的一粒甲烷——天然氣——的一部分。黃瓜、胡椒或生菜的生產皆然。

我們今天吃的食物，無論經由一種或另一種方式，大體上都是化石燃料產品。食品包裝、食譜，或超市貨架上很少能見到這類說明，因為就像原料世界中屢見不鮮的，沒有人願意思考這些事。不過如果你能花一點時間思考這顆番茄的來歷，它的真正傳承將一覽無遺。

近年來，全世界的番茄愈來愈多地來自溫室而非室外的土地上。「環境控制農業」已公認是農作物耕作的未來。由於全球人口將於本世紀超過一百億，我們得在今後四十年生產比八千年來所有農人所生產更多的食物。在淡水系統面對的壓力愈來愈大，土地資源愈來愈少的情況下，這種農耕方式有幾個值得注意的重點。[2]

捨室外而就室內大型溫室、甚或在垂直農場配合人工照明生產作物，意味只要有一畝地，就可以比傳統農場的產量高出四百倍。農民可以不用再看天吃飯，不再受限於土壤品質：有了電腦控制的氣候，以及給養恰到好處的「水培」（hydroponic）能力，你可以幾乎在任何地點生產農作——你可以在都市裡種菜，再也不必花錢上市場採買需要再清洗過的生鮮蔬果。而且由於是室內種植，不必噴灑那麼多肥料、那麼多有毒的殺蟲劑，你還能大量減少用水。

首創這種「水培」技術的荷蘭，建了面積足有巴黎大小的溫室，氣候並不特別好的荷蘭因此成為全球第二大食物輸出國。在夜間飛越這些溫室地區，你會見到LED燈照亮大片玻璃屋，裡面的植物得以享有更長的光合作用時間。[3]

坐落在倫敦郊外利河谷（Lea Valley）、英國最大番茄生產商之一「苗圃種植谷」（Valley Grown Nurseries）的溫室，就是根據荷蘭的溫室打造的。我在春、夏之交的一個陰天造訪，看到苗圃種植谷經理諾夫．尼卡斯楚（Nof Nicastro）正一臉不悅地望著天空。除非你用LED燈——諾夫不用LED燈——在這個地方，「光」是一件你不能控制的東西；一天沒有陽光，就能將裡面的作物成長歷程打回幾個百分點。

在巨型溫室裡，地面鋪設有熱金屬管，保持攝氏二十度恆溫。離地幾公尺高處架著一長排又一長排、看不見盡頭的棚架，棚架上垂著番茄藤。番茄藤的根並不埋在土裡，而是埋在不斷用水與肥料溶液澆灌的「礦棉」（mineral wool）——玄武岩製成的細纖維裡。蜜蜂在四處嗡嗡飛舞，或許讓人感到意外，但這也說明一件事：關於授粉，我們還找不出能超越自然界的辦法。每一長排棚架底端掛著紙板箱，一群群蜜蜂就在箱裡進進出出。諾夫從棚架摘下一顆番茄遞給我。它鮮紅亮麗，就像你剛才在想像中品嚐的那顆番茄一樣：滿口香甜。那種化石燃料的香甜。

第一個線索就來自溫室旁的浪板鐵皮屋。鐵皮屋裡有個公車大小的大鍋爐，這便是整體運作的核心：溫室地面那些金屬管的供熱源。

我們一般不會把農耕視為一種能源轉移形式，但歸根究底，農耕就是一種能源轉移。農民在田裡種植小麥、玉米或稻米，將太陽能轉化為可以吃的卡路里。牛或雞吃了農民種的米或玉米，攝取卡路里長了肉，我們吃了牛肉、雞肉，吃了卡路里。只需一步步回溯，你可以在你吃的東西與陽光之間找到一條直接聯繫。

現代農業的故事講得是比這要大得多的事情：我們用化石燃料取代了自然能源形式，這些溫室就是一個鮮活的例子：天然氣加熱取代陽光帶來的溫暖。而這不過是開端而已。現在想一想我們如何製作那些澆灌礦棉的肥料。

在哈伯—博施法問世之初，巴斯夫用煤製造從空氣中「固」氮所需的氫，但近年來，肥料公司都改用天然氣：用天然氣提供能，也用天然氣做為提供氫的化學原料。這些番茄不僅靠天然氣取暖，還從一種天然氣產品中取得養分。

這不僅是一個關於番茄的故事。這是一個有關所有食物的故事。世上絕大多數穀物都仰賴天然氣製造的氮肥維生，絕大多數動物用來填飽肚子的食物，都是天然氣製成的肥料養育而成的。如果說肥料是世界上最重要的東西——有鑒於沒有肥料，世界上半數人口不可能存活，這個說法應該錯不了——那麼天然氣也是。世上每年生產的天然氣只有一小部分——僅僅略多於二%——用於製作肥料，但這一小部分的重要性奇大無比。

農業對化石燃料的依賴也並非僅止於此。在溫室裡，諾夫蹲下身來，向我出示穿過一排排番茄藤下方的一根白色、穿了孔的塑膠管。這根管子不斷噴發濃濃的二氧化碳氣體。這是荷蘭人的又一創新。由於光合作用主要輸入的是二氧化碳與光，增加溫室內二氧化碳濃度，從大氣平均濃度的四百 ppm（即百萬分之四百）增加到八百 ppm、甚至一千 ppm，就能大幅加速成長。但那些二氧化碳從哪裡來？它從那座天然氣鍋爐的排煙管排出，直接打入溫室。

這是一個很精密的系統，意味著用這種農耕方式，不僅可以減少對土地的使用，由於沒有吸收的肥料在灌溉環區不斷循環，使用的肥料較少，與傳統農耕相比，它可以用較少的化學藥劑，生產的農作卻能多翻好幾倍。從生產力角度來看，這樣的經濟成果好得無以復加，但這些番茄裡面的葉綠素含有來自天然氣的碳與氫、來自肥料（也是天然氣生產的）的氮。它們是化石燃料的產品。

結果是，一公斤的溫室番茄產生多達三公斤的碳排放。有些廠家實驗使用替代能源，但絕大多數溫室繼續燒天然氣。此外，由於大多數消費者不太注意番茄，對它們究竟怎麼成長的問題毫無概念，沒有人在乎它們是不是化石燃料產品。[4]

但每隔一段時間總有一些問題冒出來。二〇二二年，俄羅斯入侵烏克蘭，天然氣價格暴漲，有些生產商乾脆宣布停產。突然間，溫室空置了，番茄缺貨，歐洲各地食品價格飆升——而這一切主要是天然氣供應短缺的結果。就連一般不在室內種番茄的西班牙與義大利生產商，也因為肥料及運輸產品卡車所用柴油燃料的成本高漲而受到影響。根據瓦克拉・史密爾估算，這個地區生產的每一顆番茄，有大約五湯匙的柴油能源成本。[5]

這種番茄對化石燃料的依賴也並非僅此一端。觀察西班牙南部阿美利亞（Almería）附近的衛星圖，你會見到方圓好幾百平方哩、一片白茫茫的景象。當然，這不是雪，而是作為歐洲蔬果主要生產來源的溫室。只是這些溫室用的不是玻璃，而是塑膠；更特定地說，是世界上最重要的塑膠。

塑膠星球

這種世界上最重要的合成材料是無意間發現的。在塑膠的世界，這種情況並不罕見：幾乎每一項重大變化多多少少都事出偶然。不過這種世上最重要的塑膠之所以與眾不同，是因為它的發現不是一次或兩次，而是一連三次偶然的結果。

第一次發現在一八九四年，當時德國化學家漢斯・馮・佩克曼（Hans von Pechmann）正用一種叫做「重氮甲烷」（diazomethane）的易爆瓦斯進行實驗，並發現它會分解成一種氫與碳的白色粉末，於是為之命名「多亞甲基」（polymethylene）。然後他便完全忘了它。[6]

到一九三〇年，伊利諾大學（University of Illinois）幾位研究人員用砷（arsenic）的有機化合物作實驗，結果又留下一些奇怪的白色、蠟狀殘渣。他們在實驗記錄上寫道，「沒有對這些固態粉末作進一步研究」。沒有然後。

最後的發現——真正重要的發現——於一九三三年出現在英國化學巨頭：帝國化學工業公司（ICI）的實驗室。地點是諾斯威治——就在直到今天仍然用柴郡鹽水製造碳酸鈉與碳酸氫鈉的同一地點。就像當年幫助了哈伯與博施從空氣中固氮、柏吉烏斯以煤煉油的技術，兩位ICI化學專家艾利克・法賽（Eric Fawcett）與里吉諾・吉布森（Reginald Gibson）也在研究高壓下的化學反應。那是一個三月天，他們用乙烯——就是前文所述、洛克斐勒在標準石油煉油廠見到的那種從煙囪噴發的火焰——作實驗。當兩人在一千四百度大氣壓力將其與另一種氣體苯甲醛（benzaldehyde）一起粉碎時，最終在反應管得到了一種「白色蠟狀固體」。他們（再次）發現多亞甲基，就是今天所謂的「聚乙烯」（polyethylene，在英國一般稱為

polythene）。[7]

塑膠種類繁多——總有好幾千種——但像聚乙烯這樣用途廣泛的塑膠寥寥無幾。它可以紡成多種超高分子量（molecular weight）、比鋼還硬的產品，也可以紡成低密度、像蠟一樣柔軟的薄片。它非常有延展性，換句話說它可以拉長而不斷裂。它能防水，而且耐用，它耐熱，可以抵抗超過水沸點的高溫，而且還能循環再用。聚乙烯能編織成縷，強度足以防彈；它不導電，意味它還是絕佳的電絕緣體。

這類用途有許多是在聚乙烯問世之後數十年才發現的，但 ICI 倒是立即注意到它作為電絕緣材料的潛能。畢竟當年正值國際電訊時代早期，全球各地開始架設銅絲電話與電氣線路，但銅絲電線需要包覆絕緣層以為保護。當時最適用的絕緣材質，是用馬來西亞境內生產的一種樹膠製作的、不導電的乳膠，稱為「馬來膠」（gutta-percha）。銅線得先用馬來膠絕緣，然後裹上堅硬的鉛質護套。然而供應與成本都無法跟上布線的需求。

理論上，聚乙烯是最佳代用品。唯一的問題是怎麼製造。法賽與吉布森在發現聚乙烯之後，事隔一、兩天，重回實驗室展開重造聚乙烯的實驗，結果發生一場大爆炸，炸毀了他們的裝備。兩人堅持不懈，不斷嘗試，但都因實驗過程發生爆炸而失敗。最後他們不得不暫停腳步，等採購到更堅固的裝備以後再開工。

後來證明，訣竅是用一種脆性稍低、延展性稍強的鋼來建造反應室：在面對反應所需的高壓時能保有一點彈性。最後，到一九三〇年代末期，ICI終於發明一種量產塑膠的系統，第一塊刻意製造的聚乙烯於是問世。不久，二戰爆發，這種神奇的物質迅速成為舉國投入的重心。在日軍占領馬來西亞與馬國所有橡膠園之後，聚乙烯的重要性一夕爆增。生產工作日以繼夜全力展開；聚乙烯絕緣電纜於一九四四年跨越英倫海峽，在作戰日（D-Day）諾曼第登陸之後為盟軍提供電訊聯繫。不過，或許聚乙烯對盟軍打贏二戰最大的貢獻，來自它在雷達系統中扮演的角色。[8]

既然聚乙烯不僅具耐電性且質輕，英國皇家空軍用它減輕雷達系統重量，將系統裝進飛機裡。在大西洋戰役（Battle of the Atlantic）中，空中雷達為盟軍帶來極大優勢，能偵知敵軍船艦與潛艇動態，進行躲避與攻擊。[9]發明雷達的羅伯・華森—瓦特爵士（Sir Robert Watson-Watt）說，「聚乙烯的運用改變了空中雷達的設計、建造、裝置與維修，從原本的幾乎無法解決，到現在可以輕鬆管理。」

在一九四五年以前，聚乙烯的生產幾乎是全數投入這些雷達纜線，但大戰結束後，聚乙烯塑膠突然間過剩，ICI於是開始另尋買主。這很快成為一個反覆出現的主題：廉價的塑膠玩具、珠寶等小飾品之所以存在，往往不是為了滿足消費者的胃口，而在於供應過剩。[10]

菲利浦石油公司（Phillips Petroleum）——今天製造智慧手機電池石墨的亨伯煉油廠，當年就是菲利浦石油旗下一員——在一九五〇年代實驗一種半剛性聚乙烯的經歷，或許稱得上最精采的同類型故事。當時菲利浦用這種半剛性聚乙烯不斷進行各種用途開發，但一次次的嘗試都以失敗告終；就在這些實驗似乎將為公司帶來嚴重財務困境時，一家叫做 Wham-O 的公司將整個這種聚乙烯的存貨買斷。Wham-O 用這種半剛性聚乙烯生產一種新玩具：呼拉圈（Hula Hoop）。風靡二十世紀六十與七十年代的呼拉圈，是塑膠工業用副產品開發的玩具。11

ICI 之後開始生產一種長而薄的透明塑膠膜，賣給食物生產商，終於解決了它在戰後聚乙烯過剩的問題。聚乙烯是絕佳的包裝產品。在用聚乙烯薄膜包裹以後，切片的麵包、蔬菜、肉類與起士都能保鮮得更久。一項研究發現，未經包裝、擺在貨架上的香蕉，不出十八天就會腐爛，但在用聚乙烯薄膜包裹以後可以保鮮長達月餘。這種塑膠膜後來經美國食藥局（FDA）批准，可以作為一種「食物接觸材料」，因其成分不會滲入食物。這種聚乙烯於是開始迅速增產。

今天，聚乙烯已經是全球最廣泛使用的塑膠。每六秒鐘，歐洲地區生產的聚乙烯就多到能將艾菲爾鐵塔從頭到腳包起來。每隔六秒鐘！我們每年生產約一億噸聚乙烯——比全球銅與鋁的產量加起來還多。這其中有一大部分是塑膠袋——不論是好是壞，這是最具標竿性的聚合物產品——而這只是開端罷了。我們除了用低密度聚乙烯製作購物袋與保鮮膜，還用極低密度聚乙烯製作冷藏袋，用線性低密度聚乙烯製作氣泡墊與塑膠容器。我們用高密度聚乙烯製作裝清潔劑的瓶子與塑膠玩具。你的住家使用的水管，如果不是銅製品（上帝保佑，不要是鉛製品），多半都是交聯聚乙烯製品。它的超高分子量形式的甚至夠堅固，可以用作髖關節或膝關節置換手術的鉸接部分，或防彈衣的材料。[12]

聚乙烯成功的祕密就在於它的分子結構。像所有其他塑膠（以及若干自然物質，包括我們肌肉裡的蛋白質或DNA本身），它是聚合物——是一種非常大的分子結構，它包含的原子遠比水、酒精或矽石這類單純的物質多得多。以聚乙烯來說，這些分子結構是長得出奇的氫與碳的鏈結。

想了解這種分子結構，不妨想像你眼前擺著一碗義大利麵。將叉子插入碗裡再抽出來，由於碗裡麵條糾結在一起，你的叉子上很可能纏繞著一大團麵條。本質上，這就是聚乙烯等聚合物獲得強度的方式：鏈愈長，愈容易糾纏，也愈難將它們分開。再想一想：有人喜歡把義大利麵切成短短一條條的，如果這麼做，你會發現碗裡的義大利麵突然不再成團了。[13]

現在再想一想。如果這些鏈的長度，不是大多數義大利麵標準包裝的二十五到三十公分長，而是二十五公尺長，要將這些麵條分開有多難。這就是聚乙烯在成形時，原子層面上發生的事——只是鏈非常小，只有幾個原子寬，幾萬個原子長。藉由研究這種分子結構，聚合物設計師可以大幅變化它的強度與表現。將它們緊緊包在一起，令其結晶，可以製做硬質塑膠瓶；將它們分得更開，用更少的微塑晶予以連結，你就得到一個可以擠出番茄醬的軟瓶。改變其長度也能改變用途：聚乙烯防彈背心（超高分子量）的鏈——如果是義大利麵的寬度——會有約兩百五十公尺長。

聚乙烯只是五大類人造聚合物中的一類而已。此外還有聚苯乙烯（polystyrene，俗稱保麗龍），以其蓬鬆的包裝泡沫聞名，但也能塑造成質硬、乾淨的塑膠；乙烯基塑膠（vinyl）——俗稱PVC的聚氯乙烯（polyvinyl chloride），可以製作硬膠管或柔軟的浴簾；尼龍（nylon），大家都知道它可以用來做絲襪，但也很容易模製成堅硬的機械螺絲；聚丙烯（polypropylene），有足夠的彈性製成翻蓋式水瓶的瓶蓋，又堅固到可以製成家具。此外還有人造樹脂（epoxy resin）等「熱固性」（thermosetting）塑膠，除了製做黏膠以外，更重要的是，它還是能將碳纖與纖維玻璃黏在超硬材料上的黏著劑。熱固性塑膠必須經過加熱、固化，才能形成其化學式，而構成今天大多數塑膠的「熱塑性」（thermoplastics）塑膠則不需要。塑膠還遠遠不僅止於此：還有十五種其他類別的合成聚合物，以及數以萬計的子類別，所有材料都是世上前所未見的。

一千年來，物質的自然屬性始終是對人類的一道束縛。我們可以燒、打、鍛造從土裡挖出來的東西，以滿足我們的需求，但對於塑膠，我們可以再進一步：不僅可以根據需求加以改造，還可以量身訂製。曾有一段時間，大家都認為塑膠是如假包換的奇蹟。我們不僅可以改善自然，還能用聚合物來保護自然。第一種問世的塑膠賽璐珞（celluloid）取代了製造台球所用的天然象牙。賽璐珞於一八六〇年代問世，原本幾乎肯定將滅絕的非洲野象因此重獲生機。精巧的染料賽璐珞可以取代天然玳瑁殼，聚酯纖維（polyester）可以替代貂皮。就像石油時代早期，煤油保護了抹香鯨一樣，塑膠也保護了一些瀕臨滅絕危機的物種。

有了塑膠包裝，我們不再需要熔融那麼多矽製做玻璃，不再需要砍伐那麼多樹製作紙張與卡片。聚乙烯絕緣材質的問世，不僅保住馬來西亞生產馬來膠的橡樹，還保住其他許多東西。貝爾實驗室在一九七〇年代的一份報告發現，如果美國不用聚乙烯，而繼續用鉛做為電話線的保護外層，單是這項用途就得耗去全美鉛總產量的五分之四。[14]

二十世紀四十與五十年代逐漸逝去，六十與七十年代來臨，塑膠奇蹟似乎還看不見盡頭。化學公司利用來自煉油廠與天然氣廠的石腦油（naphtha）與乙烯，製造更多塑膠，或是用碳氫分子客製化更多的化學藥劑與藥品。塑膠的用途雖然多樣化，大多數新產品的基礎仍然離不開「黃金時代」——從二戰爆發到二戰結束——發現的那五大塑膠類型。科學家當然有一些突破，但都不能與法賽與吉布森在諾斯威治的那次發現——或者應該說，「再」發現——媲美。

這些位於柴郡的 ICI 實驗室多年前就關閉了，早於這家公司倒閉或把這塊地賣給塔塔化學之前。今天，地圖上找不到標示或導航點；網際網路也沒有任何有關這座實驗室是否還在、在哪裡的線索。能像這樣讓全世界改頭換面的物質不多，但令人稱奇的是，似乎每個人都想將這項重磅發現拋在腦後。

於是，在一個寒冷的冬日早晨，我驅車前往諾斯威治，想探訪一下這座實驗室的舊址。我沿著A533號公路穿越諾斯威治，在路經溫寧頓（Winnington）、即將過威佛河時，瞥見右手邊有一棟漂亮的褐色磚造建築。它挑高的窗戶上蓋著白色金屬捲簾，但我認出之前在舊照片上見到的一樣特徵：每扇窗上都有一個灰泥塑的、造型獨特的東方陽傘。

我在這棟磚造建築前停下。它前面裝了幾具保全攝影機，還有一塊牌子寫著「請為住在屋裡的人著想，不要擋在屋前」。建築物邊上一塊退了色的牌子說明這裡曾短暫充作健身房，另一則廣告顯示，它還曾經是室內漆彈場。但從入口處那幾盞裝飾藝術風格的燈具看來，幾乎可以肯定這就是我要找的那座實驗室。

我走向大門，隨即看到角落上豎著一塊藍色牌子：

直到一九九五年，這棟建築物一直是ICI溫寧頓研究實驗室所在地。艾利克．法賽與里吉諾．吉布森於一九三三年三月二十七日在這裡發現聚乙烯。雷達的研發就是聚乙烯問世之初的一項重要用途。之後，聚乙烯成為以噸計、世上最大宗的塑膠產品。

就這樣，偷偷地，這項史實藏在路邊，一點一滴從我們記憶中消逝。

不久後，我發電子郵件給塔塔化學，詢問有關這棟歷史性建築的狀況；這棟建築物今天是什麼用途？最後答案揭曉：「它現在是間三溫暖。」

我們在過去十三年間生產的塑膠，比我們自二十世紀初期發明塑膠起，直到二〇一〇年這段期間生產的塑膠總量還多。除了二〇二〇年因新冠疫情，與一九七〇年代初期因石油危機而出現的少數幾次例外，塑膠生產一直在飛快成長。沒有任何令人信服的跡象顯示這種漲勢會有所趨緩。

乙烯——傳說中約翰．洛克斐勒見到的旗下煉油廠排放的廢料——現在是龐大的新石化產業的基石。坐落提賽河畔的威爾登，一度為全球大部分地區提供聚乙烯的那座 ICI 廠仍在運轉。它現在是沙烏地阿拉伯國營石油公司阿美石油旗下石化部門「沙烏地基礎工業公司」（SABIC）的財產。沙國在從加瓦爾抽取原油的同時，也運作著相隔數千哩外的這座古董廠，用碳氫生產數以百萬計、有人稱為「樹脂小粒」（nurdles）的塑膠微粒。提賽德的一座廠仍是歐陸使用的塑膠袋的主要供應來源，這是事實，但沒有人願意多談這件事。

不過這個事實讓我們想到，直到不久前，歐美仍然壟斷著石化產業。製做聚乙烯是項棘手的業務，在中國成為世界最大製造商的許多年後，它的大多數塑膠原料仍得仰賴西方進口。但自二〇一〇年以後，這種情況開始轉變。今天，全球三分之一的塑膠原料來自中國。就像許多年前德國人在韋瑟靈那樣，中國人主要也用煤，而非石油或天然氣，生產塑膠原料。中國人對塑膠的情有獨鍾還方興未艾。

在歐洲，這種曾是人們眼中「奇蹟」的東西，現在成為人們猜疑、唾棄的對象。塑膠的問世，讓我們得以掙脫對金屬、礦石這類傳統原物料需求的束縛，但曾幾何時，塑膠已經成為「人類世」的象徵，成為我們必欲除之而後快的東西。只不過它們非常難除去：這是個大問題。它們仍然緊隨在我們身邊，有時用肉眼看得見，有時看不見。塑膠微粒在海洋裡，在我們大多數人的住宅中飄浮，甚至在人跡罕至的高山隨風飄散。每個月都有新研究報告出爐，討論塑膠對動物、人類與大環境的危害。

我們逐漸發現塑膠能將有毒的化學物滲入周遭環境，能包藏具有抗生素抗藥性的細菌，一旦分解到奈米塑膠規模，它們甚至可以穿透生物膜、進入腦內。有關塑膠危害海洋物種的若干說法或許言過其實，但塑膠汙染已在海洋散播是不爭的事實。布滿微塑膠的海面相較於海洋總面積雖說還很小，但有鑒於我們發明這種東西不過是幾代人以前的事，有鑒於我們過去十年生產的塑膠數量之大，塑膠汙染的問題確實讓人捏把冷汗。[15]

許多國家現在已經禁用一次性塑膠購物袋與塑膠吸管等物件。就若干案例而言，這些禁令失於短視：製造紙袋排放的碳，比製造塑膠袋更多；塑膠吸管可以重複使用，紙吸管只夠你吸上幾口就差不多壽終正寢了——有小孩的父母都很清楚這一點。我們製造可以生物分解的聚合物，取代傳統塑膠，但一些可生物分解的聚合物缺乏傳統塑膠的強度與穩定性；有時它們並不分解，與其他遭我們肆意拋棄的東西結為難兄難弟。

雖說塑膠可以進行大規模資源回收，問題是有些類型的塑膠完全可以熔融重塑，有些不能。舉例來說，用聚對苯二甲酸乙二酯（polyethylene terephthalate, PET）製作的軟飲瓶，可以輕而易舉透過資源回收，製成人造纖維絨。但如果再生製程中添了另一類塑膠，例如熱固性塑膠，結果就會亂了套。有人認為，塑膠的資源回收率之所以一直這麼低（相較於鋼的八〇%，在歐洲只有約二五%，在美國約十%），就是因為太複雜，消費者在將廢棄物丟進垃圾桶以前，得先學會分辨七種塑膠類型（有時你可以在瓶子底部見到資源回收代碼）。還有人認為，全球各地生產的塑膠微粒成本過於低廉，進行資源回收沒有經濟意義。[16]

這裡有一個矛盾：石油產業一向錙銖必較，絕不浪費，要將最後一滴油製成產品套利，而塑膠正是石油產業的產品。石油產業創造了嶄新的塑膠產業與塑膠，而塑膠太廉價、太多，多到讓我們覺得它們不值錢，可以隨手丟棄。煉油廠最初為了不浪費而製造出的塑膠，最後還是成了廢料：丟棄在海灘，在道路，在海中，在垃圾掩埋場裡。

後記
石油峰值

拉斯坦努拉（Ras Tanura），沙烏地阿拉伯

你若從北碼頭看出去，只會看到一艘又一艘油輪。天很熱，氣溫高達攝氏四十度，但透過薄霧，你可以見到十五或十六艘這樣的油輪，有些在裝貨，有些在等待，有些在拖船拉扯、推擁下，緩緩進入定位，這些矮小結實的拖船偶爾隱身在油輪龐大的身影後方。

這種等級油輪的技術名稱是「VLCC」——「超大型油輪」。它們是海洋運輸主力：能夠承載三十五萬噸原油，油輪長度比帝國大廈還高。近年來還有比超大型油輪更大的油輪加入

營運，即「極大型油輪」，不過極大型油輪不多，它們太大，除了少數水最深的深水港，幾乎無處可以停靠。所以，來回在海洋上的主要還是超大型油輪。

阿美石油的領港員會登上每一艘油輪協助它們進港。有時領港員得算準時機，從一艘小船跳上從油輪垂下來的繩梯；有時得繫在索上，從盤旋在油輪甲板上的一架直升機垂降到甲板上。領港員將這些油輪領進定位，有些油輪會來到奇形怪狀的「海島」：由輸油管與鋼構築的長型平台，伸入海中約兩浬，就算最大型油輪也可以停靠在這裡，無須接觸陸地。從加瓦爾與附近其他油田生產的原油，經過輸油管長途運輸送到這裡，再從這裡裝上油輪。如果一切進展順利，經過有時一天、有時一天半的操作，油輪可以完成裝油作業，它的甲板會因滿載而沉到距離吃水線不遠處。

拉斯坦努拉的碼頭設施年代可以回溯到一九三九年，當時沙烏地位於達曼的第一座油田開始產油。沙國國王阿布杜．阿濟茲．伊班．紹德（Abdul Aziz Ibn Saud）主持了開閥儀式，原油自此源源不絕、不斷湧出，直到今天。一趟趟維持全球運轉之旅，就從拉斯坦努拉這處世界最大石油輸出設施展開。

這些油輪中，許多會駛往中國與印度，幫助這兩個國家製造全球四分之一的經濟產值。一些油輪會駛往美國或歐洲。它們會往南，穿越荷莫茲海峽（Strait of Hormuz），繞過阿拉伯半島，往北駛入紅海，前往蘇伊士運河。但由於滿載的 VLCC 吃水太深，無法在水道較淺的蘇伊士運河上航行，它們會先將部分原油卸入埃及艾因蘇納（Ain Sukhna）碼頭的油管，然後穿越運河，駛往地中海，在地中海彼岸重新裝上它們之前卸下的油。

在你讀到這裡時，這種經過精心設計的過程正在進行——碳氫化合物沿著公海，通過輸油鋼管不斷地流動，若非如此，你在這裡讀到的許多東西將停止運轉。

因此拉斯坦努拉非常重要，同時也非常脆弱。與拉斯坦努拉遙遙相對，在波斯灣另一頭，就是沙烏地的死敵伊朗。拉斯坦努拉位於伊朗大批飛彈射程內，一旦爆發衝突，不出幾分鐘就可能被夷為平地。沙國的港口設備不時遭到無人機攻擊，一般都是來自北葉門、伊朗資助或支持的胡塞（Houthi）組織。沙國在二〇二一年說，拉斯坦努拉港攔截了一次無人機與飛彈攻擊。截至目前，這些攻擊未對石油運輸造成持久性傷害，但分析家擔心，石油運輸受創只是遲早的問題。拉斯坦努拉也不是唯一可能遇襲的目標，位於它的東南方一百哩外，還有另一座甚至比它更重要的港口。

拉斯・拉凡（Ras Laffan），卡達

拉斯・拉凡位於卡達半島岬角。它是沙漠中一處由管線叢林組成的龐然大物：有些管道

用來清洗與處理天然氣，有些管道用來凝結與冷卻天然氣，將天然氣轉變為液態形式。我在幾年前訪問拉斯·拉凡時，曾駕著一輛小型高爾夫電動車，穿行於這處鋼管迷宮中，想找出液化作業的確切地點，結果沒有成功。一如在科隆的韋瑟靈煉油廠，那是另一次令我困惑的經驗。只不過，在拉斯·拉凡的原油比較輕，比較不同。

如果石油是世界第三次能源大轉型——自這一刻起，我們發現如何將原油提煉成汽油、柴油與其他石化產品——則天然氣可以稱得上是世界第四次能源大轉型。雖說與大多數類型的煤相比，石油的能量密度高得多，也更能有效啟動內燃機，但天然氣更能將燃料轉化為動力。今天的燃氣渦輪發動機是最佳的能量轉換器，天然氣也因此成為最有效、汙染度最低的化石燃料。如果中國能將它所有的燒煤發電廠都轉為天然氣發電，全世界可以很快達到它的氣候目標。

不過這項轉型還得花一些時間才能真正啟動。石油早在一九六〇年代中期已經取代煤，成為世上最大能源，而天然氣開始取代煤還是不久以前、二〇二〇年代初期才發生的事。部分原因在於，天然氣的運輸比石油困難得多；運輸天然氣必須有龐大的配送網路，往往耗時經年。今天，我們有洲際天然氣管道跨越北美與中國，跨越中東與高加索；俄羅斯西伯利亞油氣田與歐洲間也有天然氣管道，不過有幾條目前處於停擺狀態，其中最大的是二〇二二年遭破壞的北溪（Nord Stream）天然氣管道。此外，近年來，能像拉斯·拉凡這樣，將天然氣壓縮成超冷液態形式、裝入特製液化天然氣（LNG）貨輪運輸的設施也在逐漸增加。

拉斯・拉凡比波斯灣沿岸其他港埠設施更重要，因為它就緊鄰世界最大的單一能源：加瓦爾雖是世界最大油田，位於卡達外海海底的北方氣田（North Field）卻絕對是世界最大天然氣田。由於我們可以用遠較其他任何燃料更有效的方式將天然氣轉換為熱或電能，可以從北方氣田提取遠超過從任何其他地方所能提取的能量——甚至超過加瓦爾油田與所有從沙烏地拉斯坦努拉港輸出的原油，在寫這本書時，就能源產量而言，北方氣田獨步全球，是全球最重要的能源所在地。[1]

北方氣田的幅員驚人廣大——是一處方圓三千七百五十平方哩的地下油氣田，大部分位於卡達領海之下，但部分伸入伊朗領海。卡達用輸氣管將天然氣抽上來、送入拉斯・拉凡的鋼鐵叢林，除去其中的二氧化碳與硫。就算走在這處複雜得驚人的設施裡，你也很難想像這個地方究竟有多重要。單是這座設施就供應了全球約四％的能源需求——比全世界所有太陽能板與風力渦輪機發電加起來都多。

在全球不斷從煤與石油轉向天然氣的情況下，拉斯・拉凡將更形重要。也正因如此，這個地方處於伊朗巡弋飛彈攻擊範圍內的事實尤其令人擔心。卡達與伊朗一個小，一個大，一個與西方結盟，一個是所謂「邪惡軸心」的一部分，兩國都從同一天然氣田汲取天然氣——汲取堆積了億萬年、由熱帶海洋浮游生物殘骸形成的碳氫化合物。

當然，世上還有其他生產天然氣的地方。在距離這裡幾千哩、北極圈內的西伯利亞，俄國油井靜悄悄地產著天然氣。幾十年來，這些天然氣順著油氣管源源流入歐洲。歐洲能源系統仰賴來自東方的天然氣。德國的製造業仰賴廉價的俄國天然氣，德國工業與化學廠對俄國天然氣的依賴尤深。愈來愈多的德國汽車與機械使用中國煉鋼廠製造的鋼，而這些中國煉鋼廠用的燃料正是俄國天然氣。但直到二〇二二年俄國入侵烏克蘭以前，柏林政界人士對這個問題並不重視。

在大西洋彼岸「二疊紀盆地」的德州油井，業者朝井裡灌入砂、化學藥劑與水，從井內抽出大量石油與天然氣。在這個一切經濟活動都是一種能量轉換形式的世界，裂解革命將在今後幾十年支援美國的經濟活動與繁榮，已經成為一項勢不可擋的邏輯。俄國能源斷供在歐洲造成的能源補給缺口，將由美國與卡達的石油與天然氣填補。

第四次能源轉型仍在進行中，天然氣即將超越石油或煤，成為我們主要的能源。我們已經依賴天然氣燒鍋爐，將砂煉成玻璃，將鹽製成化學藥劑，熔融與冶煉銅。近年來，還有人將天然氣連同煤一起注入鼓風爐。天然氣不只是可以製作肥料、石化產品與番茄而已。

整個石油時代出現過幾次石油資源可能耗盡、加瓦爾油田終將熄燈的恐懼。這種恐懼並非空穴來風，因為就像好的銅礦愈來愈難找一樣，最近便的石油貯藏也早已開採一空。想了解這種狀況，最好的辦法就是用我們為取得石油而必須投入的能量，與我們因此取得的石油做比較，即所謂「能源投資回報率」（EROI）。在早期石油探勘熱時代，大概每投入相當於一桶油的能量進行鑽油、開採，可以取得約一百桶油。今天，每投入一桶，只能得到大約五桶。以開採作業最積極的美國頁岩區為例，繼二〇一〇年代出現飛速成長之後，二〇二〇年代的成長已經後繼乏力。

無論怎麼說，石油帶給我們的教訓與銅差不多：無論是從深海海底，從人跡罕至的荒山野地，或從堅硬的頁岩，人類愈來愈擅長利用碳氫化合物。沙烏地的加瓦爾油田產值逐年下滑，但並未耗盡，新油田也不斷應運而生。美國的裂解革命意味，沒有人還會認真討論所謂「石油峰值」問題，即使真有，也因為他們指的不是「供給峰值」，而是「需求峰值」。

雖說天然氣造成的碳比石油少五分之一，比最好的煤少三分之一，在所有化石燃料中不僅效率最高，汙染程度也最低，但它有另一個問題：隨著世界人口與世人對能的胃口不斷增加，我們的碳排放總量也增加了。[2]

今天世上大多數國家都已下定決心，必須展開第五次能源轉型。這次轉型的目標與過去四次都不一樣：為的不再是增加燃料的能量密度，而是完全剷除碳排放。這次轉型的目標是用水力發電、太陽能、風能與核能，取代幾乎一切化石燃料。

這場轉型已經出現。雖說煉油需要投入的能量在增加，但我們也比過去更懂如何提高引擎功率，所以帶動每一元經濟新產值需要投入的油正在逐漸減少。下一步是減少我們對原油與天然氣的依賴。根據各國政府在二〇二二年提出的保證，全球對原油與天然氣的依賴將於二〇二〇年代中期進入停滯期。的確，英國石油公司（BP）在二〇二三年發表的分析報告中指出，對原油的需求可能已經達到峰值，不過天然氣消費可能需要較長時間才會達到。但最主要的還得看政界人士能不能以行動兌現他們的承諾。[3]

擺脫大量使用石油與天然氣是做得到的。只是有鑒於我們如此依賴它們填飽我們肚子、讓我們來去自如，要拋開它們並不簡單。這意味我們得在世界各地打造巨大的新能源產能：得以前所未有的速度打造太陽能板、風力渦輪機，與核能電廠。這意味，我們得在一種重要的意義上復古：就像我們的祖先從未動過燒石油的腦筋一樣，我們今後也應該主要將這種了不起的東西視為一種化學成分，而非當作燃料使用。煉油廠分餾過程中產生的複雜產品，能幫我們製作電池成分，以解決再生能源尚不穩定的問題。它們能製成彈性塑膠，幫我們製造最大、最強的風力渦輪機。這一切絕不簡單，不做一些不快的妥協不可能達成。

掙脫石油將讓我們邁向一個開礦新時代。二十世紀的黑金，將由一種帶動二十一世紀的粉末狀白金取代。在阿拉伯灣的另一頭，這個新時代正開始成形。

第六部

鋰

第十六章
白金

阿塔卡馬鹽湖（Salar de Atacama），智利

近旁是奇特的月亮平原，亮紅色的湖、鹽山，還有冒著煙的火山，阿塔卡馬鹽湖有種怪異、驚悚的美。湖邊倘佯著火鶴、原駝與小羊駝——駱馬與羊駝的野生近親。但當你往裡走，走向科學家所謂「核心」地帶時，生命開始消失了。你發現自己來到一處比不毛荒漠更加不毛的荒漠。

除了南極洲幾處永無天日的地方，這裡是地表最乾燥的地區。你一來到這裡就會發現：皮膚發熱、嘴唇開裂，口乾舌燥。我來的那天濕度不超過十二%：非常適合洗三溫暖，但要

生活在裡面可真受不了。

技術性的解釋是，這處由砂、石與鹽組成的荒漠，位在一處兩面雨影區（rain shadow）：它的東面是安地斯山，西面是智利海岸山脈，兩相阻擋之下，這裡的降雨量非常、非常少。有些氣象站從未記錄過一滴雨，儘管在鹽湖等若干地區，在非常偶然的情況下也會出現一些豪雨。本地人稱這種豪雨為「玻利維亞冬天」，矛盾的是它一般出現在夏季。

阿塔卡馬鹽湖與你想像中的鹽湖——猶他州開闊平坦的白色「大鹽湖」（Great Salt Lake）或玻利維亞的「烏尤尼鹽湖」（Salar de Uyuni）不一樣。相形之下，阿塔卡馬鹽湖呈現褐色，而且略帶鱗片狀。它的褐色事實上是一層非常薄的、從鄰近沙漠吹來，附著在湖面鹽上的砂；呈現鱗片狀是因為它的表面仍在緩緩、無聲無息地生長，新的鹽莖像手指一樣朝天伸展。其他鹽湖色白而且平坦，是因為雨水沖刷，洗去了砂，鱗狀鹽爪還沒來得及成形就被雨水沖垮。既然這裡很少下雨，這些鱗狀鹽爪便能緩慢、不斷地長著。

我一度走入阿塔卡馬鹽湖湖面，但很快發現自己犯了個錯。想走入處處鹽爪的湖面，你得先戴上結實的厚手套才成，因為這些鱗狀鹽爪比廚師的刀還鋒利。湖面崎嶇難測，就算你再小心謹慎、步步為營，想往前走而不摔倒幾乎不可能，而一旦你摔倒，想用手去撐住……我在鹽爪叢林蹣跚前行了五分鐘，停下腳步，望著自己的手指，想像如果不慎摔倒，它們會成什麼樣子，於是轉身折返。每踏出一步，鹽層就在我腳下碎裂，在湖面發出一種類似北歐湖冰解凍時會有的奇怪迴響。但這裡的響聲更令人毛骨悚然，因為我知道在這湖面下幾公尺處有什麼：一處碩大無比的地下高密度鹽水池。這處鹽水池可是大生意，我們來這裡就為了它。它很深，富含各式各樣的鈉、鎂、鉀、硼……沒錯，還有鋰溶液。

基於某種經驗邏輯，我將鋰納入原料世界六大關鍵之一。鋰是一種神奇的金屬：它與氫、氦同屬大爆炸（Big Bang）創造的三種原始元素，這使它成為宇宙最古老的物質。沒有任何其他元素像鋰這樣，兼具質輕、導電與電化學能。沒有其他金屬像鋰這樣善於儲蓄能。它輕得能在油中漂浮，軟得可以用菜刀切割，但它的化學反應性極強，在接觸水與空氣時會發出嘶嘶聲與爆裂聲。有些東西是你在化學實驗室外見不到它的基本形的，鋰就是其一。鋰之所以成為最強大的電池，從而成為二十一世紀能源新核心，正因為它有強大的化學反應性。

如果想去除碳排放，在今後幾十年間脫離化石燃料，我們就得將大部分的世界電氣化（即減少對石油、但增加對銅的依賴）；我們需要建造更多風力渦輪機（鋼、矽與銅）與太陽能板（銅與冶金矽），遑論更多水力發電水壩（混凝土）了。不過除非我們有辦法儲能，所有這些都不管用，因為像太陽能與風力等再生能源，本質上有其間歇性，我們需要儲能以因應能源短缺期間所需。我們需要儲能，讓車輛可以不靠化石燃料也能在路上行駛。

雖說電池不能解決所有這些問題，但可以為大部分問題提供解方，幫我們達標。此外，電池裡雖說使用許多化學物質，但就質輕與儲能能力而言，沒有一種能比得上鋰。誠如科學文章作者賽斯・弗雷契（Seth Fletcher）所說，「宇宙賜給我們的，沒有比這更好的東西了。」[1]

我們又一次回到智利，與之前為了解銅而來此的原因差不多：世上產銅最多的地方首推智利，產鋰最多的地方也在這裡。阿塔卡馬鹽湖是世上最大單一鋰礦產地。

阿塔卡馬鹽湖為什麼能產這麼多鋰，是一個我們才剛開始破解的謎，不過根據目前已知線索，最有說服力的解釋如下。把這處鹽湖想成一個大汽鍋。一邊是安地斯火山，另一邊是一群較小的山。水從安地斯山沿著幾條河順流而下，穿過深谷進入盆地。這些水流一路上挾帶智利土壤中極少量的稀有礦物前行，直到流到谷底以後無處可去。困在這個大汽鍋的水逐漸滲入礫石地，由於這裡是地表最乾燥的地區，大部分的水蒸發了。

河水挾著滲入水中的微量火山礦物質流入盆地、浸透沖積扇，然後在南美炎陽下蒸發——想像這樣的過程在億萬年間不斷反覆，你才能逐漸了解這處巨型鹽湖是怎麼誕生的。一千年又一千年過去，河水不斷蒸發，留下包括各式各樣礦物質的高濃度鹽溶液。一千年又一千年過去，沉澱速度較鹽液中其他成分更快的氯化鈉，在湖面結成一層鹽殼：就是我在上面勉強走了幾步的那個殼。在距河最遠、年代最古老的地方，由於地底板塊持續擠壓，鹽疊成一整座山嶺，即德拉薩爾山脈（Cordillera de la Sal）。這個過程可能直到今天仍然持續著，只不過進度太緩慢，沒辦法察覺而已。

這就是阿塔卡馬鹽湖的來歷。毫無疑問，這座湖的景觀令人嘆為觀止，而它藏在湖底下的東西則教人難以置信。在部分鹽湖，鹽層至少有三哩厚。在部分鹽湖，鹽層只有薄薄一層，底下就是巨型鹽水池，至少三百萬年來像海綿一樣，不斷在地下吸著。在我們心目中，水總是在不斷流動，無論是海水、河水，是從湖面蒸發的水珠，升入雲端、之後結為雨滴落下，完成循環週期。但這裡的水早在人類誕生以前很久，就困在這座黑暗、多鹽的水牢裡，無法動彈。

讀到這裡，你一定對這種原料世界的矛盾——非常老的生出非常新的——耳熟能詳了：行動電話、筆記型電腦，與電動車的電池，部分製作材料就來自這種古鹽水。但無論怎麼說，阿塔卡馬鹽湖的例子另有讓人驚豔之處。望著鹽水湧出這裡的水管，你很難想像這是這些鹽水好幾百萬年來重見天日的頭一遭。你很難想像這些鹽水很快就要送到世界另一邊、裝入電池，又一次打入黑牢。

這裡的鹽水由兩家公司負責開採，一家是雅寶（Albemarle），原是製紙與化學公司，之後全力投入鋰產業。另一家是智利化工，就是本書第二部提到的那家開採 caliche 鹽、將它製成肥料的公司。

這類型鋰礦的開採作業相對簡單。分散鹽湖各處的鹽水井，從鹽層底下抽出古老的鹽水，經管道流入巨型水池，進行蒸發。蒸發作業流程緩慢，需時數月：氯化鈉首先沉澱，餘下的鹽水流入另一巨池，進行氯化鉀沉澱，接著再流入另一蒸發池，除去硫酸鎂。最後，經過一年多的製程，從地底抽出的淡藍色鹽水，已經濃縮成一種幾乎像螢光筆一樣鮮豔的黃綠色溶液。在這個階段，溶液含鋰的純度約為二五％，那綠色則來自仍留在溶液裡的硼。

你或許已經注意到，這項製程不僅相當直截了當，而且與幾千年前腓尼基人在伊比薩製鹽時採用的作法完全一樣，直到今天，匠人也仍沿用此法製作「鹽之花」。事實上，主要的差別在於規模：製作地中海鹽的蒸發池大小以公尺計，在阿塔卡馬鹽湖，大小則是公里。

近年來成為全球最大鋰礦生產業者的智利化工，踏入這行幾乎算是一場意外。它自一九九〇年代起開始在阿塔卡馬鹽湖抽取鹽水，但主要為的不是產鋰，而是生產鉀鹼。當時鋰只是一種有趣的副產品。事實上，直到不很久以前，沒有人真正重視過鋰，因為鋰與本書討論的其他幾種原料不同：鋰在文明進程中只扮演著龍套角色。

或許它最重要的用途在於製藥：由於成為治療雙極性疾患（bipolar disorder）與抑鬱症的熱門藥物，鋰闖入「伊凡賽斯」（Evanescence）與「超脫」（Nirvana）樂團的歌曲中，成為文化語言的一部分。的確，由於它能不著痕跡、極為有效地改變人的情緒，有人主張，應該像有些國家將氟化物加入飲水、強化牙齒保健一樣，將鋰加入飲水中。在新核能科技，鋰也扮演小而重要的角色。鋰被證明是熔鹽反應堆的重要冷卻劑，也是如果我們最終實現主流核聚變時所需氚養殖的主要途徑。鋰還有其他幾項用途：它可以強化玻璃（奧圖・蕭特在十九世紀實驗強化玻璃時，首先加入的元素中就有鋰）；鋰在某些金屬中扮演合金角色，其光滑性意味著鋰化物可以是絕佳的潤滑劑，還能改善陶瓷製品的外觀與耐磨性。

這一切都讓鋰成為原料世界的異類。這本書討論的其他幾種原料，幾代、甚至幾世紀以來都是人類生活所不可或缺，如果這本書提早幾十年撰寫，鋰可能根本無法上榜。鋰能成為我們生活中不可或缺的原料，有些像是水泥配方的再發現，或是固態半導體的發明，是一種長期挑戰的結果。一個世紀以來，我們一直渴望打造一種強有力、經久耐用的電池，鋰就這樣華麗登場。

一種更好的電池

第一位用鋰製作電池的工程師，不是別人，就是湯瑪斯・愛迪生。在以宗教般熱情投入，不斷改善配比、加強系統化生產，掌握了混凝土製造技術之後，愛迪生開始以同樣作法處理電池。甚至在愛迪生於二十世紀之初展開對電池的研究時，使用電池儲能已經不是特別新奇的事。事實上，在電氣時代最早期，電能幾乎完全來自電池。在發電機問世之前，電報與最早期的電燈都依靠原始型電池供電。

這種最早期的電池供電始於義大利科學家亞歷山卓・伏特（Alessandro Volta）。伏特於十九世紀之交，用浸在鹽水中的硬紙板將疊成堆的鋅片與銅片分隔，發現可以將電流從一極（在這個案例中，就是金屬片）傳送到另一極。他的這個電極堆就是世界上第一顆電池——伏特電池（voltaic cell）——直到今天仍有人稱它為「伏特堆」（因為它就是一堆）。問題來了：這種東西究竟應該怎麼稱呼。純正主義者會說，一個這樣的東西，無論它是當年伏特發明的那個堆，或是你在你手機裡找到的玩意，都應該稱為「cell」（發電裝置）。他們說，只有在稱呼一組、多個「cell」時，才能叫作「battery」（電池）。不過，近年來，大多數人（包括本書作者）會將這兩種稱呼混用。[i]

半個世紀後，法國物理學家賈斯東·普朗特（Gaston Planté）將一團浸了酸液的鉛電極裝入玻璃容器，造出世上第一個可充電電池。鉛酸電池可以提供快速的電力爆發，直到今天人們仍用它們啟動汽車引擎，但由於能量密度相對較低，鉛酸電池的儲電能力不強。為求改善，愛迪生開始用週期表上的元素一一進行測試。在完成對鉛與硫酸的測試之後，他開始實驗銅、鈷與鎘等其他元素。經過十年實驗，歷經幾次挫折與一場大規模專利權官司，愛迪生終於推出一套鎳與鐵組合、浸在氫氧化鉀溶液、裝在頂級瑞典製鋼容器裡的電池。推廣這項產品的廣告詞上寫道：「唯一在結構與成分中有鐵與鋼的儲能電池」。

愛迪生的實驗至少強調了一件事。電池化學配方雖說不同，改善普朗特的鉛—酸配方絕對辦得到。畢竟，如愛迪生所說，「如果大自然有意讓我們在電池裡使用鉛來啟動車輛，她就不會把鉛造得那麼重。」而且如果鉛太重，不宜用於電池，則毫無疑問，最輕的金屬最適合電池應用。而與鉛反向而行的週期表上另一頭，在氫與氦的下面就是鋰。愛迪生在他的電池——即所謂A電池——電極溶液中灑了一些氫氧化鋰，搭配溶液中的鉀，與鎳與鐵電極，成果令人鼓舞。鋰將電池儲電能力提升了十%——不過沒有人說得清究竟發生了些什麼。

之後幾年，科學家追隨愛迪生的腳步，研發其他電池化學配方，包括鎳鎘與鎳氫電池，便是今天大多數消費性可充電電池的基礎，例如你家裡的AA電池。不過，他們還沒能將其中最有前景的元素納入電池。幾十年過去了，一篇篇研究報告都指出，最好的電池應該以鋰化學為基礎，但直到一九七〇年代，始終沒有人能掌控這種極易揮發的物質，並將它置入電池中。電池是一種燃料形式——不過是電化學，而非化石燃料。出現在電池裡的是一種控制下的化學反應，一種將物質含有的「爆炸能」（explosive energy）轉換為電流的作用。而爆炸能最強的成分莫過於鋰。[2]

當年叫「艾索」（Esso）的艾克森美孚（ExxonMobil）在一九七〇年代完成第一項突破。當時油價飛漲，身為石油業大廠的艾索，擁有全球資金最充裕的電池部門，部門裡有幾位全

i 事實上，一種多少有些古怪的理論說，世上第一個電池其實是兩千年前古美索布達米亞（Mesopotamia）人造出來的。一九三〇年代，考古學家找到一套黏土罐，裡面裝了一個銅圓柱，有人認為這套裝置可能是用來電鍍珠寶的，也或許真是用來充電的。（作者註）

球最頂尖的化學專家，努力為公司在一個沒有碳氫燃料的世界打造前途。其中有一位英國化學家，名叫史坦・惠廷翰（Stan Whittingham）。不久，惠廷翰靈光乍現，永久改變了電池世界。

在當時，電池製造業者面對的一大問題是，每次充電或放電時，電極的化學結構都會出現不能逆轉的變化。這種現象造成的實際後果是電池不能持久，愛迪生曾傾多年之力想解決它。惠廷翰找到了讓鋰原子在電極之間往返而不造成損傷的辦法。

或許這麼說會讓電池化學專家看了皺眉，不過為便於了解，不妨將電池想像成一組摩天樓，其中一棟是商辦，另一棟是住家，分別代表陰極與陽極。當手機或電動車的可充電電池沒電時，用電化學術語來說，就是許多鋰原子呆坐在陰極——在住家裡——什麼也不做。

但在開始充電以後，那些鋰原子（由於帶電，技術上應稱作鋰離子）前往另一棟摩天樓——就是陽極，也就是例子裡的商辦。它們上工了。在一個完全充滿電的電池，陽極結構中擠滿這種帶電鋰離子。電池在使用時，鋰離子開始帶著電流，一路返回了住家。了解這種在陰極與陽極之間的穿梭，你就大致了解了可充電電池的工作原理。[ii]

離子可以從一個電極的晶體結構穿到另一個電極的晶體結構——這個概念就是惠廷翰的靈感。惠廷翰稱為「嵌入」（intercalation）的理論，至今仍是電池運作的基礎。惠廷翰運用這種理論造出世上第一個可充電的鋰電池。這只是一小步——它僅有一個錢幣那麼大，用於手錶——但確是一個起步。惠廷翰的電池每公斤（鑒於它那麼小，應該說，每公克）儲電量高達鉛酸電池的十五倍，而每當惠廷翰設法將電池加得比小錢幣大一點，它就會起火燃燒。為抑制鋰這種固有的反應性，他不得不加入鋁製成合金，可是問題仍然無法完全解決。所以惠廷翰的電池仍然只是一種珍稀品，直到幾年後，英國與日本研究人員終於找出解方為止。[3]

這裡出現一位了不起的關鍵人物，就是美國物理學家約翰・古迪納夫（John B. Goodenough）。古迪納夫生於耶拿，就是奧圖・蕭特與卡爾・蔡斯創新玻璃製作工法的那個德國城市。先後在耶魯、芝加哥與麻省理工研讀的古迪納夫，於七十年代晚期與八十年代初期在牛津大學主持無機化學實驗室，在電池科技突破中扮演重要角色。他領導的這個團隊創下許多佳績——今天在這座實驗室外還掛了一塊藍牌，紀念他們這些成就——其中包括發現鋰離子電池陰極（那棟住宅區）最佳配方。這裡的關鍵材料是鋰鈷氧化物（lithium cobalt oxide），這種化合物提高了這些電池的安全性與容量，為它們提供一個穩定的陽極基質，使鋰離子能夠穩固的嵌入其中。它不能完全排除電池爆炸的問題，但至少可以避免這類問題。

幾年後，最終的知識躍進在日本出現。日本化學家吉野彰改善了電池中其他的成分。他

ii　你或許認為，你帶在身上或擺在身邊的手機，裡頭的電池是個惰性物體。畢竟它既不會震動，也不會像汽油引擎一樣突突作響。但不要被它騙了；甚至就在你讀到這裡時，它也正在微微改變著形狀。從陰極出來的鋰離子，使陽極的離子數目增加約十三%。你在為你的手機或電動車充電時不會注意到這種變化，不過電池表皮下這種電化學的輕微脈動，一直就在我們日常生活中各種裝置內進行著。（作者註）

用一種特定類型石墨——直到今天，亨伯煉油廠生產的針狀焦仍在製作這種石墨——製成陽極，搭配古迪納夫的鋰鈷氧化物，結果效果極佳。吉野彰充電、放電，鋰離子安全而流暢地穿梭在兩極間。他還找出將兩個電極組裝在一起的最佳辦法：將這些材料貼到像紙一樣的薄片上，一起捲入金屬罐中，並用薄膜隔開。這最後的高招——如果電池過熱，作為分隔的薄膜融化，能防阻爆炸——讓人想到賈斯東·普朗特發明的第一個可充電電池。在誕生之初，可充電電池是擠壓在一個罐裡的一團金屬，經過一百多年的實驗與徹底的材料轉型，它多少又回復了本來面貌。

不過，這種電池要進入消費者手中還得花幾年工夫，而且美夢成真之處無論距離艾索的實驗室，或距離牛津化學實驗室都非常遙遠。日本電子公司「索尼」（Sony）一直想為它的錄放影機裝配一種更好的電池，最後找到古迪納夫研擬、經吉野彰改進的雛型。索尼加以調整、加入本身的創意，於一九九二年創造了第一個生產型鋰離子電池，為索尼Handycam攝影機提供另一種充電選項。這種新電池比傳統鎳氫電池小三分之一、輕三分之一，儲電量卻更大。之後幾年，鋰離子電池逐漸滲入各式各樣裝置，直到智慧型手機問世，它們才第一次真正大放異彩。集電路系統、半導體、數據機晶片、顯示器於一身的智慧型手機，需要大量電能，需要最強大的電池。今天，幾乎所有智慧型手機使用的電池，都來自惠廷翰、古迪納夫，與吉野彰的研發成果。這三位科學家於二〇一九年獲頒諾貝爾化學獎。

首先在美國成型，之後大部分時間都在英國境內研發的這項發明，最後卻在日本展開量產，是直到今天仍讓英語國家大感沮喪的一項話題。為什麼這麼多電池設計上的突破出現在歐美，最後的生產卻為亞洲把持？簡單的答案是，日本擁有欣欣向榮的電子商品——打頭陣的是攝影機與「隨身聽」（Walkmans）——製造市場，而這些商品都需要更高密度電池。

隨著一九九〇年代走入歷史，二〇〇〇年代揭開序幕，鋰離子電池逐漸成為電子世界必備零組件，繼筆記型電腦、智慧型手機之後，電動車也入列了。若是沒有內部非凡的矽晶片，智慧型手機就不可能問世，矽晶片為電路供電、容納處理單元、賦予記憶存儲功能，更不用說為相機提供光學感應器了。但若是沒有又輕、又強大、能量密度遠超傳統電池的鋰離子電池，這一切應用都不可能成為事實。

就這樣，對鋰的需求開始超越我們開採鋰礦的能力。此外，鋰與銅或鐵不一樣。我們已經擁有幾百年的銅礦與鐵礦開採經驗，但鋰業仍處於襁褓期中。直到不久之前，世上鋰礦仍然寥寥無幾，阿塔卡馬鹽湖的礦池仍然相對較小。今天這些鹽池已經大到從太空中清晰可見：像砸在沙漠中央的一個巨型粉色調色盤。

最輕金屬的黑暗面

對「人類世」的最佳註解，或許莫過於龐大、淡綠色的阿塔卡馬蒸發池。我們迷戀智慧型手機，決心掙脫對化石燃料的依賴，而想滿足這種迷戀，想達成目標，這座蒸發池似乎是最顯而易見的解決問題之鑰。但一個不快的念頭也難免不在我們腦海間浮現：我們這麼做，會不會只是用一種環境足跡形式取代另一種而已？我們才剛開始了解這座鹽湖底下鋰鹽水的來歷，就迫不及待將它抽上來、送往提煉廠？但如果不從這裡採，又要從哪裡採？

智利的阿塔卡馬鹽湖不是世上唯一這類鹽湖；它甚至不是最大的。南美洲的這個角落，在智利、玻利維亞，與阿根廷的所謂「鋰三角」裡，有好幾處這類鹽湖。其中最著名的或許首推玻利維亞的「烏尤尼鹽湖」。烏尤尼鹽湖面積達到四千六百五十平方哩，比阿塔卡馬鹽湖的一千一百六十平方哩大上許多倍，鋰資源也更加豐富。但玻利維亞政府儘管已經展開開採，並誓言建立屬於自己的電池工業，在本書撰寫時卻還不見有多少動靜。這一部分基於政治原因，一部分也因為烏尤尼鹽湖的鹽水資源雖充沛，鋰礦開採卻較難：它每一公升的含鋰量僅阿塔卡馬鹽湖的一半，含鎂量卻比阿塔卡馬高出三倍。

「鋰三角」雖號稱擁有全世界最集中的鋰鹽水資源，但在中國青藏高原的幾座鹽湖裡也找得到一些。你也可以從一種淺褐色的「鋰輝石」（spodumene，即矽酸鋁鋰）中開採這種金屬。事實上，這種硬岩的來源有助於解釋「鋰」（lithium）的得名，即希臘文的「石」（lithos）。開採鋰輝石很像開採鐵或銅：必須先用炸藥將它炸出，然後再像提煉大多數其他礦石一樣，進行碾磨與處理。澳洲現在正卯足全力用這種方式開採鋰輝石，而且已經超越智利成為全球最大鋰產國，不過澳洲將幾乎所有開採出的鋰輝石都運往中國加工，一如我們對銅精礦、對幾乎其他每一種礦石的處理方式。

對澳洲來說，將這些岩石送往中國提煉還有一個比較沒有人討論的好處：提煉鋰礦會造成大量排放，把岩石送往中國，意味澳洲不必為這些排放負責。前文已述，將礦石冶煉成產品是一項艱辛的歷程，需要投入大量的能，需要排放大量溫室氣體。事實上，與抽取智利鹽湖下的鹽水相比，從硬岩石提煉鋰所帶來的溫室氣體排放與耗費的水資源要高出許多倍。如果你買了一輛電動車，一般你是看不出這車上的電池組裡用的是哪裡出產的鋰；想答覆這個問題，你得先費些神，了解鋰的生產究竟有多環保或不環保。最後，在開了幾年之後，相較於一輛汽油車，電動車能「值回」環保成本，不過要幾年才能回本，差異可能很大。[4]

在全球爭相取得更多鋰礦的此時此刻，這些環保成本考慮只能暫時放一邊。鋰產業成長最速的區塊是硬岩開採而非鹽水開採，主要是用炸藥挖掘遠比耐心耐煩、等候好幾百萬升的鹽水蒸發容易得多。此外，礦業公司也在嘗試開採更新的、不熟悉的鋰資源。

在英格蘭遙遠的西南方，兩家公司正設法從幾處停擺了好幾十年的老礦場採鋰。同時，在澳洲皮爾巴拉開採鐵礦的力拓集團，也對幾年前在塞爾（Jadar）維亞賈達爾河谷發現的一種岩石寄予厚望。這種亞達爾礦石（Jadarite）的化學成分與「氪」（Kryptonite）——至少根據二〇〇六年的電影《超人再起》（*Superman Returns*），氪就是那種能削弱超人力量的晶石——非常類似，除了亞達爾石不會發出綠光，而且真實存在。儘管如此，這項開採案讓地方社群大為光火，終於引發該國幾十年來最大規模的抗議活動。塞爾維亞政府於二〇二二年初吊銷了力拓的開採執照。

在其他地方，有人計畫在德國的黑森林開發地熱泉，從某幾種黏土中提煉鋰，甚至還有人主張從濃度達百萬分之〇．二的海水中提煉鋰。這類種子項目中或許有一些能成功，只是沒有人知道我們得耗用多少能、製造多少廢料才能達標。不過就目前而言，無論在鹽水或在岩石中，鋰資源都不缺乏，而且就像我們不斷精進的產銅技術，想必也會發生在產鋰的技術上。所以，真正的問題不在資源是否足夠，而是須付出什麼——包括財務成本與環保成本。

且考慮一下阿塔卡馬的情勢。針對這處礦區而來的環保吼聲聚焦於水資源，這當然可以理解。在這處世上最乾燥的沙漠，怎會有人想出用水開礦這樣的餿主意？本地人、計程車司機、環保運動分子與住在鹽湖附近的農民一再抗議的，基本上就是這件事。

而且他們的抗議確實有道理：為了將鹽水從一個巨型水塘轉移到另一巨型水塘，鋰礦業者確實得從鹽湖邊緣——在河水已經滲入地下，但還沒有轉為鹽水的地方——抽取地下淡水。業者說，如果不用水灌入這些水塘間的水道，整個系統會堵塞，就採不出鋰了。他們指出，與開採、提煉銅礦需用，或與本地生態觀光需用抽取的地下水資源相比，他們的使用量很少。此外還補充說，在他們抽取地下水時，本地人已經可以從流經山澗的小溪取用所需淡水。他們開採鋰，又會礙著誰了？

只不過事情沒這麼簡單，因為這裡其實有兩個各別議題。一個是採礦業者從鹽灘周邊抽取的水，還有一個是鹽水本身——就是他們從裡面採鋰的那個史前地下蓄水池。這讓我們不得不談一個乍聽之下或許有點怪異的問題：水是什麼？因為今後鋰的供應——我們所有裝置中的可充電池供應——最後可能都取決於這個問題。更特定地說，所謂「水」是否包括在鹽灘鹽池上閃閃發光的那些液體？

對許多人——包括那些生活在鹽灘周邊的人來說，這個問題的答案當然是「是」。沒錯，鹽水裡面有鹽，含量約二五％到三〇％，但其餘是水。就在本地人絞盡腦汁盡量儲存每一滴水的同時，那些龐大的鹽池卻在沙漠驕陽下不斷蒸發這種解渴、救命的水資源。對許多人、特別是對生活在俯瞰鹽湖山村裡的原住民社區來說，鹽湖是神賜給他們的土地，鹽水是他們水資源的一部分。

格蘭村（Río Grande）就是這樣一個山村，這裡的村民以務農維生，用偶爾從安地斯山上流下來的珍貴水源進行灌溉。當我往訪這個山村時，村民帕美菈．康德里（Pamela Condori）

帶我來到一處農田，一位正在那裡種植大蒜的農民給了我們幾個蒜頭。

「這蒜頭可有名氣了，」帕美菈剝了一瓣蒜頭遞給我。「它非常甜，而且讓人齒頰生香，還賣到瑞士去呢。」

見她一臉期待，我盛情難卻，只得將那瓣生蒜丟進嘴裡。她目不轉睛望著我，我也笑著咬了一口。一時之間我只覺五味雜陳——些許可口，但大部分不可口——突然我支支吾吾、說不出話來，想分辨刺激著味蕾的這股辛辣是療癒還是折磨。但話又說回來，我努力告訴自己，這粒蒜與我在倫敦郊外利河谷吃的那顆番茄不一樣，它可是最自然不過的食物。

帕美菈利用我說不出話的空檔，解釋開採鋰礦的問題。

「他們是在強暴大自然，」她說。「我們尊敬大自然。但採礦業者來到以後，肆意濫墾，去除了水，奪走了我們用水的權利——好像是說：這都是我的。這讓我們惱火，因為這不是他們的，這是我們的。最先來到這裡的人是我們。」

在一處俯瞰鹽田、遠方藍綠色鹽池清晰可見的岬角，另一位本地人克里斯汀・艾斯平杜拉（Christian Espíndola）往神龕上灑了一些酒，擺上幾片古柯葉。

「這裡不下雨。但水就像我們血管裡的血，」他說。「智利化工這類礦業公司正在摧毀阿塔卡馬鹽湖。他們在直接殺害鹽湖的生命。」

但對採礦業者與規範當局來說，那些蒸發池裡的液體絕對不是水。智利化工的主管們為我辨了一連幾場的電腦簡報說明會，鉅細靡遺地向我解說鹽水其實是一種礦物。鹽水的行為與水大不相同，很少與水混合，沉入地下的深度也甚於淡水。在這些礦業公司工作的水文地質學家說，阿塔卡馬鹽湖的地下現況就是如此：這兩種液體就像兩種非常、非常不一樣的東西一樣，正相互排斥，形成各別的層。

如果讀到這裡，你感覺有些迷糊，你並不孤單。在訪問阿塔卡馬鹽湖期間，我因為把「鹽水」（brine）稱做「水」而不斷遭到指斥（「艾迪，那不是水！」）直到有一天，接受我訪問的一位高級主管也犯了同樣錯誤——「喔哦，我剛才說『水』，不過那不是『水』。」之後，沒有人再糾正我。既然連指導這場「正名」行動的圈內人都難免失言，就知道這充滿了灰色地帶。

無論怎麼說，有關這種水（對不起：應該說，這種「液態礦」）系統的科學太新、定義太模糊，想確定開採鋰礦究竟會造成哪些衝擊非常困難。不過有一點是公認的：採礦業者不斷抽取鹽水，會讓歷經好幾百萬年形成的這些地下貯藏逐漸乾涸。但話說回來，智利化工首席水文地質學家柯拉杜．陶雷（Corrado Tore）說，大多數開礦不都是這樣嗎？

我們站在阿塔卡馬鹽湖一座蒸發池的邊上。在這個階段，池裡的鹽水在提煉旅程中已經走了將近一年；包括氯、鉀與鎂等大多數其他礦物都已去除，剩下的是一種黃綠色、黏稠的液體。風吹過鹽湖，將鹽晶打在我們身上。

「凡走過必留下痕跡，」陶雷說。「是的，我們對這裡造成了衝擊，但關鍵是如何控制它，以一種盡可能環保的方式降低風險。

「我們試著向地方社群解釋我們在這裡做的事。我們在開礦，沒錯，但我們還能怎麼做？什麼都不做？問題是你需要這種東西——就算不從這裡，你也得從其他地方開採它。」

我們望向那沉睡好幾百萬年、而今湧入蒸發池，即將展開一場非常不尋常旅程的鹽水。抽取鹽水的速度遠超過鹽湖自我補充的速度，但沒有人完全確定什麼才是「安全」的抽取速度。在達到哪一點時，開採行動會造成地方環境不可逆轉的變化嗎？生物學者指出，鹽湖邊緣的樹木在逐漸壞死，根據一篇經常為人引用的研究報告，自鹽水開採以來，火鶴的數目也不斷減少，而這些都是開採鋰礦之惡。但智利化工也對火鶴做了屬於自己的、更加深入的研究，說火鶴是愛流浪的鳥類，因此牠們的數目不能說明很多事……云云。5

說來說去，我們對這種生態的形成，以及它今天如何適應的狀況所知太少，沒有人能確定我們是不是正在造成無法修補的損害。一如深海採礦，我們正闖入一處不熟悉的領域，一處「未知」遠超過「已知」的領域。

就這樣，我們又回到在整個原料世界中一再遭遇的緊繃狀態。一方面，我們對事物有需求（還得獎賞提供它們的人），另一方面我們得考慮後果，要如何在這兩件事之間取得平衡？以鋰為例，取得這種平衡更難，因為鋰是我們掙脫對化石燃料依賴的手段。就像內燃機幫人類跳出一個坑（讓我們的城市免於馬糞汙染）卻又挖了另一個坑一樣，同樣場景隨著鋰、鈷、鎳或錳而重演的機率有多少？

在我們結束鹽池之行時，另一位智利化工主管史蒂芬・戴布魯尼（Stefan Debruyne）說，「這是人類前途的十字路口。我們需要讓在地社群了解他們為這個世界付出的犧牲有多重要。我們鑽入地下，抽出鹽水……我們看得出這傷害了他們的『帕查瑪瑪』（Pachamama，大地之母），狠狠傷害了他們的世界觀。」

當我訪問智利時，這個國家正在進行一場大改革，舉國上下當時似乎下定了決心，要直接面對這些矛盾與困境。作為全世界貧富最懸殊國家之一，智利在二〇一九年因此而爆發街頭示威，決心改寫早在奧古斯圖・皮諾契特軍事獨裁時期已經訂定的憲法。智利成立制憲會議，讓來自全國各地的人齊聚一堂，訂定一部新憲法。有好一陣子，包括效法一九七〇年代薩爾瓦多・阿言德政府將銅礦國有化的作法，將鋰礦生產國有化等等，一切問題都搬上檯面。有人甚至主張全面禁止鋰礦開採。拉丁美洲各地也開始出現類似聲浪；墨西哥跟隨玻利維亞的腳步，將它（規模較小、開發程度也較淺）的鋰產業國有化。在智利，隨著時間過去，大多數較具爭議性的建議都作廢了。在此期間，三十六歲的左派煽動家加夫列・伯利齊（Gabriel Boric）當選總統，讓環保人士燃起一些希望：或許擁有全球最大銅礦與鋰礦資源的智利，能夠三思而行，避免成為下一個沙烏地阿拉伯。但當我在二〇二二年年中訪問制憲會議最著名成員、生物學家克莉絲汀娜・杜拉道（Cristina Dorador）時，她對這項進程似乎並不樂觀。

她說，「現在想阻止鋰礦開採幾乎已經不可能了。」我們會面的地點在安托法加斯塔——就是有條鐵路深入安地斯山，直到今天仍然將世界最大銅礦開採出的陰極銅與銅精礦載下山的那座海港。我們站在海岸邊一處岬角，倚在欄杆上聊天，望著一波波海浪在腳下激起層層浪花。我們身後方是一座大型購物商場，不過克莉絲汀娜指著商場旁一座老舊的木造碼頭遺跡：

「那裡就是智利軍隊在太平洋之戰爆發初期入侵時的登陸地點，」她說。我望著老碼頭上那些殘破的木樁。原來就是這裡。那場爭奪沙漠中的 caliche 鹽之戰；那場因為一家鐵路公司不肯納稅而於一八七九年爆發、最後讓玻利維亞失去海岸線、讓智利穩居全球礦物資源最豐國家榜首的戰爭就在這裡點燃戰火。那是一個清冷的冬晨，藏身雲層後方的陽光若隱若現。

克莉絲汀娜從未立志當環保鬥士，也沒想過要與律師抗爭、起草一份改變智利憲法的新文件。她的職涯大部分時間都在研究阿塔卡馬鹽湖地區不知名的藻類，直到發現靠這些藻類維生的火鶴數目不斷減少，她才投入這場古怪的抗爭。

她說，「這超級荒謬。在阿塔卡馬沙漠——世上最乾燥的沙漠——蒸發水。」她停下來，將目光移回那座老碼頭。

「我們需要了解，或許有一天世上會出現其他類型的電池，」她說。「我們已經因為硝酸鹽而有過這種經驗。當年幾乎整個智利的經濟都依賴開採硝酸鹽，但之後、突然間，德國發明了人造硝酸鹽，在這個國家——特別是在這個地區——引爆一場重大危機。「這種對原物料的依賴也可能讓我們今後陷入極度困境。」

換言之，我們是舊地重遊。如果你從安托法加斯塔北上，穿過山丘，離開那些五顏六色的簡陋棚屋，沿著鐵路線登上安地斯山，走十哩左右，你會碰到幾間破舊的建築物，還有一塊寫著「奧希金斯」（O'Higgins）的招牌。

此地是這條鐵路——連接安托法加斯塔港與早期鹽礦——沿線最早期的一處車站遺址。奧希金斯是智利脫離西班牙統治的獨立戰爭英雄，這個車站就以他的大名命名。當然，鹽礦早沒了，奧希金斯車站也荒廢已久，但這條鐵路每天仍有幾班火車通行。火車駛經「昨日白金」的遺址，同時也穿行在「當代白金」中，因為世上單一最大煉鋰廠就在這裡：卡曼鹽湖（Salar del Carmen）。

對於這座同樣由智利化工經營的煉鋰廠，我能想出來的最好的描述就是，它有些像教堂。這麼說很荒唐，因為它看起來當然一點也不像教堂，更像一座煉油廠或一座化學工廠。但在那堆管線與冒煙煙囪的中心，高高矗立著一座鐵皮庫房，在陽光下耀眼生輝，活像一座上帝點亮的巨型白粉牆教堂。

等走到近處，我才發現究竟怎麼回事。整棟建築物完全被一層非常精細的白色粉末覆蓋住了。這種白色粉末室外、室內無所不在。它堆積在倉房裡，它爬滿管道、通路與護欄。含鋰濃度很高的黃綠色油狀鹽水，由卡車從卡曼鹽湖運來這裡，打入管道與處理室，展開進一步蒸發周期，與化學劑混合，形成精細的白色粉末。這些粉末有各種等級，其中最細的粉末只有五微米，細緻得在掌心裡感覺像是液體，而非固態粉末。

這就是為什麼整座廠房都披上一層白色粉末了。直到目前為止，我的原料世界之旅帶我進入演著鐵煙花秀的鼓風爐，讓我來到蘢罩在無煙火藥硝煙中的開礦現場，引領我驅車通過北海海底滿布鹽塵的隧道。現在我置身味道刺鼻的鋰雲中。我們當然戴了面罩、護鏡，與必要的個人防護裝備，但我仍擔心會有一些鋰鑽進我的身體系統。我隨即想到，這種細塵同時也是一種有開心療效的藥物，便寬心不少。不知道這些飄浮在空中的鋰，對這座廠房的安全紀錄會是加分還是扣分。一些穿著全身防護服的工作人員進入設備深處，回轉時一身白，形同鬼魅。這裡的溫度比鹽湖還高，部分原因是這裡比較接近海平面，部分原因是這些防護裝備非常熱。

如果不是因為我在不久以前才看過類似景象，卡曼鹽湖可能會讓我感覺置身外星世界。在幾千哩外柴郡的那些老工廠，將本地鹽水轉換為碳酸鈉與碳酸氫鈉的作業仍在不斷進行，那場面與這裡相似得出奇：到處是同樣的白色灰塵，同樣隆隆作響、散發著熱氣的機器，生產出同樣五噸重一袋的產品，等著鏟車裝到卡車上運走。事實證明，生產鋰與生產小蘇打並無太大差異。

的確，在今後幾年，製鋰業者可能得多多向老鹽廠取經才行。智利化工正在考慮改變從鹽水煉鋰的辦法，改用「鋰直接抽出法」（direct lithium extraction, DLE）。鹽湖上那些巨型松綠色池塘即將消逝，取而代之的是根據英國鹽業公司多年來在柴郡製鹽模式改良的新型蒸發廠。一旦採用這種技術，你必須使用來自鹽的化學藥劑才能煉鋰。在中國境內大量生產的手機離不開「碳酸鋰」（lithium carbonate），而製造碳酸鋰的製程得加入碳酸鈉。「氫氧化鋰」（lithium hydroxide）是長效電池普遍使用的另一化學藥劑，想製造氫氧化鋰，你得在製程中加入燒鹼——就是氯鹼法中鹽水的產品。甚至在智利沙漠裡，我們仍然走在古老的鹽路上。

這一袋袋電池等級的鋰裝上卡車送往港口、運往海外，大多運往亞洲，不過如果目前的計畫有成，或許今後會運往美國與歐洲的加工廠。僅僅幾年前還是人們眼中化學龍套秀的鋰，如今已是一場白金熱的聚焦點。來自阿塔卡馬沙漠的白色粉末，就在我們眼前一車車地往外送：這一切不僅是汽車工業的轉型，也是世界地緣政治地圖的翻篇。

就像我們今天討論沙烏地這類產油國，電池時代的到來也孕育了一群產電國：包括智利、阿根廷、澳洲，當然還有主控鋰礦開採與提煉的中國。中東與俄羅斯那些獨裁者與暴君的突發奇想，編織了二十世紀地緣政治故事，隨著世界進入二十一世紀，由於全世界對這種關鍵性原物料的依賴，一批新人物與新國家或因此成為全球地緣政治的新角色。

只不過這一次，情況有三個重要差異。首先，這一次我們是順著熱動力學階梯緩緩下降，而不是往上攀升。鋰離子電池的能量密度比石油、天然氣，甚至比煤都低得多。第二個差異是，我們開採的礦物不是用來燒的；它們的能並不蒸發，而是儲藏在電池裡，至少理論上可以再生。

第三個差異是，對於是否繼續推動下去的問題，當事國不再像過去那樣充滿信心。在我與克莉絲汀娜那次交談過後不久，新智利憲法草案交付全民公投。智利民眾投票拒絕了，但伯利齊政府繼續推動計畫，加緊對銅與鋰的開採管制。儘管世人對這些礦物的需求高漲，選民們是否買單還在未定之天。

第十七章
蛋糕捲

斯帕克斯（Sparks），內華達

北內華達沙漠地區的山巒上仍積著雪。野馬在山麓上下追逐嬉戲，慢跑著甩動牠們的鬃毛。如果不是因為山谷底下的東西，你會誤以為我們置身一部西部片場景。

但這可不是在拍西部片。就在我們眼下是全世界最讓人稱奇的建築物。倒不是說它的外觀有多麼吸引人：從這裡看，它不過是個龐大的、覆蓋著太陽能板、頂端有一道紅線的L形大建築。即使距離這麼遠，那規模依舊令人咋舌：它有大約三十三個美式足球場那麼大。而直到走近它，事情才開始有意思了。遠看狀似低矮的這些建築物，其實藏了三處高大的廠區。隨後我們見到它們生產的東西。

這些巨型廠房有整整三分之二用來製造電池。放眼四顧，到處都是電池：數以百萬計、手指大小的金屬圓柱體，除了稍大一些，看起來與我們熟悉的AA電池並無不同。看著它們在機器間穿梭，不多久就能讓你昏昏欲睡。它們裝在小塑膠盒上，發著輕嘯，沿著小小的軌道與輸送帶飛快而下，依鋼欄區隔各就定位。乒一聲！它們開始像小型旋轉木馬一樣忽上忽下，鏗鏘作響，搖擺轉動。

第一次參觀這種帶著小小金屬圓柱來回運轉的電池裝配廠，說也奇怪，讓我想到幾年前在塞席爾（Seychelles）共和國參觀的一座鮪魚罐頭工廠，只不過這裡沒有那股讓人無法忍受的死魚味罷了。但眼前這座裝配廠或許是距離一場現代工業革命最近的發展了。那些小小的金屬圓柱都是推動道路運輸電氣化需要的電池。

因為阿塔卡馬鹽湖底下開採出來的鋰，就在這裡轉換成我們真正能使用的物品。在離開智利、送到這裡的這段旅途中間，這些鋰已經先繞了世界一圈，在另一座工廠與其他物質組成了「陰極活性材料」的混合物、黏在電極上，然後灌入這些小小的金屬圓柱。

這座電池廠，是材料科學領域與大規模量產直接擦出火花的地方。想扼阻氣候變遷就得電氣化以解決排放問題，但業者面對的真正挑戰，不僅是如何將最好的化學藥劑灌入這些電池，還要有足夠的量，使電動車成為一種可以負擔的現實。換句話說，我們在這座廠房裡面見證的，是湯瑪斯．愛迪生之於混凝土、亨利．福特之於汽車研發的重大創新——以驚人數量大舉生產聰明、精巧的物品。我們在智利見到的古老鋰鹽水在這裡改頭換面，成為可以真正改變世界的物質。

無論怎麼說，除非能解決我們依賴汽油與柴油動力汽車與卡車的問題，想剷除碳排放根本不可能。以二〇二〇年計，我們的溫室氣體排放超過五分之一來自使用化石燃料的車輛。這是讓我們留下最深碳足跡的單一活動，所以我們今天才會對電池這麼熱中，才會覺得電池廠這麼重要。

超級工廠

直到幾年前，一家電池公司如果能夠每個月生產五百萬顆電池已經很了不起了。而這座電池廠只需要兩天。在建成啟用後不過幾年間，它已經生產超過十億顆電池，當你讀到這裡時，它的生產總額可能已經超過一百億大關——全世界每個人，無分男女老幼，都有一個來自內華達荒漠隱世山谷間的電池。

這是「特斯拉一號超級工廠」（Tesla's Gigafactory 1，又叫內華達超級工廠）；世界上第一座超級工廠。近年來，世上已經出現好幾座這樣的工廠；在寫到這裡時，特斯拉已經又造了四間超級工廠，分別在上海、柏林、德州，與紐約州北部——特斯拉雖然聲稱這是超級工廠，其他大多數人並不以為然。畢竟所謂「超級工廠」的定義相當模糊，主要因為這個名詞基本上是特斯拉執行長伊隆・馬斯克在幾年前憑空創造的，也因為馬斯克本人對所謂「超級工廠」的定義也似乎隨著時間在改變。就在近日，電池業界人士大致上達成一個廣義的共識：任何能夠生產大量電池的大型製造廠都是超級工廠——由於紐約州北部那家特斯拉超級工廠生產的是太陽能板，所以不能算數。

不過，內華達超級工廠毫無疑問是間超級工廠，目前雖然僅完成預定規模的三分之一，工作人員從一區到另一區已經得用自行車與三輪車代步了。整座廠房完全投入電池生產、電池包裝與電動機，所有這些產品全部用卡車送往特斯拉在加州費利蒙（Fremont）的工廠，裝進汽車裡。沒錯：特斯拉汽車公司這座最著名的工廠甚至不製造汽車。

話說回來，對馬斯克以及特斯拉共同創辦人——這家公司草創初期的真正工程策畫人——史特勞貝爾（J.B. Straubel）來說，這正是重點所在。電動車這一行真正重要的，是製做電池。馬斯克與史特勞貝爾打造的汽車足夠精美，讓數以百萬計汽車迷願意放棄內燃機，躍入電動車的懷抱。特斯拉挑戰業界有關車身設計的古板規則，創造絕佳的內部電源管理系統與應用程式，少了這些，就算有最好的電池也派不上用場。所以說，電池科技絕非特斯拉能夠顛覆汽車市場的唯一原因，只是如果沒有內華達超級工廠以這種駭人聽聞的速度生產鋰離子電池，所有這一切都不可能發生。

不過這座工廠最神奇之處不在於它製做什麼，而是誰在製做。儘管這座位於內華達的工廠建築處處嵌著特斯拉的招牌，這裡生產的每一顆電池都是「松下」（Panasonic）的產品。大約三分之二的設備主人不是特斯拉，而是這家有百年歷史的日本電子公司。事實上，你甚至可以壯起膽子說這是「松下超級工廠」。1

重點是，就像蘋果不生產自己的電腦、不做自己的晶片一樣，同樣的事也發生在電動車（EVs）身上。大部分裝在電動車裡的電池，無論上面載有特斯拉、福特、通用或福斯（VW）的標誌，事實上都是其他幾家名氣小得多的公司的產品。而既然我們關心的是原料世界——是鋰這類簡單的東西如何製成產品、改善我們的生活——這些藉藉無名的公司值得我們關注。畢竟，如果有一天我們的世界能擺脫內燃機，在感謝特斯拉這些舉世聞名的大車廠之餘，也得感謝松下、樂金化學（LG Chem）、諾斯福特（Northvolt），與比亞迪（BYD）。

即便基礎科學算得上直截了當，在這種層級上製作電池仍是一件極具挑戰性的事。事實上，電池製造有種一九八〇年代的風格，這點並不奇怪，因為它是卡式錄音帶製程的近親：兩者都包括將化學漿料塗在薄片上，然後將它們捲起來，這種盤帶製程不僅適用於錄音盒內的磁帶，也適用於鋰離子電池內的電極。電池圈內流傳一個故事說，若不是因為發明了光碟，讓一大堆盤式錄音帶與錄影帶製造機成為累贅，可充電電池的夢想成真可能還得拖上很長一段時間。

索尼這類日本公司之所以能在電池生產早期成為領先廠商，不僅因為他們的Handycam攝影機需要電池，也因為他們可以將原本用來盤磁帶的裝配線改裝，盤陰極與陽極，從而催生了電池時代。回顧大電池製造商的公司史，如果你年齡夠大，一般都能發現VHS錄影帶與卡帶時代老品牌的遺跡：例如三洋（Sanyo）現在是松下電器的一部分、東京電氣化學（TDK）現在是中國大廠寧德時代的一部分。

拆解一顆內華達生產的電池，你就知道我在說什麼。鋼柱裡有三張非常薄的薄片，每張薄片長約一公尺，其中兩片是有黑色塗層的金屬箔，另一張用白色塑膠製成。這些薄片就是電池：有鋰的是陰極，另加一層陽極與隔膜。再次回到那個摩天樓的比喻：當你為電池充電時，鋰離子便從長長的陰極箔穿越隔膜，前往陽極箔。[i]

在那些像旋轉木馬一樣搖擺著、鏗鏘作響的機器裡，箔片一圈圈緊緊盤在一起，像螺旋一樣擠進圓筒，變成所謂的「蛋糕捲」（jelly roll）：因為這種瑞士蛋糕的截面也有螺旋紋。在一開始，這稱呼不過是電池業界人士的一句玩笑，久而久之，它成了技術名詞：全球各地超級工廠的成敗，全靠它們「蛋糕捲裝填機」的表現而定。在擠進圓柱之後，蛋糕捲要澆上一種鋰基電解質溶液，用鋼帽封頂；電池完成了。

或許在這個階段值得注意一件事，這些AA式圓筒不是唯一的蓄電池形式。例如你智慧型手機裡的電池，更可能是矩形的——即所謂「袋式」（pouch）或「方形」（prismatic）電池。它們的運作原則與圓柱型電池內蛋糕捲的基本相同——鋰離子從陰極薄片通往陽極薄片——只不過在袋式或方形電池中，電極是一張張、或摺或疊重合在一起，而不是捲成螺線圈。它們封入一個塑膠盒，塑膠盒有時是軟的（袋式），有時是硬的（方形）。

哪一種形式的電池最好，並無確鑿的定論，但無妨電池專家們為此爭論不休。我建議你，想保持清醒的話，最好避開它們。偶爾這些專家也會製造出一些有趣的「金句」，比如我就聽到有人對特斯拉爆紅的解釋是：它在「對」的時間選了「對」的電池形式——或者應該說選了「錯」的電池形式。當特斯拉為它的第一個車款「Roadster」電動超跑整合零組件時，電池業界其他角落出現劇變。蘋果與其他筆記型電腦製造業者為求產品更輕薄，開始放棄圓柱轉而使用袋式與方形電池。突然間，市場上圓柱電池氾濫，價格暴跌，特斯拉這家當年名不見經傳的新車廠趁機用極低的價格買下許多圓柱電池。有人說，如果不是因為這場天賜良機，特斯拉不可能如此異軍突起。其他車廠一般會為它們的車選用厚重的方形電池組，但大

i 必須要提一句：我可沒建議你拆解電池。千萬別這麼做：電池可是如假包換的高爆炸藥。我是運氣好，在電池最後組裝前見到一顆閒置電池的內部結構。（作者註）

多數特斯拉電動車的動力來源仍然是數以千計的小型筆記型電腦電池——其中許多是內華達超級工廠「乾燥室」（dry room）的產品。

之所以叫「乾燥室」，因為這裡的空氣不能有水分，以免損及電極上脆弱的化學成分。工作人員得穿上從頭到腳的防護服，以防將任何一粒灰塵或微細水珠帶入室內，造成電池失效。生產的電池愈多，造出廢電池的機率也愈大，由於一個廢電池輕則影響電動車哩程、重則造成自燃，一致性與可靠性就極端重要。松下固然以每天生產海量電池為傲，但更讓它自豪的是，它從來沒有因為造了廢電池而不得不展開大舉回收。

這種自傲，以一種幾近癡狂的紀律與挑剔展現在內華達超級工廠的廠房內。站在超級工廠松下廠區那一頭，予人一種瞬間進入一間日本高科技廠、或台灣半導體廠的感覺。也像在台灣半導體廠，晶圓中若沒有矽就無法運作，在鋰從地下邁入我們人生的旅程中，電池裝配線的無菌環境也不過是個中轉站而已。

然而在松下電池組裝、準備送入電動車底盤，來到超級工廠特斯拉廠區的另一頭，氛圍驟然轉變：又髒又亂，到處是電池與包裝雜物。

由於這座工廠的兩頭，分別由兩家歷史與理念大不相同的公司負責經營，這座龐大建築物的最大特性，事實上你從外面根本看不出來：工廠中間築有一堵厚實的牆，將兩家公司徹底分隔。裝著輪子的機器人載著一盤盤電池從松下區進入特斯拉區，但沒有人可以穿越這條內部邊界。

這種東、西方交會的安排或許看來有些奇特，然而由於歐、美車廠紛紛與日、韓與中國企業合作，生產政府與消費者愈來愈喜歡的電動車，這種安排已逐漸成為電池製造業界的常態。就一種意義而言，這個現象提醒我們，儘管評論人士總愛哀嘆二十一世紀全球化的終結，但由於大多數車廠樂於將生產作業外包到世界彼端，某些經濟聯繫非但沒有轉弱，反而更驅強大。至少目前情況如此。

「目前」這個詞在這裡頗具份量，因為包括特斯拉在內的幾家車廠現正打算生產自己的電池。特斯拉已經講了很久，想要自行生產體積更大、比目前松下供應的能量密度更高、成本更低的圓柱電池。而事實證明這種「可樂罐」電池非常難造——它更容易因過熱而故障。內華達超級工廠內部出現的古怪不安氣氛，就來自特斯拉與松下兩家公司鎖在一種既相互依賴又相互競爭的功能失調關係中。ii

無論如何，在這場即將來臨的、從汽油車轉變為電動車的轉型過程中，汽車公司應該做什麼、不應做什麼的傳統智慧，一定會隨著其他許多事物一起，淪為時代洪流下的犧牲品。

ii 「可樂罐」電池的技術術語是「4680電池」，來自圓柱尺寸：直徑四十六毫米、高八十毫米。早期特斯拉使用的電池是18650電池（直徑十八毫米、高六十五毫米），目前在內華達超級工廠製造的是2170電池（直徑二十一毫米、高七十毫米），比那些早期的電池略高、略大一些。（作者註）

車廠是否應該秉持亨利・福特創下的二十世紀模式，盡可能控制最多製程？還是應該效法蘋果模式，自己主要只負責設計與銷售，而將大多數實體生產工作外包？這些選項又帶來進一步的問題：特斯拉是科技公司還是汽車公司？它主要關切的是硬體還是軟體？換句話說，它的前途取決於原料世界，還是虛擬世界？

還有，這項轉型對我們的經濟與工業結構會帶來哪些衝擊？想想看：一輛汽油車裡，單一最有價值組件是內燃機。在歐、美、日，汽車工業仍是高技術、高薪酬製造業的最後堡壘，部分原因就在於這些車廠大致上仍然製造自己的引擎。不過，如果說代表過去一百年的是活塞與沾滿油汙的圍裙，代表今後一百年的會是試管、無塵室與防護服，以及電池內部電化學反應的相關知識。突然間，事情變得非常不一樣：在電動車，最有價值的組件不是內燃機，而是電池。

那麼，哪個國家最能在汽車工業舉足輕重？這個問題的答案，就像太多原料世界的問題一樣，基本上就是中國。中國控有約八〇%的全球電池產能。事實上，根據超級工廠時代重要科研資料服務機構「基準礦物情報」（Benchmark Mineral Intelligence）的數據，就算歐洲與美國有關電池生產的宏偉計畫完全實現，到二〇三〇年代初期，全世界每生產十個電池，仍有七個來自中國。[2]

當我開始寫這本書時，內華達的特斯拉／松下超級工廠規模，比所有競爭對手都大得太多，大多數圈內人因此認定，在可以預見的未來，這種情勢仍將持續。隨後在二〇二二年，突然冒出新聞說，中國東南部一座無名小城「福鼎」一年可以生產六〇 GWh（百萬度）的電池，而且產能還在不斷增加，其產能因此比內華達廠還高三分之一。特斯拉在二〇二三年宣布要將內華達廠的產能擴大到一四〇 GWh，不過在寫本文時，特斯拉這項計畫是否成真、即使成真又會不會被追過，都還是疑問。

電池主導權爭奪戰正在加速。這場戰爭目前的贏家是在福鼎設廠的寧德時代。這是一家籠罩在神祕中的企業，通用汽車、福斯、BMW、特斯拉等全球最大車廠都向它購買電池。由於它遙遙領先的地位，對許多歐洲國家而言，為今之計，最好的辦法不是打造本國品牌，而是說服寧德時代在本國設廠。中國在矽晶片生產標準與規範上或許不是台灣廠的對手，但在電池競賽上穩居領先地位。

由於許多靠中國電池啟動的汽車仍然戴著歐、美標誌，從表面上看，中國在這方面的壟斷或許並不顯著，但愈加深入探討，這事實也愈明顯：中國企業不僅控制著約八〇%的電池生產，還控制約八〇%電池材料製造。這第二階電池生產鏈的優勢看起來似乎不很重要，可是不要被騙了；畢竟電池最重要的組件不是工程或鑄造，而是那些製成糊狀、塗在陰極與陽極上的原物料。[3]

將鋰與石墨轉化成足夠純淨的化學物質以扮演陰極與陽極、使鋰離子可以嵌入其中的完美基質，已經複雜到自成一個經濟產業。所以，為這些你可能沒聽過的電池公司供貨的，是你幾乎百分百沒聽過的一整套陰極活性材料公司：松下的原料大多來自「住友金屬礦業」；寧德時代使用的原料主要來自「容百鋰電」（Ronbay Technology）。

與業者交談，很快就會發現，在他們心目中，這一行真正奇妙的不是如何製造「蛋糕捲」，而是將金屬化為超純淨陰極活性材料的製程。而且說真的，他們這話確實有理，因為你仔細想一想，無論什麼電池，最重要不就是這些鋰離子移動和停留的地方嗎？這確實也就是一切發生的地方。這些電池材料的化學屬性——鋰與其他組成部分的精確比例與分子組成——對電池的最後性能影響至鉅。

電池配方有傳統的鋰鈷氧化物（LCO）：最類似約翰・古迪納夫首創的早期鋰離子電池，至今仍是智慧型手機與筆記型電腦最普遍使用的電池配方。此外還有「鎳錳鈷」（NMC）電池，能量密度稍低，但持久性更強。大多數新型電動車使用這種電池，不過松下在內華達生產的特斯拉電池又略有不同：除了鋰，還加了鎳鈷鋁氧化物，即「鎳鈷鋁」（NCA）電池。還有一種是鐵與磷酸鋰的組合：「磷酸鐵鋰」（LFP）配方，它遠比其他鋰離子電池安定，但蓄電力不強。無須贅述：配方很多，各有優劣。

重心

電池化學配方雖說眾多，但都少不了一樣東西：鋰。我們的手機與筆記型電腦世界，以及終將成真的電動車世界，靠的就是這種奇特元素的電化能量。

還不只如此。隨著世界電氣化，我們會在一些始料未及的地方需要電池：電池會走進你的住家，讓你趁著電費低廉先充好電；電池可以貯存你取得的太陽能，讓你在太陽下山後使用。一些新創公司設計了巧妙的電池炊具，煮開水的速度更勝傳統的燃氣與插電炊具。這一切都意味，我們需要更多超級工廠製造的蛋糕捲。

這當然非常令人興奮，但我們對電池內化學物質的需求也變多了。就長遠來看，或許我們能找到鋰的替代品——例如鈉離子電池——有鑒於鈉在周期表的位置，鈉永遠不能像鋰那樣提供相同按重量計算的能量和容量。或許我們能有其他突破。科學家已經在研究固態電池，它將不再需要目前鋰離子電池中的液態電解質——倘若研究成功，將相當於矽半導體之於舊真空管開關那樣，是傳統電池的一大飛躍。還有科學家在研究用空氣做部分化學反應的電池。不過幾乎所有這些原型實驗都仰賴一種特定元素的特殊電化學屬性：固態鋰電池、鋰空氣電池……條條大路最後都通往鋰。

一顆典型的電動車電池包含約四十公斤的鋰，與十公斤的鈷、十公斤的錳，與四十公斤的鎳，還沒算上注入陽極的石墨。這些原料當然得有出處，採購競賽正在加速。寧德時代創辦人曾毓群已經買下西藏的鋰礦權。由於中國是全世界最大的電池製造國，西藏這些資源無法滿足中國對鋰的廣大需求。鋰資源集中在世上少數幾個國家，中國把持電池供應鏈儘管令其他國家憂心，中國對其他國家原物料的仰賴也令北京焦慮。一場原料世界大競逐已經展開。

在這場搶購電池材料大賽中拔得頭籌的中國，以資金與投資為交換條件，與包括南美到撒哈拉以南非洲諸國簽署合約。寧德時代在二〇二三年與玻利維亞政府達成協議，從烏尤尼鹽湖採鋰。歐盟與美國為保供應無虞，現在已訂定關鍵礦物政策。美國境內一些塵封舊礦重新開啟，經改造投入這場二十一世紀的開礦競賽。距離內華達超級工廠不遠就有這樣一座重開的老礦場。從內華達超級工廠驅車南下約一百哩，剛過華克湖（Walker Lake），一處沙漠與山嶺環繞的銀色水潭迎面而來，你已來到霍桑（Hawthorne）這座小城。這裡是霍桑陸軍基地所在地，有人稱這裡是「世界最大軍需庫」，因為整個山谷、方圓兩百二十五平方哩內，擠滿一排排大大小小、數不清的庫房，其中許多堆著美軍彈藥，但也有許多藏滿關鍵金屬，就像是為即將來臨的一場工業大戰準備的作戰物資庫。[4]

直到不久前，許多人認為這是過去的象徵——冷戰時期經濟偏執狂遺留的殘跡。前後好幾十年，特別是在第二次世界大戰結束後，美國開始不斷貯存重要物資，其中大多為軍需物資，不過也有商用物資，以備一旦短缺之需。但在柏林圍牆倒塌後，冷戰告終，政界人士認為囤積物資不再有必要。在世界各國因經濟聯繫而緊密結合，危機戰亂似已走入歷史的情況下，美國逐漸減少這些庫藏、清倉，截至二〇二〇年代初期，這裡的庫存已經所剩無幾。

唐納・川普與喬・拜登採取不同作法。在二〇二二年，拜登總統引用《國防生產法》（Defense Production Act）以保護美國電池產業。根據這項法案，白宮有權為業者提供額外援助，協助業者在國內生產鋰、鈷、鎳、錳與石墨等重要原料，以降低對國外進口之依賴。

拜登說，「我們需要終止對中國和其他國家的長期依賴，並為未來提供更多動力。」之後，拜登提出一連串法案，以提升美國國內的電池、電腦晶片，以及其他許多綠能產品的生產。不過就現階段而言，達成這些目標的難度還不夠清楚，因為中國不僅控制了絕大多數的電池生產，也承包了絕大多數電池材料的處理工作，美國對中國徹底依賴的程度，是自二十世紀初期以來，早先的任何一場工業革命所未見的。無論在汽車時代，在矽時代，在混凝土時代，在工業採礦時代，美國或多或少打從一開始都能在科技戰場上享有主導地位。但在電池時代，情況變了：想取得電極箔使用的精煉銅與鋁，想取得大多數陰極活性材料，以及塗在這些材料上的石墨，都得仰仗中國。從一方面來說，亞洲的支配與主控大幅降低了電池價格，讓每個人都受益；二〇一〇到二〇年間，經通膨調整，電池價格下降了八九％。美國及其盟友或許可以打贏控制半導體供應鏈之戰，想打贏電池戰則很難。[5]

霍桑與另五處物資貯藏庫，為因應新一波角逐，又開始堆積物資了。這一次，除了一直就在貯藏的鈷與鎳，還多了氫氧化鋰與碳酸鋰——就是混入陰極粉末、塗在電極上的材料。這一次，庫存將由鋰三角與澳洲鋰輝石礦製成的粉末來補充。

如果這一切有種重返新經濟自給自足時代的感覺，那是因為事實如此。凡是觀察過原料世界、了解原料世界有多錯綜複雜的人，都不會相信任何一個單一國家能包辦電池或半導體，或先進玻璃、化學物質的完整供應鏈。但世上許多先進國已經誇下海口要做到這一點。

當歐洲國家於十九世紀透過殖民地深入世界各個角落，在這裡找橡膠，在那裡挖銅、淘金、找硝石之際，也曾攪得天下大亂。這種周期性的尋礦熱難道真的永無止境？我們難道必須像這樣不斷朝地下深處開挖、引爆，直到挖空一切資源為止？幾處沒沒無聞的工廠正在嘗試一些不一樣的作法。或許它們正是我們的希望所在。其中一處這樣的工廠，有段非常有趣的歷史。

第十八章
解除製造

布魯塞爾，比利時

如果你去布魯賽爾，給你一個觀光小提醒。要訪問皇宮（Royal Palace），就是那棟作為國家重要慶典舉辦場地的十八世紀宏偉建築。但到了皇宮，不要跟其他觀光客一起在正門外遊蕩——你要繞著皇宮走，沿總督府街（Rue Ducale）而下，直到皇宮後門。

你會在這裡見到一座中年男子的銅像，他身穿工作服，留著修剪整齊的長鬚，看起來幾乎像個僧侶。他騎在一匹高大的馬匹上，放眼雄視當年那條美輪美奐的大街——如今這裡已成為玻璃辦公大樓醜陋的地下道。當我上一次經過這裡時，有個流浪漢就睡在這銅像下方的台階上。年輕人經常在夏日晚間聚集此處，抽菸喝啤酒。有很長一段時間，這銅像的底座以及那上面的雕像，不過是城裡的公共擺設罷了。

可是這人並不是僧侶。這個騎在馬上的男子是利奧波德二世（Leopold II），曾於二十世紀之交將剛果納為個人屬地、統治了二十餘年的比利時國王。在他的統治下，百萬剛果人死於非命，而統治他們的殖民地領主卻靠著外銷橡膠製做第一批汽車的輪胎、靠著屠殺大象變賣象牙，靠著剛果得天獨厚的礦物資源大發利市，賺得盆滿缽滿。[1]

一輩子未曾踏上剛果，當然也從未目睹那個昔日原料世界慘況的利奧波德二世，已經死了一百多年，但他的陰影仍然籠罩整個比利時——這個國家似乎僵在歷史的頭燈中，不知道或沒辦法應付這個野蠻的殖民包袱傳承。每隔一段時間，這座雕像總會遭人汙損，之後當局會煞費苦心地將塗鴉清除，接著展開一場今後何去何從的對話。在喬治・佛洛伊德[i]於二〇二〇年去世後，這座雕像與利奧波德二世的其他幾座雕像再度遭人塗鴉。他的雙手被塗上紅漆，銅像底座用噴漆寫了：「此人殺了一千五百萬人」。這些塗鴉隨後被清除，兩年後有篇報導主張將這尊銅像熔解，改鑄成紀念剛果人民的東西。不過至少在寫這本書時，利奧波德仍高坐鞍上，像過去一樣桀驁不馴、毫無悔意。

殖民主義的遺毒是原料世界令人不快的瑕疵。當然，參與這場「洗劫非洲」行動的國家絕非只有比利時而已。英、法、德、西班牙等國也曾忙著入侵、瓜分、控制非洲，開採它的礦物進行交易，大發橫財。在過去，從古羅馬直到征服美洲，類似過程也發生過許多次，而這場對非洲資源（包括礦物與奴隸）的洗劫又特別地殘酷、野蠻。

殖民帝國偶爾也會將榨得的好處分一些給被殖民者，但大多數利得會回到統治者手中。即便宗主國已離開很久，被占領的國家依舊承受毀滅性的影響。或許你會以為礦產資源豐富的國家一定比鄰國富庶，事實卻正好相反，部分也因為採礦許可制往往能誘發大規模貪腐，地質儲量豐富的國家經濟成長總是軟弱，即所謂「資源詛咒」，而比屬剛果，即今天的剛果民主共和國（DRC），就是最活生生的例子。這個國家的人均收入與國民壽命都在全世界墊底，全國大多數人民生活在赤貧中，少部分人卻擁有驚人財富。而世界上沒有哪個國家像它這樣，擁有如此得天獨厚的關鍵性礦產資源。

我們已經探訪了世界上礦產資源最豐富的幾處地點，但它們都不能號稱獨一無二。智利與皮爾巴拉分別擁有極豐富的銅礦與鐵礦，不過你可以在其他地方找到類似等級的礦，儘管或許在數量上略遜一籌。剛果民主共和國境內則有幾個絕無僅有的地質特徵，其中最著名的位於 DRC 南部的前卡坦加（Katanga）省。

卡坦加省的老礦坑「辛可羅威」（Shinkolobwe），號稱擁有全球已知最豐富的鈾資源：鈾

---

i George Floyd，美國黑人，因警察執法過當致死，引起有關種族仇恨反思。（譯註）

礦濃度高達將近七〇%，與其他地方的〇．〇一%不可同日而語。二十世紀初葉，這裡曾有效壟斷全球鈾的供應，出產的鈾大多運往比利時加工。投在廣島的原子彈「小男孩」（Little Boy）裡面裝的，就是辛可羅威出產的鈾。

剛果民主共和國境內還有豐富的銅礦，與數量驚人的鈷。發現銅礦的地方通常也能發現鈷，不過等級一般極差，遠遠低於一%。這裡拜地質所賜，鈷礦等級達到十%到十五%，世上沒有任何其他地方可以與它相提並論。

你現在已經注意到，鈷不在原料世界的六大要角之列。這倒不是說鈷不很重要；鈷絕對非常重要。許多鋰離子電池配方要靠鈷協助電子從陰極安全地進入陽極。鈷也是鋼合金的關鍵成分。這麼多鈷資源集中在一個國家，而且是一個不安定的國家，很讓世界各國政府坐立難安。在DRC南部一些非官方的所謂「手工」礦，情況更加駭人聽聞：一家老小徒手以工具從紅土上費盡辛勞地開採礦。這裡沒有規範保護，沒有醫療保險，死傷意外事件頻傳。鈷的供應確實很值得關切。不過鈷沒有入選六大原料，原因很簡單：至少就目前而言，沒有鈷也可以做出很好的電池，沒有鋰可不行。[2]

一度在剛果開採所有那些鈾、銅與鈷的公司，可能在鋰的前途扮演重要角色。走到利奧波德國王雕像背後，你會見到一塊老舊的銅牌，上面用古法文寫著：「這座雕像使用的銅與錫來自比屬剛果。由聯合礦業（Union Minière du Haut-Katanga）捐贈。」

除了利奧波德本人，最能直接代表比利時榨取剛果資源的機構莫過於聯合礦業公司（Union Minière）。早自一九〇六年起，當利奧波德設法將剛果收歸比利時所有，這家公司便已控制、經營著剛果的礦業。銅與鈷，錫與鈾，鋅與鍺，銀與金——都由聯合礦業開採，大部分收益都回歸比利時王國。如果比利時的財富主要來自這段期間在剛果開礦的收益（情況確實如此），則這些收益的運作核心就是聯合礦業。到一九二〇年代，聯合礦業已是全球最大銅礦生產商；一九六〇年代，它是全球最大鈷礦業者，當然還是全球最重要的核燃料供應商。

二十五萬人被迫為這家公司工作，不過說它是公司未免太小看它了，因為它更像一個政治機構，一個卡坦加的一黨政府。不聽話的工人經常被「奇科」（chicotte）——用乾河馬皮製成的細鞭子——打得皮開肉綻，哪怕當局早已規定公司不得動用私刑。二十世紀中葉，在其他非洲國家紛紛獨立之際，聯合礦業用錢收買政黨與情報機構，試圖阻止剛果獨立，並發動宣傳說，剛果自治運動是蘇聯陰謀的一部分。[3]

當剛果終於在一九六〇年獨立，聯合礦業計畫支持卡坦加成為脫離剛果的新共和國，像南非實施的種族隔離一樣。聯合礦業的計畫失敗，但剛果獨立後的第一任領導人帕特里斯．盧蒙巴（Patrice Lumumba）在一次美國中情局支持的政變中遭到罷黜，盧蒙巴淪為分裂派階下囚。分裂派後來殺了盧蒙巴，毀了他的屍體，一名軍官留下他的一顆金牙做為戰利品。直到二〇二二年，在距離那座利奧波德銅像幾百碼的地方，這顆金牙終於在一場儀式中交還盧蒙巴的家屬。這顆金牙之後飛回金夏沙（Kinshasa）安葬。甚至到今天，聯合礦業的陰影仍無所不在，據說，分裂派用來將盧蒙巴毀屍的硫酸，就是這家公司提供的。

一九六〇年代，聯合礦業主管們的噩夢成真，卡坦加的礦產國有化。之後聯合礦業靠其他業務支撐，最主要的就是在安特衛普（Antwerp）郊外的霍博肯（Hoboken）冶金。早自十九世紀起，聯合礦業就在這座廠以鉛精煉銀。二〇〇一年，聯合礦業被收購、併入一間新公司，改名「優美科」（Umicore），頭字母「Um」依舊令人想到它那段殖民歷史。

即便在剛果獨立後，聯合礦業仍不時引發爭議。一九七〇年代，消息傳出，生活在霍博肯廠附近的孩子血液中含鉛量奇高。我們在前文已述，鉛毒含量並無所謂安全標準，特別是對兒童來說，而鉛粒子在霍博肯廠附近已經飄浮了數十年。比利時當局不斷設法降低汙染，清理當地房舍庭院，似乎也有一些成效，只是孩子們血液中的鉛含量在二〇一五與二〇二〇年兩度飆高。當局計畫買下該廠附近房舍，改建綠地，不過許多在地居民拒絕將房屋出售。[4]

無論怎麼說，眼見這許多事跡——為核子彈提供鈾、在剛果壓榨人民血汗，令孩子們遭鉛毒害——你一定不會看好像優美科這樣的公司。但怪事來了……在推動我們邁向綠色未來的機器中，這家歷史「多姿多采」的公司或許是重要的一環。

有廢料的地方就有好東西

優美科在霍博肯橫跨斯海爾德河（River Scheldt）兩岸的工廠，看起來沒什麼未來感。廠區四周圍繞著一堆堆小山般高的黑土，中間有許多煙囪，朝空中噴煙。仍舊位於鉛汙染重災區的這座工廠，絲毫不像是引領我們邁向更健康、更永續未來的鑰匙。

別上當了，這裡生產的東西包括製作電池所需的陰極活性材料。過去叫做聯合礦業的這家公司，或許已經不再在剛果採鈷，但來自剛果的鈷仍然送到這裡，與鎳、錳與鋰一起加工，製成用來黏在蓄電池電極上的極純混合劑。你的下一輛電動車使用的電池，很可能就含有優美科加工的化學物質。

但我們來這裡訪問的主因是，優美科同時也是今後許多年綠能領域的重要先驅。在放棄──或更精確地說，被趕出大多數礦場──之後，今天的優美科可說是一家「都市礦廠」。它除了提煉從地下開採的礦石外，它還從廢棄的電子用品、舊電池與其他裝置中提煉金屬。它回收氫氧化鋰、金條與銀條的處理手法，看起來與其他處理廠並無不同，只不過它不必然造成一座山的毀滅──或者，如果真的得毀掉一座山，也只做一次。

在大部分人類史上，我們使用的產品原料主要來自我們腳下的石與土。但有一天，大多數原料將來自我們丟棄的老舊產品。這目前還只是個夢想，因為想來到那應許之地，我們還有很長的路要走。誠如你所知，鋼是世界上最能回收再利用的金屬，在美國境內，小型鋼廠熔融的廢鋼已經成為絕大多數鋼材的來源；在全球各地，「生命週期回收率」（the end-of-life recycling rate）——廢鋼再利用的比率——約在七〇％到九〇％之間。鋁的再利用比率為四二％到七〇％；鈷的再利用比率為六八％；銅為四三％到五三％。鋰的再利用率不到一％。[5]

根據「循環經濟」（circular economy）的概念，我們應該盡可能將廢物視為一種可運用的資源。如果二十世紀講究「有計畫地報廢」，鼓勵汽車駕駛人與各類消費者不斷汰舊換新，在即將來臨的新時代，「不再丟棄」將成為最高優先。資源回收從龍套變身主角，一切都以創造循環經濟為主。

電池不過是這個故事的一部分。我們需要改善風力渦輪機扇葉的回收技術。目前為止，大多數風力渦輪機扇葉在損毀後只能丟棄，或將它們打碎、用於混凝土，因為這類扇葉以「熱固性樹脂」（thermoset resin）做成，既不能熔融，也無法改造。我們得想辦法回收太陽能板與網線、電路，以及原料世界所有其他零碎點滴。不過基於幾個理由，電池是一個有用的例子，比方電池含有的礦物，都是我們希望日後減少開採的東西。

以鈷為例，這個問題得回溯到DRC；由於當地的採礦情況如此惡劣，也因為單一地點就掌控了這麼多的全球供應，基於道德與戰略考量，我們都必須尋找替代來源。此外，由於這麼多人對深海採礦的顧慮並非沒有道理，我們對此還得加上一個大問號。近年來，鑒於鋰礦、鎳礦提煉造成的環境衝擊，汽車製造業者愈來愈關心車廠使用的礦物來源。許多業者簽署了一份名為「全球電池聯盟」（Global Battery Alliance）的新文件，希望建立一份「護照」，說明其使用的礦物在成為汽車電池、隨著汽車進入展示間前的出處。某種意義上，這似乎是一種創舉，雖然亨利．福特早在百年前就特別強調過福特汽車所用鋼材的來歷了。

以電池為例的第二個理由是，鋰離子電池生產是一門嶄新的工業，可以從一開始就以循環經濟為首要考量。對其他大多數工業製程來說，廢料往往是事隔很久以後才考慮到的議題。扔進垃圾掩埋場的電池造成的汞汙染，在一九八〇年代的日本帶來嚴重問題。有人擔心，已有一世紀之久的鉛酸電池，直到今天仍是世界各地鉛汙染的幫兇。或許有了新的鋰離子電池後，我們有機會採取不同的作法。

典型電動車的電池保用年限一般為八到十年，所以說，早期特斯拉駕駛購買的第一批電動車，現在年限已經屆滿——換言之，對優美科這些都市礦廠來說，可用的原料增加了。這並不是說，我們不再需要南美洲鋰三角鹽湖的鹽水，不再需要澳洲內陸的鋰輝石。根據樂觀估計，到二〇三〇年，從廢電池回收的舊材料只能滿足預期需求的十分之一。不過這是一個開始。此外，就算是已經報廢了的鋰電池，裡面的鋰仍然是鋰，理論上可以回收再利用，不會浪費。

優美科不是投入這場競賽的唯一公司。特斯拉共同創辦人史特勞貝爾在離開特斯拉後，創辦了「紅木原料」（Redwood Materials），誓言要在今後幾年「解除製造」數以百萬計的舊電動車電池。投入這場競賽的公司還有加拿大的新創「鋰－回收」（Li- Cycle），中國公司GEM，還有寧德時代回收部門「邦普循環」（Brunp）。從廢料裡找出好東西，在今天可是門大生意。

來自火焰浴火重生

由於優美科投入回收這行的時間久得多，我們值得造訪它在霍博肯的工廠，一探究竟。進入廠內，見到有工作人員穿著火山地質學家在岩漿附近工作時穿的那種閃閃發光的防熱服。電池在送進這座工廠前，先要從電池組中拆解，這件工作說起來容易，做起來可是難上加難。汽車電池製造業者總是將乘客安全置於最高優先，也因此內華達超級工廠生產的電池組總是用黏膠緊緊密封，想拆解很不簡單，因此回收作業最難的就是第一步：你得先將電池組拆開，而且不要讓它起火。

第二步，就是讓它起火。小小的電池丟進龐大的鼓風爐中，熔融成溶液。如果你覺得這很像煉鋼，這想法不完全錯，因為在這裡，從鼓風爐中流出的溶液含有鎳、鈷與銅，鋰則藏在濾出來的礦渣裡。望著電池翻滾、衝上鼓風爐表面，是種讓人出奇滿足的經驗，因為每一顆落入霧封爐口的電池，都會在爐裡像打嗝一樣，冒出黃色火花與蒸氣。這個「嗝」就是鋰裡面儲存的能，它鑽了出來，幫著燃燒鼓風爐，熔融電池內藏有的其他成分。

望著這種冶煉以及接下來的金屬處理過程，讓人感到它與傳統冶煉驚人地相似。優美科處理鼓風爐濾出的鋰渣，其做法與中國冶煉業者處理來自澳洲的鋰輝石並無不同。其他一些新創回收業者說，不通過「火法冶金」（pyrometallurgical）這種步驟也能回收，但比其他業者採用這種作法都更久的優美科說，火法冶金是最佳選項，可以回收九五％以上的銅、鈷與鎳。鋰的回收率較差：超過五〇％，不過正在逐漸增加。

但就算有了九五％的回收率，還是算不上真正的循環經濟。就拿可以使用十年的電動車電池為例：每十年，你得將電池丟回鼓風爐中回收，並在每次加入五％的新材料（鋰要加得更多）；如此推斷，經過一百年，這個電池中的原始原物料已經剩下不到六〇％。其他得靠開採新礦：代表更多的爆破、排水，與提煉作業。

不過即使如此，日後的採礦也將與過去大不相同。終有一天，我們使用的電池材料主要不會來自智利鹽湖或澳洲西部的鋰礦山，而是我們不再需要的舊裝置。別忘了，電池的價值主要不是來自工程，而是來自原料。

我們面對的挑戰是，已開發國家雖說已擁有幾乎一切需用的鋼材，但對電動車輛的電池卻始終需求若渴。就算樂觀預測與評估，我們不斷發現新礦、新礦不斷投產，到二〇三〇年，我們這個世界的鋰仍將供不應求。開採阿塔卡馬鹽湖的公司儘管全速蒸發鹽水，還是造不出足夠的氫氧化鋰，滿足電池製造業者的需求。而且如果他們加速鹽湖的排水過程，智利當局可能被迫下令他們停產。[6]

簡言之，今後幾年，回收之路將會充滿顛簸。數十年來，我們自我說服，認定只有想像力才能局限我們的成就。我們造就的經濟系統太過精密，接合得幾近天衣無縫，忘了它賴以建構的原料。我們不斷創造，但在邁向「淨零排放」的過程中，卻不得不面對熱力學與材料的極限。

不過這裡有一個重要差別。這一次我們不斷向著未來創造。多個世紀以來，人類不斷從地下開採能量產品，燃燒它們。我們挖出煤、石油與天然氣，燃燒著，一路釋出碳。這一次我們開採、提煉鋰，封存在電池裡以便回收再利用。這項轉變不能阻止我們變本加厲地挖掘、爆破，不能讓我們在可預見的未來不再使用化石燃料，但是它可能——只是可能——意味這一次真的會不一樣。

結論

在本書的探討過程中，我們來回穿梭於時空中。我們經歷了現代史上四次能源大轉型，現在進入第五次大轉型。我們搭著矽與鋰原子列車，隨它們環遊世界，看它們化身為半導體與電池。我們順著煉油廠輸油管而下，進入鼓風爐，觀察砂粒熔成玻璃。我們觀察為現代世界輸電的銅線的研發。然而這一切充其量不過是對原料世界的一趟走馬看花——彷彿浮光掠影，讓我們瞥一眼帶動人類世界運轉的、這個看不見的物質與智慧網路。

我們不但沒能脫離身周的原料世界，還比過去更加依賴它，無論那是一粒天然氣分子中的能，是營造世界沒有它就會崩潰的混凝土，還是絕大多數數據藉以傳輸的光纖。這六種原料之所以這麼特別，不僅因為它們效率太好——從銅的導電度到石油的能量密度——還有其他一些原因。

第一個原因是，我們已經想出辦法將複雜的產品轉換成一般用品。你口袋裡的手機與我正在使用的這部電腦，不過是個開端罷了。每個人都約略知道這些裝置裡面的矽晶片極為複雜，但或許不清楚它們究竟有多複雜——現在我們用的這些電晶體，比一個病毒還小，你的紅血球都比它大得多。不過，幾乎沒有人注意這些事的事實並不令人失望。那是一種成功的表徵。在實驗室創造匪夷所思的東西當然非常了不起，但創造一種不僅匪夷所思、還能走進億萬人口袋、靜悄悄地運作的東西……這根本就是神奇。

第二個原因是，這些東西不僅是一般用品，在大多數情況下還很便宜。情況並非一直如此。幾世紀以前，玻璃是人類製造的最珍貴產品之一。隨著時間不斷逝去，玻璃的價值大幅跌落，曾經屬於奢侈品的玻璃現在價格低廉，無所不在。鋼曾經奇貨可居，只有最富裕的統治者才能擁有一把鋼鑄的劍，而如今，我們每年生產近二十億噸的鋼。動力飛行、汽車、止痛藥或貨櫃輪的情況也一樣。生產聚乙烯——幾十年前在諾斯威治帝國化學工業公司實驗室造成爆炸的那種塑膠物質——的成本單在一九五八到一九七二年間就下跌了三分之一，之後還跌跌不休。我們生產的愈多，價格也愈低廉。[1]

這情況直到今天仍在持續。前文談到摩爾定律，說半個世紀以來，半導體的密度呈指數增長。現在讓我們想想，這種進步對電腦算力價格的影響。在一九六〇年，一MB（百萬位元組）的電腦記憶儲存成本高達五百二十萬美元（如果你感到不解，情形是這樣的：個別記憶晶片遠比一MB小得多，所以其實沒有人會真的花幾百萬美元買一塊晶片）。到一九九〇年，一MB的記憶儲存成本已經跌到四十六美元；二〇一六年，一MB的成本連一分錢都不到。[2]

與半導體同屬矽家族的太陽能板，情況又如何？在一九七五到二〇一九年間，光電模組（photovoltaic modules）價格腰斬了五百次，也因此，相對於新的煤或天然氣發電廠，新的太陽能電池每MB小時的電力成本便宜得多。離岸與陸域風力渦輪機的情況也一樣，大約每年價格下跌十三%。再談鋰離子電池：每千瓦時（kilowatt hour）的成本從一九九一年的七千五百美元降到二〇一八年的一百八十一美元——跌了九七%。特斯拉Model S的電池在二〇二二年成本約為一萬二千美元；同樣的電池在一九九〇年代初期成本近一百萬美元。我們愈是了解如何將材料製成產品，超級工廠輸送帶輸送的蛋糕捲愈多，製造工藝愈精進，這些產品的價格也愈便宜。[3]

這種趨勢跨越各式產品，並非偶然。事實上，我們還為這種現象訂了一個名稱：「學習曲線」。製作東西的經驗愈多，製作技巧愈好，製作成本也愈低，無論對生產商與消費者而言都是如此。自腓尼基人在地中海海灘意外做出玻璃（根據「老普林尼」的故事），自布爾比山崖上的男男女女開始製鹽的那一天起，這種良性循環已經展開，只不過直到一九三〇年代，才有人針對這種現象訂出一項規則。這個人是美國航空工程師西奧多・萊特（Theodore Wright）。萊特注意到，飛機的價格似乎在逐年下跌。隨後他發現汽車也是：亨利・福特的第一輛T型車在出廠十五年後，價格降了四分之三。

亞當・斯密（Adam Smith）在經濟學創始鉅著《國富論》（*The Wealth of Nations*）中指

出，專注於某些單獨的工作，人可以完成更多的事。萊特發現，福特學得了亞當．斯密這項重要的教訓。底特律的巨型福特車廠，將亞當．斯密的「分工」觀念變成一種大規模的現實。不過，造成價格下調的原因不只是分工而已，緩緩累積的經驗也是主要因素。隨著時間過去，工人與他們的經理想出辦法，花更少的工夫生產更多的車（或者應該說，生產更多個別零組件）。供應商也想出辦法，用較低廉的價格提供較佳的鋼材。化學公司設計出新的漆，不僅乾得較快，需要的塗層也較少，讓車廠生產更多的車。

萊特觀察這種價格穩步調降、品質不斷提升的現象，提出一套經驗法則：產品每在產量加倍時，成本會跌落約十五％。從貨櫃輪到特製塑膠等各式產品的降價，都奇準地驗證了這項人稱「萊特定律」的經驗法則。

原料世界的果實愈來愈便宜，在全國開支所占比例隨之減少，它們也因此常在傳統經濟核算中遭到忽視。如果你挺身而出，呼籲大家更加重視鹽，說鹽不只是調味品而已，還是一種讓現代世界運轉的物質，多半會遭人白眼。我知道會這樣，因為這是我的親身體驗。

但沒有鹽，我們就沒有氯，沒有氯，我們就沒有乾淨的飲用水，更別指望各式各樣救命的藥物了。沒有鹽就沒有微晶片或太陽能板，因為沒有鹽就不能將鹽電解、取得氯化氫，不能將冶金級的矽提純為超純的多晶矽。沒有鹽，就沒有玻璃（因為我們用來熔砂的碳酸鈉助熔劑，主要取自鹽）。而沒有玻璃，我們的文明早已土崩瓦解。沒有玻璃，我們也沒了運送藥物的藥瓶，沒了眼鏡，沒了用來瞄準雷射光、蝕刻矽晶片的鏡片。我們的生活處處仰仗鹽粒與砂粒。

這就得談到這六種原料的又一獨特之處：它們的故事彼此糾結，難解難分。混凝土與鋼都是非常有用的好東西，但鋼只有在包入混凝土裡以後，才能成為終極建材。電池對銅的依賴，就像對包在它裡面的鋰一樣。燈泡沒有玻璃不能發光。沒有矽鋼核心或纏繞其上的銅線，做不出變壓器——沒有人認為變壓器是什麼了不起的發明，但沒有變壓器，我們的電網將崩潰。我們不重視原料世界，似乎已是理所當然。既然……運作得好好的，我們何必還要重視？我們認為，事情總會一年比一年更好：電晶體會更小，變壓器會更好用，蒸氣渦輪機轉換熱能會更有效率。

不過這種進步有較黑暗的一面。我們的製造技術與工作效益之所以能不斷提升，部分原因是我們會學習、累積經驗——是「萊特定律」。但還有一部分是因為我們在熱動力學階梯上緩緩攀升。從木柴到煤，從煤到石油，到天然氣，這些燃料的能量密度隨著階梯升高而增加。我們能用相對較少的燃料取得較多的動能。一方面，燃料本身比過去乾淨得多。每生產千兆焦耳（gigajoule）的能，燃燒木柴會排放一一〇公斤的二氧化碳，燃燒天然氣排放的只有約六十公斤。但這些改善抵銷不了一個事實：消費能量的人口也變多了。[4]

這事實同樣也是原料世界的結果。過去，我們的一切給養來自陽光，我們會採礦（例如阿塔卡馬的鹽）取得肥料，靠化石燃料維生。今天，我們的番茄、馬鈴薯以及幾乎其他一切，都靠天然氣製作的肥料滋養。拜哈伯—博施法所賜，我們可以逐漸掙脫化石燃料的束縛。就這樣，世界人口得以突破馬爾薩斯論的限制——如果我們只能依賴陽光、風力，以及未施肥土壤這類再生能源，地球只能供養一定數量的人口——但隨著世界人口日益膨脹，我們燃燒的化石燃料的數量也以算數級數方式不斷增加。這裡出現一個矛盾。沒有化石燃料，約有半數人類無法生存。但現在，這些化石燃料造成的碳排放已經威脅到全體世人。

現在各國政府要將我們的碳排放「淨零」——換言之，要透過「碳捕存」或植樹，把排入大氣的二氧化碳收回來。各國政府還為完成這個目標，訂了一個神奇的限期——本世紀中，二〇五〇年。這是個很好的整數，但除此而外，這個數字並無實質依據。如果要按照計畫在二〇五〇年將碳排放淨零，我們得將全球暖化程度保持在攝氏兩度以下，甚或接近一．五度。

這個目標太遠大。我們從未用這麼短的時間完成這麼大規模的能源轉型，事實上，過去四次能源轉型每次都耗時數百年，直到今天，我們在能源上對煤的依賴仍然勝過石油。而且過去每一次轉型，包括從煤到石油，從石油到天然氣，都有巨大的轉型誘因：製造業者可以因較廉價、能量密度較高的燃料而受惠。過去每一次轉型都使製造業者的日子更好過。這一次轉型情況常常正好相反。除了核能，我們正轉而使用能量密度較低的燃料。而且我們得在世上人口最多的幾個國家正在工業化、能量消耗大增的同時達到這個目標。這是一項大挑戰：有人認為這幾乎是不可能的任務。

但許多人對完成這項任務一直非常樂觀，部分原因是，在考慮能源轉型問題時，他們一般只是從電力角度進行思考。就電的戰線來說，事情進展得很好——至少在已開發國家如此。以英國而言，燃煤發電占比已從一九九〇年的六五％以上降到二〇二一年的僅僅三％。在颳風季節，有時白天全英國半數以上用電來自再生能源。其他地方的情況更令人鼓舞：以美國加州來說，在二〇二二年有幾天，再生能源提供全州百分百以上的電力需求。德州不僅是石油與天然氣大州，它的風力發電量也比任何其他州都大。[5]

但雖說令人鼓舞，這些事實並非全貌，因為再生能源本身是間歇性的，我們得建立貯能設施，才能在太陽下山、在不颳風的時候保持電廠運轉。電池儘管有用，能量密度卻不夠，無法解決這個難題。最可能的替代手段，除了建造許多新水庫，進行水力發電以外，還有一種全新的燃料：氫。

在水中通電，就能產生氫與氧。將氫存在儲氣槽，然後在發電站燃燒，做為太陽下山以後的替代能源。唯一浪費的產品是水。這一招很棒，對吧？氫還有一大好處，就是它還可以用在其他地方。還記得韋瑟靈的煉油廠嗎？它需要用氫幫它將石油（或是日後要提煉的廢料）煉成石化結構單元。氫也是哈伯—博施法的一項基本元素。換言之，我們日後不會再用煤或天然氣，而會用風力創造的「綠氫」（green hydrogen）製作肥料。

不過，用電解造氫極度缺乏效率。以英國境內最大的硝酸鹽工廠為例，這座位於比林漢的提賽河兩岸，赫胥黎在寫《美麗新世界》以前造訪的帝國化工老廠，占地略嫌過大，其主要業務——將空氣與氫轉換為氨——集中在幾座面積比中型辦公樓稍小的高大容器裡。要餵飽比林漢肥料廠的這幾個大容器，你得將北海霍恩西風場（Hornsea One）所有的綠氫產能全數投入才行。霍恩西一號擁有一百七十四座巨型風力渦輪機，是寫這本書時全世界最大的風力發電廠，在風力強的日子可以生產略超過一吉瓦（gigawatt，十億瓦）的電，足以為一百多萬個家庭供電。

而當然，這只是大景觀中極小的一部分。事實上就全球標準而言，這座肥料廠只能算是中型廠；美國與中國境內許多肥料廠都比這座廠大得多，所以如果要綠化，它們需要更多風力渦輪機（或太陽能板或水力發電廠）提供更多電能。此外，肥料生產不過是這個產業大餅中的一小片。製造綠鋼需用的氫更多。這類問題或許看起來並非重點，事實上卻剛好相反。大多數人談到能源使用，主要談的只是發電，但產業製程耗用的能源，在全球基本能源使用的占比比發電更大。相對來說，電的問題還比較容易解決。[6]

理論上，我們沒有做不到淨零排放的理由。且運用我們在這趟原料世界之旅學到的一些知識。究竟什麼是離岸風力渦輪機？簡單說，離岸風力渦輪機是一種由玻璃、鐵、銅與石油構成，還灑了一些鹽的結構。

離岸風力渦輪機的主要結構包括架在海底的單樁式基座——就是那根插入海底地下、做為根基的管子。基座由沉重的鋼板構成，重達八百噸，相當於三架巨無霸型噴射機。基座上方是鋼塔，塔頂有裝發動機的鋼艙，還有將結構結合在一起的鋼製轉換系統。最前方的翼板以包覆在玻璃纖維內的軟木為骨架，這些玻璃纖維是塗上聚合樹脂的細玻璃線。翼板上最耐磨的部分用碳纖加強，這些碳纖由多種樹脂製成，製作材料從丙烯到苯與氨，還有從鹽取得的氯基化學物。此外還得用許多銅，協助發電，把電送回陸地。條條大路最後都通往原料世界的六大物質。

你一定已經發現，不用化石燃料不可能量產風力渦輪機（或以矽為基材的太陽能板）。目前，想將矽石煉成矽金屬，唯一途徑就是用焦煤熔融矽石。此外，特別是風力渦輪機的葉片，得由原油與天然氣提煉的樹脂製成。這裡又一次重演了其他地方的故事：想製做高效鋰離子電池，就得使用從原油中取得的石墨。

但我們現在使用化石燃料的方式，與我們三個世紀來使用化石燃料的方式，兩者有很重要的差異。現在，我們用化石燃料營造，而非燃燒它們。除了焦煤——焦煤能協助製造冶金級矽——我們將化石燃料製成產品，而不是燃燒生能；我們把嵌在化石燃料裡的碳製成可用的東西，而不是將它排入大氣。在我們的先人學會如何將原油煉成煤油以前，原油主要用於塗在船底防漏，與將磚塊黏在一起，如今我們走回先人走的老路。在今後幾十年，原料世界的主旋律是營造，而且營造項目的規模幾乎肯定將超越你的想像。

瞻望未來，有一天，人類確實有可能用再生替代品取代大多數化石燃料。或許我們仍然得用石油製造少數產品，例如電池中的石墨。在少數幾項工業製程上，我們仍得用一點煤、一點天然氣——不過規模都會比今天小得多。如果一切進展順利，我們還能透過負擔得起的作法，「捕存」我們迄未能去除的碳。如果決策人腦筋清楚，我們會建造許多新核電站（在能量密度階梯上，鈾的位階幾乎高於其他一切），會將道路運輸電氣化。我們將鋪設海底電纜，打造國際電網，讓陽光與風力充沛的國家將電力送往其他國家。我們會為我們的船隻，甚或飛機開發綠色燃料，為農田開發綠色肥料。韋瑟靈煉油廠之類的設施不再用石油，而用澱粉與生物廢料製造塑膠與化學藥劑。

或許我們能學會更謹慎地使用這些原料，學會盡可能不浪費它們。我們會在全球各地建立像霍博肯優美科回收廠一樣的設施，盡可能回收、再利用這些原料。我們的世界會變得更健康，更有生產力，死於汙染的人數也會減少。此外，由於開採的化石燃料遠比今天少，在全球各地留下的足跡也會真正縮減。而且事情會變得更好。因為雖說再生能源在能量密度上比化石燃料差得多，可是它取之不盡、用之不竭。想從太陽與風中取能，我們還得加把勁，建造更多太陽能板與風力渦輪機，但在達到一定程度後，用電成本會大幅降低。

在碳排放達到頂峰、開始走下坡以後，能源構成的壓力放緩，這世界會變得更富裕、更有生產力。超級豐沛的能源還能帶來其他誘人的選項。我們可以用它們從大氣直接提取二氧化碳，轉化成聚乙烯，既解決溫室效應問題，同時還能帶來用之不竭的塑膠。我們可以製作合成燃料，啟動高超音速飛機，將倫敦與東京之間旅途往返時間縮短為幾個小時。一旦有了真正富足而廉價的能源，甚至可以將沙漠圓滑的砂礫燒結成各種角形建築用砂。採砂黑幫崛起、湄公河三角洲破壞，以及其他許多因採砂而衍生的環保危機都可以迎刃而解。

這個遠景著實誘人。但我們得使盡全力，花很多時間與金錢才有望達標。想輕輕鬆鬆、開個開關，將整個原料世界轉入再生能源模式，無異癡人說夢。而且想達到這個目標，還得耗用數量龐大的原物料。以小型天然氣渦輪機為例。它可以生產一百萬瓦的電，滿足十萬戶人家的用電需求。如果要用風力發電取代這座天然氣渦輪機，你得動用二十座巨型風力渦輪機。要建造二十座巨型風力渦輪機，你得用將近三萬噸的鐵、五萬噸的混凝土，還得用九百噸塑膠與玻璃纖維製造葉片，與五百四十噸的銅（如果是離岸風力渦輪機，需要量得乘上三倍）。另一方面，要建那座天然氣渦輪機只需要約三百噸的鐵、兩千噸的混凝土，線圈繞組與變壓器部分需用的銅也只有約五十噸。根據一項評估，如果想實現綠能美夢，今後二十二年，我們得開採比五千年來整個人類史上所開採更多的銅礦。[7]

不過，想實現這個未來遠景的最大難處在於：我們中有許多人——或許是大多數人——都無福享受那個經驗。

由於變數實在太多，算計這類評估非常困難。且讓我們採用最常用的模式，且讓我們假設一切按照預定計畫進行，果然在二〇五〇年實現「淨零」，則「平衡年」——大氣碳含量開始減少，經濟與氣候利益開始超越成本的時機——將落在二〇八〇年。其他模式推定的平衡年時間更遲。[8]

讓我們稍想一想。第一代享受到這些犧牲與投資帶來的好處的人——換言之，在平衡年過後開始步入職場的那一代人——得到本世紀中期以後才可能出生。他們是今天出生的孩子的孩子。

這就為我們今後的圓夢之路帶來三個風險。首先，人們會因沮喪而放棄。要一連幾代人為了他們永遠見不到的未來、心甘情願犧牲奉獻，史上有這種先例嗎？今天走上的這條淨零之路，要我們放棄能量密度既高、又廉價的化石燃料，正是要我們為拯救地球而自我犧牲。政界人士在這個問題上似乎始終含混其詞，所以反撲的風險很高。

第二個風險是，這條邁向淨零之路因政治抗拒與民眾冷漠而險阻重重。世界各國當局對風力渦輪機與太陽能板製造項目的審批，不但沒有放寬，反而益發刁難。銅與鋰的開發項目在南美與歐洲一再受到壓制。如果這些原料的供應跟不上不斷增加的需求，結果如何可想而知。拜萊特定律所賜，自一九九〇年代以來一直跌跌不休的鋰電池價格，在二〇二二年首次止跌回升。原因是，有關鋰等原物料供應的關切，推高了鋰電池材料成本。

如果鋰或銅的供應長期短缺，我們不可能達到淨零目標，我們得動員更多聰明才智之士，找出取得這些物質的辦法。但在寫這本書的時候，由於願意投入礦物研究的青年人數太少，全球頂尖冶金研究機構、英國康沃爾的坎伯恩礦物學院（Camborne School of Mines）不得不停止招收礦物工程新生。如果不再有人知道如何取得需用的礦物，希望又在哪裡？

第三個風險是，作為原料世界構築基礎的地緣政治正在解體。一片矽晶片得在繞行世界多次以後才能進入你使用的裝置。銅的情況也一樣：銅在世上一角出土，送往另一角（通常是中國）提煉，然後整合進入一個裝置，再運往其他角落。我們心目中的世界——包括所有那些讓價格逐年下滑的良性循環——需要這些聯繫。

當供應鏈正常運作，原料可以從世界一角自由流入另一角時，原物料在哪裡開採、製作或如何製作似乎都不是問題。它們就這樣自然而然地出現、投入產業機器，我們也視為理所當然，懶得再去觀測、了解。但偶爾當供應鏈斷鏈，特別是當爆發戰爭或貿易戰時，一切互動突然中斷。原料世界瞬間變得非常重要。我們過去可以輕鬆從世界另一頭取得的廉價、無所不在的物質，突然變得奇貨可居。有鑒於今天的產品製造遠比過去複雜得多，如果有國家採取經濟自足政策——想辦法切斷進口，自力更生——造成的潛在衝擊會很嚴重。[9]

倘若果真如此，也不令人意外，因為現在你已經知道這些原料的重要性。你知道它們代表現代生活的基礎，沒有它們，我們將災情慘重。你知道形形色色的能源都是生產必須，一旦原料與能源供應突然短缺，事情一定出錯。有時衝擊不明顯，而且以漸進方式呈現。已開發世界的經濟生產力開始停滯，約與美國與歐洲開始節約能源的時間相同（一九七〇年代），或許並非巧合。有時衝擊既明顯又強烈。俄羅斯二〇二二年入侵烏克蘭，切斷部分歐洲的能源供應，推升石油成本，造成歐陸各地經濟衰退。面對天然氣短缺困境，歐洲被迫重新思考它的工業腹地本質問題。首創哈伯—博施法的德國化學大廠巴斯夫公司，因此關閉它在路德維希港（Ludwigshafen）的幾家氨廠，開始從海外進口這些化學物質。這樣的決定雖有助於甩脫化石燃料的轉型，但無疑極具顛覆性，而且非常昂貴。金融管道短路是一回事，能源系統短路是完全不一樣的另一回事。

但能源不過是問題的一部分而已，因為這場危機引發我們對全球經濟結構的疑問。如果供應鏈不再可靠，過去幾十年來逐漸削減製造的已開發經濟體，會不會被迫將整個進程逆轉？如果真要這麼做，行得通嗎？決策人士在忙著尋找這些問題的答案時發現，他們甚至對今天事情運作的方式都搞不清楚。

我們正在重覆第二次世界大戰期間做的一件事。一九四〇年代，美國商務部決策人士為了解他們可以動用哪些資源，委請經濟學家賽門・庫茲內茨（Simon Kuznets）建立一種全民核算系統。這就是我們今天國內生產毛額（GDP）的濫觴。在二〇二〇年代，同樣是美國商務部，為了解美國是否能建立「半導體主權」，對整個矽晶片供應鏈進行了調查。調查人員畫出礦井與晶圓廠之間的連線，再加上鑄造廠與各種必不可缺的廠商，逐漸勾勒出原料世界這個角落的原始地圖。或許經過一段時間，搭配研究物料使用情況的「物流分析」，這些地圖能提供一種針對 GDP 統計的對應，讓我們了解依賴與合作的力量。[10][i]

在觀察這些原料世界的初步地圖時，我們見到什麼？一個由各種圖標結成的網。一波波來自智利的銅與鋰流向中國，然後折返；一波波鹽與鹽水運入化學工廠，改頭換面成為令人眼花撩亂的各種化學物質。

這種穿梭於全球海洋每個角落、無遠弗屆的緊密互通，讓我們將構建文明的基塊——從原料到能源的一切——視為理所當然。就像我們擴大在智利與澳洲採銅的規模一樣，也擴大商業物流的規模：今天單單一艘貨櫃輪，就能載運比十六世紀整個英國商船隊所能載運更多的貨物。但一旦你不再能在全球各地暢行無阻，那遍布全球的供應鏈將面對何種命運？一旦你不再能理所當然地認為，從世界這頭啟程的一艘船，一定能準時抵達世界的另一頭——甚至連能不能抵達都成問題？回想第一次世界大戰那段「玻璃鏡荒」，當時英國因缺乏雙筒望

i 事實證明，庫茲內茨建立國民收入標準的作法本身，也是針對之前一項作法的呼應。早在十七世紀，英國科學家威廉．培蒂（William Petty）就曾對英格蘭與威爾斯的關鍵經濟數據進行匯集整編，為的是評估英國發動戰爭的能力。當時英國計畫發動的，是一六六五到六七年的第二次英—荷戰爭。（作者註）

遠鏡而在戰備上束手縛腳，結果如何你已經知道了。在這種情況下，突然間，東西在哪裡開採、在哪裡製造，不再是無關緊要的小小曲折；那是一切成敗的關鍵。11

儘管遭到多年忽視，原料世界仍是一處神奇之鄉。正因為有了全球各地科學家與製造業者的合作與競爭，今天我們每個人口袋裡才都裝了奈米科技。正因為有了這種全球性的科研人才與材料科學網路，我們才能不出數月就研製出對抗大流行病的藥物。只要能投入大量人力，想成就改變人生的神奇美事會容易得多。

我們能有今天的生活享受，不必像先人那樣整日操勞辛苦，靠的是原料世界。在一八〇一年，想生產一公頃小麥，人們平均得工作一百五十個小時；今天，由於有了鋼犁、柴油發動機，以及半導體導引的聯合收割機，我們不僅不到兩小時就能完成這個目標，種在一公頃農田裡的小麥還比過去要多。一百年前，生產一噸銅得花兩百三十小時的人工，今天只要約十八小時。我們能有這些驚人（而且大部分遭到忽視）的進步，主要是因為我們動用巨大能源、金屬與化學，將農業與礦業工業化。結果是，今天，只有一小部分人在這些讓我們都能填飽肚子、都有棲身之所的「第一產業」（primary industries，包括漁、農、與礦業）裡工作。12

對於整個職涯離不開虛擬世界，不斷享用原料世界帶來的好處，卻從不弄髒自己雙手的我來說，這本書中談到的旅程多少帶有教訓意義。踏上旅途的時間愈長，我愈感心煩意亂，覺得我們都與賴以生存的第一產業漸行漸遠。或許這不過是現代資本主義的交換條件。只要價格談得攏，你可以從世上任何地方取得任何你想要的物品、做任何事，但別指望你能了解這東西是怎麼做出來，或是怎麼來到你手中的。世上沒有一個人了解如何製作一枝鉛筆，或一塊矽晶片，或許這本來也無關緊要。但如果這種脫勾現象，讓太多的人愈來愈厭惡資本主義怎麼辦？或許一些已開發世界的人開始排斥量產、擁抱工藝產品，甚至不願網購，寧可使用自製、極簡的土產，原因就在此。這一切都訴說著一種回歸原料世界基本面的願望。

我們確實應該回歸原料世界，因為這個地方淨是為我們今天帶來希望的各種故事。許多年前，大家都認定鋼鐵不可能像今天這樣量產。重新發現混凝土配方似乎只是異想天開。科學家不相信我們能駕馭極紫外光，更別說用它量產矽晶片了。

當我們在十或二十年後回顧時，會不會心想，當年為什麼那麼坐立不安、生怕不能生產足夠的氫為全球電網供電？為什麼那麼拚命從地底下挖礦取能？我們頗以我們的手機自豪，因為它用的是前輩們不能掌握的電池科技，它裡面的電晶體小得就連用顯微鏡都看不見。但有一天，我們的孩子會不會像我們得意地玩著我們的手機一樣，得意地欣賞著他們的核能電廠？如果說，這趟原料世界之旅能為你帶來一些教訓，它將是：只要有足夠時間，經過足夠的努力與合作，目標一般總能達成。萊特定律的邏輯是，隨著時間逝去，人類經驗累積，我們能駕輕就熟，以更快的速度生產。在電腦與人工智慧——當然，啟動這些電腦與人工智慧的，是我們在台灣參觀過的那些晶圓廠生產的矽晶片——協助下，我們甚至很有可能加速這種經驗的累積與發現。

或許我們之中有許多人見不到「平衡年」，不能親自享受扼阻氣候變遷帶來的好處，但我們至少可以活著見證協助人類達成下一次能源大轉型的創新。今後幾十年可能是經濟史上最讓人興奮的一段時光。去除碳排放意味我們得重新想像工業革命，得重新思考原料世界從熔融金屬到生產化學物質、提供能源的幾乎每一道程序；我們可以打造一個遠比現有更乾淨、更生生不息的電力系統，可以為開發中世界提供跨越式科技，讓它的居民不必忍受幾個世紀的燃煤電廠以及隨之而來的霧霾與汙染。我們可以發明儲電能力遠超今天電池許多倍的電池、創造比今天那些看不見的電晶體迷宮更加複雜的矽晶片。

一整個新時代正在向我們招手——這將是一個奈米材料世界，在這裡，我們可以用奈米石墨管與奈米碳管提升、甚或取代這本書談到的一些原料。就像塑膠的發明，讓二十世紀化學家得以突破對礦物分子化合物的依賴，設計出全新材料一樣，二十一世紀的化學家也能造出全新材料，走得更遠。試想，有一天我們會有比銅更導電的奈米材料電線，有完全防鏽、可以取代錮或鈷等稀有原料的鋼。這會是一項令人顫慄、鼓舞、眼花撩亂的挑戰。

不過這一切都不能阻止我們做我們一直在做的事。自來到這個世上的第一天起，人類就留下明顯的印記。假裝沒這回事毫無意義，因為挑戰原本就是我們的故事。我們克服挑戰，讓人類更長壽，讓人生更舒適。我們克服挑戰，讓我們的世界養活過去難以想像的眾多人口。八十億個腦，八十億組希望與夢。

我們也能享有更永續、更乾淨的生活，減少我們的破壞與汙染，以更協調的方式與地球共生。想達到這些目標，我們不能迴避或排斥原料世界，我們得擁抱它、了解它。這六種原料協助我們生存，讓我們欣欣向榮。它們曾經幫我們創造奇蹟。它們還能這樣做。

附註

前言

1 World Gold Council data, https://www.gold.org/ goldhub/ data/ gold-demand-by-country.

2 Leonard Read, 'I, Pencil', 1958, https://fee.org/resources/i-pencil/.

3 A. McAfee, *More From Less: The Surprising Story of How We Learned to Prosper Using Fewer Resources - and What Happens Next* (Simon & Schuster UK, 2019).

4 R.W. Clark, *Einstein: The Life and Times* (Random House, 1995).

1. 創造之人

1 R.A. Bagnold, 'Journeys in the Libyan Desert 1929 and 1930', *Geographical Journal* 78/1 (July 1931): 13, https://doi.org/10.2307/1784992; Major R.A. Bagnold, 'A Lost World Refound', *Scientific American* 161/5 (November 1939): 261-3, https://doi.org/10.1038/scientificamerican1139-261.

2 T. Aboud, 'Libyan Desert Glass: Has the Enigma of Its Origin Been Resolved?', *Physics Procedia* 2/3 (November 2009): 1425-32.

3 David Hockney, *Secret Knowledge: Rediscovering the Lost Techniques of the Old Masters* (Thames & Hudson, 2006).

4 Alan Macfarlane and Gerry Martin, *The Glass Bathyscaphe: How Glass Changed the World* (Profile, 2011).

5 Pliny the Elder, *The Natural History*, trans. J. Bostock, H.T. Riley (Taylor and Francis, 1855), Book XXXVI, Chapter 65.

6 Reiner Zorn,'A Wing Explained', *Nature Physics* 18/ 4 (April 2022): 374-5.

7 Seth C. Rasmussen, *How Glass Changed the World*, Vol. 3, Springer Briefs in Molecular

Science (Springer, 2012), https://doi.org/ 10.1007/ 978-3-642-28183-9.

8 Roy and Kay McLeod, 'War and Economic Development: Government and the Optical Industry in Britain, 1914-18', in J.M. Winter (ed.), *War and Economic Development* (Cambridge University Press, 1975).

9 *Official History of the Ministry of Munitions* (facsimile: Naval & Military Press, 2008), Vol. XI, Part III, p. 42.

10 Guy Hartcup, *The War of Invention* (Brassey's, 1988). Also see Adam Hochschild, *To End All Wars: A Story of Protest and Patriotism in the First World War* (Picador, 2011).

11 Stephen King-Hall, *A North Sea Diary*, 1914-1918 (Forgotten Books, 2012).

12 *History of the Ministry of Munitions*, Vol. VII, Part 1, p. 1.

13 Ibid., Vol. XI, Part 3, p. 83.

2. 築在砂上

1 Speech by US Admiral Harry Harris, commander of the Pacific Fleet, to the Australian

Strategic Policy Institute, 31 March 2015.

2 Author's analysis of data from UN COMTRADE database.

3 UN COMTRADE database.

4 Anthony H. Cooper et al., 'Humans Are the Most Significant Global Geomorphological Driving Force of the 21st Century', *Anthropocene Review 5/ 3* (2018): pp. 222-9.

5 Emily Elhacham et al., 'Global Human-made Mass Exceeds All Living Biomass', *Nature* 588/7838 (2020): pp. 442-4. The weight of biomass can be found in Yinon Bar-On, Rob Phillips and Ron Milo, 'The Biomass Distribution on Earth', *Proceedings of the National Academy of Sciences*, 19 June 2018.

6 WWF-Greater Mekong/WWF Freshwater Practice, 'The Sands Are Running Out', WWFWaterCaseStudy,2018,https://www.wwf.org.uk/sites/default/ files/ 2018-04/180419_Mekong_sediment_ CS-external.pd £.

7 Christian Jordan et al., 'Sand Mining in the Mekong Delta Revisited- Current Scales of Local Sediment Deficits', *Scientific Reports 9*, article number 17823 (2019).

8 G.M. Kondolf et al., 'Changing Sediment Budget of the Mekong: Cumulative Threats and Management Strategies for a Large River Basin', *Science of the Total Environment 625*

(2018): pp. 114-34.

9 Pascal Peduzzi, 'Sand, Rarer than One Thinks: UNEP Global Environmental Alert Service (GEAS)- March 2014', United Nations Environment Programme, 2014.

10 Yang Zekun, 'Crackdown on Yangtze Sand Mining Stepped Up', *China Daily*, 2 March 2021.

11 Debashish Karmakar, 'Bihar: 4 Cops Injured as Sand Mafia Attacks Police Party in Nawada District', *Times of India*, 2 June 2021; 'Policeman Injured After Being Shot at by Two Unidentified Men in Rajasthan's Sikar', *Times of India*, 20 July 2021;Avinash Kumar, 'Bihar: 18 Cops Found Protecting illegal Sand Mining Shifted, More Under Radar', *Hindustan Times*, 12 July 2021; Vivek Trivedi,' Another Forest Dept Team Attacked by Sand Mafia in MP's Morena', *News18*, 30 July 2021.

12 Pascal Peduzzi et al., *Sand and Sustainability: 10 Strategic Recommendations to Avert a Crisis* (United Nations Environment Programme, 2022).

13 Andrew Rabeneck, 'The Transformation of Construction by Concrete', in *Nuts & Bolts of Construction History Vol.2* (Picard, 2012), pp. 627-36, https:// structurae.net/ en/literature/ conference-paper/ transformation-of-construction-by-concrete.

14 Charles Kenny, 'Paving Paradise', *Foreign Policy* (blog), https://foreignpolicy. com/ 2012/ 01/ 03/paving-paradise/.

15 Rocio Titiunik et al., *Housing, Health, And Happiness*, Policy Research Working Papers (The World Bank, 2007).

16 The best description and explanation I've encountered of the formation of concrete, upon which my condensed version is based, is from Mark Miodownik, *Stuff Matters: The Strange Stories of the Marvellous Materials that Shape Our Manmade World* (Penguin, 2013).

17 L.M. Seymour et al., 'Hot Mixing: Mechanistic Insights into the Durability of Ancient Roman Concrete', *Science Advances 9/1* (2023).

18 For a more comprehensive account, a good place to start is Robert Courland, *Concrete Planet: The Strange and Fascinating Story of the World's Most Common Man-Made Material* (Prometheus, 2011).

19 Andrew Rabeneck, 'Thomas Edison and Modern Construction: The Longue Duree of the Long Kiln', *Proceedings of the Sixth Annual Construction History Conference* (Queen's College, Cambridge, 2019), p. 13.

20 Data based on cement statistics from United States Geological Survey.

21 Ugo Bardi, professor of physical chemistry at the University of Florence: https://cassandralegacy.blogspot.com/ 2019/ 01 /what-happened-in-2015- that-changed.html.

22 計算混凝土產量是一項棘手的挑戰。計算累計總數仍然比較棘手。關於水泥生產的統計數據相當可靠，尤其是來自美國地質調查局的統計數據，我在這裡使用了這些數據，以及 Robert W. Lesley, 'History of the Portland Cement Industry in the United States', Journal of the Franklin Institute 5 (March 1898): pp. 324-36. 然而，這些數據系列僅涵蓋一九二六年以來的全球數據。為了估算全球數字，我使用了這一時期美國與世界其他地區產量的 1:1 比率，這與一九二〇年代中期的比率大致一致。然後，我使用 1:2:3 水泥：沙：骨材的標準水泥比例來估算混凝土總產量。考慮到其他比率的水泥含量較低，並且考慮到混合物中剩餘的水的重量，這可能會低估混凝土的最終總質量。然而，出於同樣的原因，該計算沒有考慮將舊混凝土回收到新建築中。

23 William J. Mallett, 'Condition of Highway Bridges Continues to Improve', Congressional Research Service report, 19 May 2020, https://crsreports.congress.gov /product/pdf/IN/IN11395; George Greenwood and Graeme Paton, 'Half of Bridges on England's Busiest Roads in "poor condition"', *The Times*, 3 December 2020, https://www.thetimes.co.uk/article/ half-of-bridges-on-englands-busiest-roads-in-poor-condition-3vpwhg6c9.

24 Johanna Lehne and Felix Preston, 'Making Concrete Change: Innovation in Low-carbon Cement and Concrete', Chatham House, June 2018.

3. 最漫長的旅途

1 Anton Howes,' Age of Invention: Where Be Dragons', https://antonhowes. substack.com/ p / age-of-invention-where-be-dragons.

2 Vaclav Smil, *Making the Modern World: Materials and Dematerialization* (Wiley, 2013).

3 Ernest Braun and Stuart Macdonald, *Revolution in Miniature: The History and Impact of Semiconductor Electronics* (Cambridge University Press, 1978).

4 There is a fine oral history from one of these crystal pullers at https://computerhistory.org/ blog / patricias-perfect-pull/.

5 Braun and Macdonald, *Revolution in Miniature*.

6 Gordon Moore, 'The Role of Fairchild in Silicon Technology in the Early Days of "Silicon Valley"', *Proceedings of the IEEE 86/1* (January 1998).

7 https://www.semianalysis.com/p/china-ai-and-semiconductors-rise.

8 'A look inside the factory around which the modern world turns', *The Economist*, 21 December 2019.

9 Chris Miller, *Chip War: The Fight for the World's Most Critical Technology* (Simon & Schuster, 2022).

10 Jeremiah Johnson et al., 'Dining at the Periodic Table: Metals Concentrations as They Relate to Recycling', *Environmental Science & Technology 41* (2007): pp. 1759- 65; Brian Rohrig, 'Smartphones: Smart Chemistry', American Chemical Society, April/May 2015, https://www.acs.org/ content/ acs/ en/ education/resources/ highschool/ chemmatters /past-issues/ archive-2014-201 5 / smartphones.html.

4. 鹽之路

1 John Julius Norwich, *A History of Venice* (rev. edition, Penguin, 2003).

2 Toyin Falola' "Salt is Gold": The Management of Salt Scarcity in Nigeria during World War

II', *Canadian Journal of African Studies/Revue Canadienne des Etudes Africaines* 26/ 3 (1992): p. 416.

3 Cecilia Lee-fang Chien, *Salt and State: An Annotated Translation of the Songshi Salt Monopoly Treatise* (University of Michigan Press, 2004), p. 5.

4 Ibid., p. 6.

5 *Discourse on Salt and Iron*, 'Chapter One: The Basic Arguments, The Discourses on Salt and Iron', http://www.8bei8.com/book/yantielun_2.html.

6 Pierre Laszlo, *Salt: Grain of Life* (Columbia University Press, 2001).

7 S.A.M. Adshead, *Salt and Civilization* (Palgrave Macmillan, 1992), pp. 218-30.

8 Roy Moxham, *The Great Hedge of India* (Constable, 2001).

9 Mahatma Gandhi, *Selected Political Writings*, ed. D. Dalton (Hackett, 1996), pp. 76-8.

5. 鹽的一切種種

1 K.L. Wallwork, 'The Mid-Cheshire Salt Industry', *Geography* 44/3 Guly 1959), pp. 171-

86; Paul G.E. Clemens, 'The Rise of Liverpool, 1665-1750', *Economic History Review* 29/2 (May 1976), pp. 211-25.

2 J.M. Fells, 'The British Salt Trade in the Nineteenth Century', *Economic Journal* 11/ 43 (September 1901), pp. 421-31; Ralph Davis, 'Merchant Shipping in the Economy of the Late Seventeenth Century', *Economic History Review* 9/ 1 (1956), pp. 59-73; Bank of England Millennium of Data spreadsheet.

3 Lion Salt Works Museum, Northwich.

4 Fells, 'British Salt Trade', p. 427.

6. 火藥

1 Harold Blakemore, *From the Pacific to La Paz: Antofagasta and Bolivia Railway Company, 1888-1988* (Imprint unknown, 1990).

2 Patricio Garda Mendez, *The Reinvention of the Saltpeter Industry* (A Impresores, 2018).

3 John Mayo, 'The Antofagasta Nitrate Company and the Outbreak of the War of the Pacific',

Boletin de Estudios Latinoamericanos y del Caribe 28 (June 1980), pp. 3-11.

4 Thomas O'Brien, "'Rich beyond the Dreams of Avarice": The Guggenheims in Chile', *Business History Review* 63/ 1 (Spring 1989), pp. 122-59.

5 Thomas Hager, *The Alchemy of Air: A Jewish Genius, a Doomed Tycoon, and the Scientific Discovery that Fed the World but Fueled the Rise of Hitler* (Crown, 2008).

6 United Nations Food and Agriculture Organisation, *The State of Food Security and Nutrition in the World*, 2020 and 2022 reports (United Nations, 2020/2022).

後記．許多鹽

1 There are many excellent descriptions of the formation of the Zechstein Sea to be found online, for instance from the Rotunda Geology Group, http:// 449 www. rotundageologygroup.org/ 2012_11_01/ ZechsteinPotash, and the Geological Society, https://www.geolsoc.org.uk/Policy-and-Media/Outreach/ Plate-Tectonic-Stories/ Zechstein-Reef.

7. 鋼鐵無祖國

1 'Enver Tskitishvili about Azovstal- Plant Shut Down Competently', Metinvest Media, 19 March 2022, https://metinvest.media/ en/ page/ enver-cktshvl-proazovstal-kombnat-zupinili-gramotno--ekologchno-zagrozi-nema; also, author interview with individual from Metinvest.

2 J.E. Gordon, *The New Science of Strong Materials: Or Why You Don't Fall Through the Floor* (rev. ed., Penguin, 1991).

3 Stefan Pauliuk, Tao Wang and Daniel B. Muller, 'Steel All over the World: Estimating in-Use Stocks of Iron for 200 Countries', *Resources, Conservation and Recycling* 71 (February 2013): pp. 22-30.

4 United Nations Environment Programme, *Global Resources Outlook 2019: Natural Resources for the Future We Want* (United Nations, 2020). Also the associated database on the UNEP website, which includes data for 2019: https://www.resourcepanel.org/ global-material-flows-database.

5 Vaclav Smil, *Energy and Civilization: A History* (The MIT Press, 2017) and *Still the Iron Age: Iron and Steel in the Modern World* (Butterworth-Heinemann, 2016).

6 Paul Gait, 'Valuing Jevons' "Invaluable Metal"', Bernstein, September 2018; Tao Wang, Daniel B. Muller and Seiji Hashimoto, 'The Ferrous Find: Counting Iron and Steel Stocks in China's Economy', *Journal of Industrial Ecology* 19/5 (25 August 2015): pp. 877-89.

7 Jung Chang and Jon Halliday, *Mao: The Unknown Story* (Vintage Digital, 2012).

8 Wei Li and Dennis Tao Yang, 'The Great Leap Forward: Anatomy of a Central Planning Disaster', *Journal of Political Economy* 113/ 4 (August 2005): pp. 840-77, https://doi.org/10. 1086 / 4 30804.

9 Serhii Plokhy, *The Gates of Europe: A History of Ukraine* (Penguin, 2015).

10 James Kynge, *China Shakes The World: The Rise of a Hungry Nation* (Weidenfeld & Nicolson, 2010).

11 Blast furnace count from Global Energy Monitor: https://www.gem. wiki/Main_Page; data on Chinese production from USGS and World Steel Association.

12 Stephen Kotkin, *Magnetic Mountain: Stalinism as a Civilization* (University of California Press, 1997).

13 Michael Schwirtz, 'Last Stand at Azovstal - Inside the Siege that Shaped the Ukraine War', *New York Times*, 24 July 2022, https://www.nytimes. com/ 2022/ 07 I 24/ world/ europe/

ukraine-war-mariupol-azovstal.html.

8. 火山內部

1 Smil, *Still the Iron Age*.

2 Data on metallurgical coal from the IEA; data on blast furnaces collated by the author from the Global Energy Monitor database: https://www.gem.wiki/ Main_Page.

3 Daniela Comelli et al., 'The Meteoritic Origin of Tutankhamun's Iron Dagger Blade',*Meteoritics & Planetary Science* 51/7 (2016): pp. 1301-9.

4 Roger Osborne, *Iron, Steam & Money: The Making of the Industrial Revolution* (Pimlico, 2014).

5 Peter Appleton, *A Forgotten Industry - The Alum Shale Industry of North-East Yorkshire* (Boroughgate, 2018).

6 Simon Winchester, *Exactly: How Precision Engineers Created the Modern World* (William Collins, 2018).

7 Vaclav Smil, 'Energy (r)evolutions take time', *World Energy* 44 (2018): pp. 10-14; Maddison Project Database 2020, University of Groningen, https://www. rug.nl/ ggdc/ historicaldevelopment/ maddison/ releases/ maddisonproject-database-2020 ?lang=en.

8 J.M. Allwood and J.M. Cullen, *Sustainable Materials: With Both Eyes Open* (UIT Cambridge, 2012), http://publications.eng.cam.ac.uk/ 400536/.

9 Daniel E. Sichel, 'The Price of Nails since 1695: A Window into Economic Change', *Journal of Economic Perspectives* 36/ 1 (2022): pp. 125-50.

10 Robert J. Gordon, *The Rise and Fall of American Growth: The US Standard of Living since the Civil War* (Princeton University Press, 2017); Marc Levinson, *The Box: How the Shipping Container Made the World Smaller and the World Economy Bigger* (Princeton University Press, 2016).

11 Tom Standage, *A Brief History of Motion: From the Wheel to the Car to What Comes Next* (Bloomsbury, 2021).

12 Steven Watts, *The People's Tycoon: Henry Ford and the American Century* (Vintage, 2009).

13 World Steel Association, *The White Book of Steel* (World Steel Association, 2012).

14 Julian M. Allwood, *A Bright Future for UK Steel* (Cambridge University Press, 2016).

15 Katherine Felkins, H.P. Leigh and A. Jankovic, 'The Royal Mail Ship Titanic: Did a Metallurgical Failure Cause a Night to Remember?', *JOM* 50/ 1 (January 1998): pp. 12-18; Tim Foecke, 'Metallurgy of the RMS *Titanic*', National Institute of Standards and Technology, 1998.

16 Dinny McMahon, *China's Great Wall of Debt: Shadow Banks, Ghost Cities, Massive Loans and the End of the Chinese Miracle* (Little, Brown, 2018).

17 Adam Minter, 'China's Latest Innovation? The Ballpoint Pen', Bloomberg, 16 January 2017, https://www.bloomberg.com/opinion/articles/2017-01-16/ china-s-latest-innovation-the-ballpoint-pen?sref=n6On51Iq; Adam Taylor, 'Finally, China Manufactures a Ballpoint Pen All by Itself', Washington Post, 18 January 2017, https://www.washingtonpost.com/news/worldviews/ wp / 2017/01/18 /finally-china-manufactures-a-ballpoint-pen-all-by-itself/.

18 Kim Browne,' "Ghost Battleships" of the Pacific: Metal Pirates, WWII Heritage, and Environmental Protection', *Journal of Maritime Archaeology* 14/ 1 (April 2019): pp. 1-28.

9. 最後的爆炸

1 M. Grant Norton, *Ten Materials that Shaped Our World* (Springer, 2021).

2 https://en.wikipedia.org/wiki/HarryPageWoodward.

3 William Finnegan, 'The Miner's Daughter',*ew Yorker*, 18March2013,http://www.newyorker.com/magazine/2013/03/25/the-miners-daughter.

4 *The Splash*, ABC (undated),https://www.youtube.com/watch?v=ldXonJowDTo.

5 David Lee, 'The Ghost of Lang Hancock', *Inside Story*, 19 August 2020, https: //insidestory.org.au/ the-ghost-of-lang-hancock/; *Australian Dictionary of National Biography*, https://adb.anu.edu.au/biography/ hancock-langley-frederick-lang-17492.

6 本報告基於澳洲議會向尤坎峽谷調查提供的各種材料，包括來自力拓集團和 PKKP 黨（代表普圖昆蒂．庫拉瑪人民的組織）的材料以及中期和最終報告。

7 力拓公司對西澳大利亞皮爾巴拉地區尤坎峽谷四萬六千年歷史洞穴遭到破壞問題的補充答覆，提交材料，二〇二〇年八月二十日。

8 'World Steel in Figures 2022', World Steel Association, 2022.

9 Stefan Pauliuk et al., 'The Steel Scrap Age', *Environmental Science & Technology* 47/7

(2April 2013): pp. 3448--54.

10 Allwood and Cullen, *Sustainable Materials*.

10. 第二件最偉大的事

1 Richard Pence (ed.), *The Next Greatest Thing* (National Rural Electric Cooperative Association, 1984).

2 Robert Caro, *The Path to Power: The Years of Lyndon Johnson* (The Bodley Head, 2019).

3 Gordon, *Rise and Fall of American Growth*.

4 Henry Sanderson, 'Copper Miners Pin Hopes on Electric Cars as China Falters', *Financial Times*, 8 April 2016, https://www.ft.com/ content/ oeo91ff8- fd5a-11e5-b5f5-07odca6doaod; Nicholas Snowdon et al., 'Green Metals Copper Is the New Oil', Goldman Sachs, 13 April 2021.

5 Good illustrations of this electromagnetic effect can be found at https: //www. youtube.com/

watch?v=sENgdSF8ppA&t=85s and https://www.youtube. com/watch?v=5BeFoz3 Ypo4.

6 William D. Nordhaus, 'Do Real-Output and Real-Wage Measures Capture Reality? The History of Lighting Suggests Not', in *The Economics of New Goods* (University of Chicago Press, 1996), pp. 27-70, https://www.nber.org/ books-and-chapters/ economics-new-goods/ do-real-output-and-real-wagemeasures-capture-reality-history-lighting-suggests-not.

7 'Olympic Cyclist Vs. Toaster: Can He Power It?', 2015, https://www.youtube. com/ watch?v=S4O5voOCqAQ.

8 https://www.ge.com/ steam-power /products/ steam-turbines/ nuclear-arabelle.

9 IEA, *The Role of Critical Minerals in Clean Energy Transitions* (IEA, 2021), pp. 45- 9, 58, 65-6.

10 Martin Lynch, *Mining in World History* (Reaktion, 2003). 這是我遇到的關於採礦歷史、銅及其他材料最好的一本書。

11 Andrew Bloodworth, 'A Once and Future Extractive History of Britain', in E. Hunger, T.J. Brown and G. Lucas (eds), *Proceedings of the 17th Extractive Industry Geology Conference* (EIG Conferences, 2014), pp. 1-6.

12 Chris Evans and Olivia Saunders, 'A World of Copper: Globalizing the Industrial

Revolution, 1830-70', *Journal of Global History* 10 /1 (March 2015).

13 Huw Bowen, 'Copperopolis: Swansea's Heyday, Decline, and Regeneration', lecture, Legatum Institute History of Capitalism Series, 2016.

14 Lynch, *Mining in World History*.

11. 洞

1 有關丘基卡馬塔的大部分資訊都來自於二〇二二年五月下旬對該礦的採訪。除了主要通常來自美國地質勘探局的數據外，也許特別是銅數據的最佳來源為國際銅研究組。其年度概況介紹是獲取更多數據的好地方。我的大部分數據，包括丘基卡馬塔及其鄰近礦山當前和歷史產量的數據，都來自那裡。

2 Barry Golding and Suzanne D. Golding, *Metals, Energy and Sustainability: The Story of Doctor Copper and King Coal* (Springer, 2017), p. 137ff. 這本優秀的參考書還包含大量有關丘基卡馬塔歷史的進一步資料。

3 The figures on the current and historic production of Chuquicamata and its sister mines are

my own calculations based on data from Codelco, Cochilco (historic figures back to the 1980s) and, for legacy cumulative figures, a paper by Alejandro Faunes et al., 'Chuquicamata, Core of a Planetary Scale Cu-Mo Anomaly', in T.M. Porter, *Super Porphyry Copper and Gold Deposits -A Global Perspective* (PGC, 2005). 從某些角度來看，截至撰寫本文時，丘奇的累積歷史產量略低於四千五百萬噸，而艾斯康迪達的相應數字略低於三千萬噸。已開採銅總量的數據來自美國地質調查局。

4 Jochen Smuda et al., 'Element Cycling during the Transition from Alkaline to Acidic Environment in an Active Porphyry Copper Tailings Impoundment, Chuquicamata, Chile', *Journal of Geochemical Exploration* 140 (May 2014): pp. 23-40.

5 Sandra Cortes et al., 'Urinary Metal Levels in a Chilean Community 31 Years after the Dumping of Mine Tailings', *Journal of Health and Pollution* 6/10 CTune 2016): pp. 19-27.

6 Paul R. Ehrlich, *The Population Bomb* (Ballantine, 1989).

7 Paul Sabin, *The Bet* (Yale University Press, 2013).

8 Pierre Desrochers and Christine Hoffbauer, 'The Post War Intellectual Roots of the Population Bomb. Fairfield Osborn's "Our Plundered Planet" and William Vogt's "Road to Survival" in Retrospect', *Electronic Journal of Sustainable Development* 1/3 (2009): p. 26.

9 Andrew McAfee, *More from Less: The Surprising Story of How We Learned to Prosper Using Fewer Resources - and What Happens Next* (Simon & Schuster, 2019).

10 Julian L. Simon, 'Resources, Population, Environment: An Oversupply of False Bad News', Science, 27 June 1980.

11 Ira Beaman J oralemon, *Romantic Copper: Its Lure and Lore* (D. Appleton-Century Co., 1934).

12 David Cohen, 'Earth's Natural Wealth: An Audit', *New Scientist*, 23 May 2007; Richard A. Kerr, 'The Coming Copper Peak', *Science*, 14 February 2014.

13 Manuel Mendez, Damir Galaz-Mandakovic and Manuel Prieto, 'TeleProduction of Miningscapes in the Open-Pit Era: The Case of Low-Grade Copper, Bingham Canyon, US and Chuquicamata, Chile (1903-1923)', *Extractive Industries and Society* 8/ 4 (1 December 2021).

14 T. LeCain, *Mass Destruction: The Men and Giant Mines that Wired America and Scarred the Planet* (Rutgers University Press. 2009).

15 Ernesto Che Guevara, *The Motorcycle Diaries*, trans. Che Guevara Studies Center (Penguin, 2021).

16 Paul Gait, 'Metals & Mining: Why Isn't the Price of Copper US$24,ooo/t (or US$11/Lb)? An Overview of the Impact of "Moore's Law in Mining"', Bernstein, 2018.

17 German Flores and Alex Catalan, 'A Transition from a Large Open Pit into a Novel "Macroblock Variant" Block Caving Geometry at Chuquicamata Mine, Codelco Chile', *Journal of Rock Mechanics and Geotechnical Engineering* 11/ 3 (June 2019): pp. 549-61; Pablo Paredes, Tomas Leafio Chlebnicek and Leopoldo Jauriat, 'Chuquicamata Underground Mine Design: The Simplification of the Ore Handling System of Lift 1', in *Proceedings of the Fourth International Symposium on Block and Sublevel Caving* (Australian Centre for Geomechanics, 2018), pp. 385-98.

18 Marian Radetzki, 'Seven Thousand Years in the Service of Humanity-the History of Copper, the Red Metal', *Resources Policy* 34/ 4 (December 2009).

19 Tim Worstall, 'The No Breakfast Fallacy: Why the Club of Rome Was Wrong about Us Running out of Resources', Adam Smith Institute, 2015.

20 Resources numbers from USGS. Annual consumption projections from Daniel Yergin et al., 'The Future of Copper', IHS Markit/S&P Global, 2022.

21 My calculations are based on data from Cochilco. Chilean copper output (thousands of

tonnes), 2004: 5,413; 2016: 5,553. Average copper mine head grade, 2004: 1.1 per cent, 2016: 0.65 per cent. Data on grades: https://www.cochilco. cl/Presentaciones% 20Ingls/ Chilean% 20Copper%20Mining%20Costs.pdf.

22 Jeff Doebrich, 'Copper -A Metal for the Ages', USGS, 2009.

23 Paul Gait, 'Metals & Mining: Copper and the Green Economy- Thoughts from Our Decarbonisation Conference', Bernstein, 2019.

12. 深海

1 本節包含二〇一八年於牙買加金斯頓國際海床管理委員會之行的資料，包括對秘書長麥克・洛吉的訪談。二〇一八年，我再次前往蘇黎世採訪 Gretchen Friih-Green，在二〇〇〇年那次決定性的探險中第一個發現失落之城的科學家。有關 Project Ultra 的大部分資料都基於二〇二二年七月對莫頓（Bram Murton）的訪談。

2 Cobalt: http://pubs.usgs.gov/periodicals/mcs2022/mcs2022-cobalt.pdf; nickel: https: //pubs. us gs.gov/ periodicals/ mcs2022 / mcs2022-nickel.

3 S. Petersen et al., 'News from the Seabed - Geological Characteristics and Resource Potential of Deep-Sea Mineral Resources', *Marine Policy* 70 (August 2016).

4 M. Hannington et al., 'The Abundance of Seafloor Massive Sulfide Deposits', *Geology* 39/12 (1 December 2011).

13. 大象

1 Thomas C. Barger, *Out in the Blue: Letters from Arabia 1937-1940* (Selwa Pr, 2000).

2 Daniel Yergin, *The Prize: The Epic Quest for Oil, Money & Power* (Simon & Schuster, 2012). Much of this chapter, especially the sections on the history of the oil industry, leans heavily on this brilliant work.

3 Richard Rhodes, *Energy: A Human History* (Simon & Schuster, 2018).

4 Vaclav Srnil, *Oil: A Beginner's Guide* (Oneworld, 2017).

5 https://explorer.aapg.org/ story/ articleid/ 2185/ elephant-hid-in-desert.

6 Smil, *Oil*.

7 'BP Statistical Review of World Energy 2022', 2022, https://www.bp.com/ en/ global/ corporate/ energy-economics/ statistical-review-of-world-energy.html.

8 E.A. Wrigley, *Energy and the English Industrial Revolution* (Cambridge University Press, 2010).

9 IEA World Energy Balances, accessed July 2022.

10 Maya Foa, 'Joe Biden Needs Saudi Oil But Must Not Ignore Its Human Rights Record', *Financial Times*, 13 July 2022.

11 Daniel Yergin, *The New Map: Energy, Climate, and the Clash of Nations* (Penguin, 2020); Gregory Zuckerman, *The Frackers: The Outrageous Inside Story of the New Energy Revolution* (Penguin, 2013).

12 'The father of ￡racking', *The Economist*, 3 August 2013, https://www.econornist.com/ business/ 2013/ 08/ 03/the-father-of-fracking.

13 'Biden Interrupted by Macron at G7, Told Saudis Are Near Oil Capacity Limit', *Newsweek*, 28 June 2022, https://www.newsweek.com/ biden-interrupted-macron-g7-told-saudis-oil-capacity-limit-1719747.

14 John Tierney, 'Economic Optimism - Yes, I'll Take That Bet', *New York Times*, 28 December

2010, https: //www.nytimes.com/ 2010/12/28 / science/ 28tierney. html.

14. 輸油管

1 Much of this chapter, especially the sections explaining the process of oil refining, relies heavily on the peerless *Petroleum Refining in Nontechnical Language by William Leffler* (Penn Well, 2020).

2 Anthony N. Stranges, 'The Conversion of Coal to Petroleum: Its German Roots', *Fuel Processing Technology* 16/J (June 1987).

3 Rob West, 'Oil and War-Ten Conclusions from WWII', Thunder Said Energy, 3 March 2022, https://thundersaidenergy.com/ 2022/ 03/ 03/ oil-and-war-tenconclusions-from-wwii/; also Yergin, *The Prize*.

4 Yergin, *The Prize*; Anthony Stranges, 'Germany's Synthetic Fuel Industry, 1927- 1945', in J.E. Lesch (ed.), *The German Chemical Industry in the Twentieth Century, vol. 18, Chemists and Chemistry*, (Springer, 2000).

5 Peter W. Becker, 'The Role of Synthetic Fuel in World War II Germany: Implications for Today?', *Air University Review*, July-August 1981.

6 'US Navy Technical Report 87-45 - The Wesseling Synthetic Fuel Plant', http://www.fischer-tropsch.org/primary documents/ gvt_reports/USNAVY / usnavy-europe_toc.htm.

7 David Edgerton, 'Controlling Resources: Coal, Iron Ore and Oil in the Second World War', in Michael Geyer and Adam Tooze (eds), *The Cambridge History of the Second World War* (Cambridge University Press, 2015), pp. 122-48.

8 Rebecca Skloot, 'Houses of Butterflies', *PittMed*, Winter 2001; 'Looney Gas and Lead Poisoning-A Short, Sad History', *Wired*, 5 January 2001, https://www.wired.com/ 2013 /01 / looney-gas-and-lead-poisoning-a-short-sadhistory; William J. Kovarik, 'The Ethyl Controversy: How the News Media Set the Agenda for a Public Health Controversy over Leaded Gasoline, 1924- 1926', thesis, University of Maryland, 1993, https://drum.lib.umd.edu/ handle/ 1903/ 16750.

15. 鋪天蓋地的東西

1 Susan Freinkel, *Plastic: A Toxic Love Story* (Mariner, 2011).

2 *UN World Population Prospects 2022* (United Nations, 2022), https://www. un.org/ development/ desa/pd/ content/World-Population-Prospects-2022; Frank Viviano, 'How the Netherlands Feeds the World', *National Geographic*, September 2017, https://www. nationalgeographic.com/magazine/ article/ holland-agriculture-sustainable-farming.

3 https: //www.producebluebook.com/ 2021/12/13 / tomatoes-greenhousegrown-grows/.

4 William Alexander, 'Indoor Farming Is a "No-Brainer." Except for the Carbon Footprint', *New York Times*, 21 June 2022, https://www.nytimes. com/ 2022/ 06/ 21/ opinion/ environment/ climate-change-greenhousesdrought-indoor-farming.html.

5 Vaclav Smil, 'Cross Talk: The Tomato's Energy Footprint', *IEEE Spectrum* 58 / 3 (March 2021). Updated figures appear in Vaclav Smil, *How the World Really Works: A Scientist's Guide to Our Past, Present and Future* (Penguin, 2022).

6 Norton, *Ten Materials*.

7 'Polythene Comes of Age', *ICI Magazine*, September 1954.

8 E. Raymond Ellis, *Polythene Came from Cheshire* (E.R. Ellis, 2005).

9 Claudia Flavell-While, 'Dermot Manning and colleagues at ICI - Plastic Fantastic', *Chemical Engineer*, 1 November 2001, https://www.thechemicalengineer.com/ features/ cewctw-dermot-manningand-colleagues-at-ici-plastic-fantastic/.

10 Norton, *Ten Materials*.

11 Freinkel, *Plastic*.

12 IEA, *The Future of Petrochemicals* (IEA, 2018).

13 Chris DeArmitt, *The Plastics Paradox: Facts for a Brighter Future* (Phantom Plastics, 2020).

14 Jon Gertner, *The Idea Factory: Bell Labs and the Great Age of American Innovation* (Penguin, 2013).

15 Alice A. Horton, 'Plastic Pollution: When Do We Know Enough?', *Journal of Hazardous Materials* 422 (January 2022); 'Microplastics in household dust could promote antibiotic resistance', *The Economist*, 10 November 2021, https://www.economist.com/ science-and-technology/ microplastics-in-householddust-could-promote-antibiotic-resistance / 21806204.

16 IEA, *World Energy Outlook 2022* (IEA, 2022).

後記・石油峰值

1 'North Field: Sharing the Weight of the World?', Thunder Said Energy, 28 July 2022, https://thundersaidenergy.com/ 2022/07/28 / north-fieldsharing-the-weight-of-the-world/.

2 Vaclav Smil, 'What We Need to Know about the Pace of Decarbonization', *Substantia* 3/2 (2919), Supplement 1: pp. 13-28.

3 Demand projections from Announced Pledges Scenarios in IEA World Economic Outlook 2022 (IEA, 2022), and from BP Energy Outlook 2023 Edition (BP, 2023).

16. 白金

1 Seth Fletcher, *Bottled Lightning: Superbatteries, Electric Cars, and the New Lithium Economy* (Hill & Wang, 2011).

2 IEA, *Net Zero by 2050 -A Roadmap for the Global Energy Sector* (IEA, 2021).

3 https://www.nobelprize.org/prizes/ chemistry/ 2019/ whittingham/ facts/.

4 Jarod C. Kelly et al., 'Energy, Greenhouse Gas, and Water Life Cycle Analysis of Lithium Carbonate and Lithium Hydroxide Monohydrate from Brine and Ore Resources and Their Use in Lithium Ion Battery Cathodes and Lithium Ion Batteries', *Resources, Conservation and Recycling* 174 (November 2021), https://doi.org/ 10. 1016 /j.resconrec.2021.105762.

5 Jorge S. Gutierrez et al., 'Climate Change and Lithium Mining Influence Flamingo Abundance in the Lithium Triangle', *Proceedings of the Royal Society B: Biological Sciences* 289/1970 (9 March 2022).

17. 蛋糕捲

1 Stanford Energy, 'Sustainable Supply Chain for Batteries I Straube!, Mikolajczak, & Urtel I StorageX Symposium', 2020, https://www.youtube.com/ watch?v=FQoyFAGELnE.

2 'Lithium Ion Battery Gigafactory Assessment', Benchmark Mineral Intelligence, June 2022.

3 IEA, *Role of Critical Minerals*.

4 G. James Herrera and Frank Gottron, 'National Stockpiles: Background and Issues for

Congress', Congressional Research Service 'In Focus' report, 15 June 2020; Maiya Clark, 'Revitalizing the National Defense Stockpile for an Era of Great-Power Competition', The Heritage Foundation, 4 January 2022.

5 Ana Swanson, 'Biden Invokes Cold War Statute to Boost Critical Mineral Supply', *New York Times*, 31 March 2022, https://www.nytimes.com/ 2022/03/31 /business/ economy Ibiden-minerals-defense-production-act. html; battery costs: https://about.bnef.com/blog/ battery-pack-prices-citedbelow-100-kwh-for-the-first-time-in-2020-while-market-average-sits-at- 137-kwh/.

18. 解除製造

1 Neil Munshi, 'Belgium's reckoning with a brutal history in Congo', *Financial Times*, 13 November 2020, https://www.ft.com/content/ a17b87ec-207d-4aa 7-a839-8e17153bcf 51.

2 USGS, *Mineral Commodity Summaries 2022* (US Geological Survey, 2022).

3 John Higginson, *A Working Class in the Making: Belgian Colonial Labor Policy, Private*

Enterprise, and the African Mineworker, 1907-1951 (University of Wisconsin Press, 1989).

4 'Managing impact in Hoboken', Umicore, 17 March 2021, https://www.umicore.com/ en/ newsroom/ news/ managing-impact-in-hoboken/.

5 T.E. Graedel et al., *Recycling Rates of Metals: A Status Report* (United Nations Environment Programme, 2011).

6 IEA, *World Energy Outlook 2022*.

結論

1 J. Doyne Farmer and François Lafond, 'How Predictable Is Technological Progress?', *Research Policy* 45/ 3 (1 April 2016): pp. 647-65.

2 Data collected by John C. McCallum, https://jcmit.net/index.htm.

3 Azeem Azhar, *Exponential: Order and Chaos in an Age of Accelerating Technology* (Cornerstone Digital, 2021).

4 Smil, 'What We Need to Know'.

5 UK historical electricity generation data: https://www.gov.uk/ government/ statistical-data-sets /historical-electricity-data.

6 Data from the International Energy Agency.

7 Mark P. Mills, 'The Hard Math of Minerals', *Issues in Science and Technology*, 27 January 2022, https: //issues.mg/ environmental-economic-costs-mineralssolar-wind-batteries-mills/; copper data from Gait, 'Copper and the Green Economy'; prediction about future copper demand from *The Future of Copper: Will the looming supply gap short-circuit the energy transition?* (IHS Market/S&P Global, 2022).

8 Smil, *How the World Really Works*.

9 Zoltan Pozsar, 'War and Industrial Policy', Credit Suisse, 24 August 2022.

10 Diane Coyle, GDP: *A Brief but Affectionate History* (Princeton University Press, 2015); Pozsar, 'War and Industrial Policy'.

11 典型的巴拿馬型貨櫃船可運載略多於五千個 TEU（貨櫃），計算得出約為七萬噸，而英國商船隊的總運力為六萬八千噸。Yuval Noah Harari, 'Lessons from a Year of Covid', *Financial Times*, 26 February 2021.

12 Smil, *How the World Really Works*, p. 51; Gait, ' Why Isn't the Price of Copper US$24,ooo/t'.

參考書目

本書對原料世界的探索充其量只能算稍窺皮毛，但好消息是，你若有興趣深耕，這裡為你準備了豐富的閱讀材料。不過我得根據自己的經驗提出唯一的警告：這種東西極能讓人上癮。你會在不知不覺間墜入鋁生產、氫化裂解，或矽晶錠的「蟲洞」（wormhole）深淵，無法自拔。不過如果你願意冒險，可以嘗試從幾個地方著手。

如果你把這本書精煉成人形，結果或許是一位像瓦克拉．史密爾一樣的人物。史密爾是捷克科學家，目前任教於加拿大明尼托巴大學（University of Manitoba）。這本書有許多地方以他的研究為參考依據，如果你想知道得更多，無論是肥料或鋼的歷史，還是從古到今的人類使用能源曲線，你能在他的作品中找到大部分答案。下文會列舉許多他的著作。或許可以用他在二〇二二年發表的《*How the World Really Works*》作為這篇書目的開場。本書的另一重要主題——我們所謂工業革命其實是一場能源革命——有許多來自已故作家東尼．雷格利（Tony Wrigley）。雷格利的二〇一〇年著作《*Energy and the English Industrial Revolution*》，改變了有關這個主題的思考。「能」真的就是一切；對原料世界的探討愈深，我愈能領悟這話的真實。想了解這個主題，理查・羅德（Richard Rhodes）的《*Energy: A Human History*》是絕佳的入門讀物。

如果你對材料學有興趣，高登（J.E. Gordon）的《*The New Science of Strong Materials*》是很好的切入點。從伊凡・阿馬托（Ivan Amato）的《*Stuff*》與史蒂芬・薩斯（Stephen Sass）的《*The Substance of Civilization*》，到馬克・米奧杜尼（Mark Miodownik）的《*Stuff Matters*》，極好的相關科普書籍很多。約翰・布羅尼（John Browne）的《*Seven Elements That Have Changed the World*》也是很有用的讀物。如果你有興趣深入探討特定原料世界，以下是我的一些建議。

砂

有兩本有關砂的絕佳著述——麥克・威爾蘭（Michael Welland）的《*Sand: The Never-Ending Story*》，以及文斯・貝瑟（Vince Beiser）的《*The World in a Grain*》。想了解玻璃在人類發展過程中占有的核心地位，可以閱讀葛里・馬丁（Gerry Martin）與亞蘭・麥法蘭（Alan Macfarlane）所著《*The Glass Bathyscaphe*》。不過如果你要找的是一種比較偏向科學性的讀物，賽斯・拉斯姆森（Seth Rasmussen）的《*How Glass Changed the World*》值得一讀。有關混凝土的科學與實用性書籍很多，不過如果你想綜觀全局，羅伯・庫蘭（Robert Courland）的

《*Concrete Planet*》是首選。但有了那種初步認識之後，或許你想進一步深入探討營造世界，在這種情況下，我推薦比爾・艾迪斯（Bill Addis）的《*Building*》。這是一本所謂「咖啡桌書籍」，值得珍藏的讀物，或許直到今後許多年，閒來無事，你還會津津有味地翻閱它。我在撰寫有關矽晶片那一章時，發現可以參考的有關半導體製作方面的書籍少得出奇。瓊・傑納（Jon Gertner）的《*The Idea Factory*》對早期貝爾實驗室有關晶圓的研究有非常精采的論述。此外，厄尼斯・布隆（Ernest Braun）與史都華・麥唐納（Stuart MacDonald）在一九七八年發表的《*Revolution in Miniature*》也是了不起的作品。之後，就在我交出定稿之前不久，克里斯・米勒（Chris Miller）的鉅作《晶片戰爭》（*Chip War*）問世，我們終於有了一本真正關於半導體的書。如果矽供應鏈之旅激起你的興趣，你知道去哪裡找你要讀的東西了。

鹽

有關鹽有兩本「一般興趣」的好書，皮耶・拉茲洛（Pierre Laszlo）的《*Salt: Grain of Life*》與馬克・庫蘭斯基（Mark Kurlansky）的權威之作《*Salt: A World History*》，但探討鹽與化學劑這類特定主題的好文與好書多得不勝枚舉。想深入探討氯化鈉的歷史，可以選讀沙穆爾・艾德希德（Samuel Adshead）的《*Salt and Civilization*》。想了解智利 caliche 鹽的故事，湯瑪斯・哈格爾（Thomas Hager）的《*The Alchemy of Air*》可能是最適合的切入點，書中對費里茲・哈伯（合成氮肥發明人）的悲劇故事也有很精采的描述。班哲明・拉巴圖（Benjamin Labatut）的《*When We Cease to Understand the World*》，雖是一本討論各種科學真相、半虛構的書，或許不能告訴你太多有關高壓製造技術的東西，但它的第一章（內容九九％精確）對哈伯一生有最詩情畫意的描繪。

鐵

本書有關鐵與銅的討論，許多地方取材自馬丁・林奇（Martin Lynch）的礦業演進史大作《*Mining in World History*》。瓦克拉・史密爾的《*Still the Iron Age*》對了解煉鋼這個特定主題很有幫助，而羅傑・奧斯邦（Roger Osborne）的《*Iron, Steam & Money*》能引領你讀完英國工業革命的故事。史蒂芬・科金（Stephen Kotkin）在《*Magnetic Mountain*》中，對史達林的熱中鋼鐵以及因鐵礦而生的那個城市有非常精采的描述。本書有關鐵的後半段討論，特別是有關鋼鐵未來的部分，得力於朱利安・奧伍德（Julian Allwood）與喬納森・庫蘭（Jonathan Cullen）所著《*Sustainable Materials: With Both Eyes Open*》之處甚多。你可以從劍橋大學網站免費下載這本書。心動不如行動，現在就下載，你不會後悔。

銅

本書涉及電氣革命、有關銅的前段討論，來自三本書：羅伯・卡洛（Robert Caro）的「林登・詹森（Lyndon B. Johnson）傳」第一冊《*The Path to Power*》，湯瑪斯・帕克・休斯（Thomas Parke Hughes）的《*Networks of Power*》，以及理查・彭斯（Richard Pence）的《*The Next Greatest Thing*》。《*The Next Greatest Thing*》由國家農村地區電氣合作協會（National Rural Electric Cooperative Association）出版，討論早期農村地區電力網路。有關湯瑪斯・愛迪生的傳記很多，最近的一本出自愛德蒙・摩里斯（Edmund Morris）之手。但有關這場電氣系統之戰——銅的珍稀，是決定這場戰役勝負的部分關鍵——最精采的著作，首推吉爾・瓊斯（Jill Jonnes）的《*Empires of Light*》。想了解更多有關銅本身的資訊，可以參考蘇珊與巴里・高定（Suzanne and Barry Golding）的《*Metals, Energy and Sustainability: The Story of Doctor Copper and King Coal*》。這本書對丘基卡馬塔那個大坑有更詳盡的描繪。保羅・沙賓（Paul Sabin）的《*The Bet*》，討論了保羅・艾利克與朱利安・賽門那場「馬爾薩斯論」與「豐饒論」之間的交鋒。有關深海採礦的問題還找不到相關著述，不過，當然了，這一切在很大程度上取決於深海採礦能不能成為一種商業現實。

石油

談到石油的故事，丹尼爾・耶爾金（Daniel Yergin）的《*The Prize*》是必讀之作。如果你對現代史有興趣，趕快找來看絕錯不了，你若對能源有興趣，就更加不必說了。葛雷格・朱克曼（Greg Zuckerman）的《*The Frackers*》對頁岩革命有極佳的描述。瓦克拉・史密爾的《*Natural Gas: Fuel for the 21st Century*》對甲烷有更多細節性討論。無論地緣政治難度如何，未來幾十年我們都將仰賴甲烷。直到目前為止，就我所知最能幫「正常人」了解煉油的書，是威廉・雷夫勒（William Leffler）的《*Petrol Refining in Nontechnical Language*》。若是沒有這本書，我永遠不可能在煉油廠那些義大利麵也似的輸油管叢林中進出。蘇珊・福蘭凱（Susan Freinkel）的《*Plastic: A Toxic Love Story*》很適合初次接觸石化故事的讀者，威廉・黎德（William Reader）有關帝國化學工業公司歷史的兩冊著述，對許多重要原物料有非常詳盡的記述。如果有任何人想寫一本有關帝國化工之後式微的書，至少我會是你的現成讀者。

鋰

毫無疑問，未來幾十年會出現許多有關鋰與電池化學的好書，但在寫這本書時，賽斯・福雷契（Seth Fletcher）的《*Bottled Lightning*》與史蒂夫・雷文（Steve LeVine）的《*The Powerhouse*》是既有作品中最強有力的兩本書，不過亨利・桑德森（Henry Sanderson）於二〇二二年發表的《*Volt Rush*》，對我們日後發電需要的材料與原料開採，有更詳細、更多采多姿的描繪。如果你想知道更多有關特斯拉以及它雲霄飛車式崛起的故事，可以閱讀提姆・希金斯（Tim Higgins）的《*Power Play*》。我在最後一章有關鋰的討論中，雖說只是不經意地提到剛果，但我還是要推薦亞當・霍希德（Adam Hochschild）的《*King Leopold's Ghost*》。這本書討論的年代雖在剛果銅礦與鈾礦貿易年代以前，但對於這個曾經偉大的非洲國家如何因倒行逆施而沒落，有非常精闢的解說。

以下是我在撰寫本書時使用的參考書書單。不過還有許多學術研究報告與論文無法一一在書單中詳列。想查閱所有有關資料，可以上 www.edmundconway.com/ material-world-bibliography 搜尋。

Abraham, D.S., *The Elements of Power: Gadgets, Guns, and the Struggle for a Sustainable Future in the Rare Metal Age* (Yale University Press, 2015)

Addis, B., *Building: 3,000 Years of Design, Engineering and Construction* (Phaidon, 2007)

Adriaanse, A. and World Resources Institute (eds), *Resource Flows: The Material Basis of Industrial Economies* (World Resources Institute, 1997)

Adshead, S.A.M., *Salt and Civilization* (Palgrave Macmillan, 1992)

Aftalion, F., *History of the International Chemical Industry* (Chemical Heritage Foundation, 1992)

Allen, RC., *The British Industrial Revolution in Global Perspective* (Oxford University Press, 2009)

Allwood, J.M. and Cullen, J.M., *Sustainable Materials: With Both Eyes Open* (UIT Cambridge, 2012)

Amato, I., *Stuff: The Materials the World Is Made Of* (Bard, 1998)

Azhar, A., *Exponential: Order and Chaos in an Age of Accelerating Technology* (Cornerstone Digital, 2021)

Barger, T.C., *Out in the Blue: Letters from Arabia 1937-1940* (Selwa Pr, 2000)

Beiser, V., *The World in a Grain: The Story of Sand and How It Transformed Civilization* (Riverhead, 2018)

Blakemore, H., *From the Pacific to La Paz: Antofagasta and Bolivia Railway Company, 1888-1988* (Imprint unknown, 1990)

Blas, J. and Farchy, J., *The World for Sale: Money, Power and the Traders Who Barter the Earth's Resources* (Cornerstone Digital, 2021)

Braun, E. and MacDonald, S., *Revolution in Miniature: The History and Impact of Semiconductor Electronics* (Cambridge University Press, 1978)

Browne, J., *Seven Elements That Have Changed the World: Iron, Carbon, Gold, Silver, Uranium, Titanium, Silicon* (W &N, 2014)

Callister, W.D. and Rethwisch, D.G., *Materials Science and Engineering: An Introduction* (Wiley, 2010)

Carlson, W.B., *Tesla: Inventor of the Electrical Age* (Princeton University Press, 2013)

Caro, RA., *The Path to Power: The Years of Lyndon Johnson* (The Bodley Head, 2019)

Chang, J. and Halliday, J., *Mao: The Unknown Story* (Vintage Digital, 2012)

Coggan, P., *More: The 10,000-Year Rise of the World Economy* (Economist, 2020)

Cohen, J.-L. and Martin, G., *Liquid Stone: New Architecture in Concrete* (Princeton Architectural Press, 2006)

Copeland, D.C., *Economic Interdependence and War* (Princeton University Press, 2014)

Courland, R, *Concrete Planet: The Strange and Fascinating Story of the World's Most Common Man-Made Material* (Prometheus, 2011)

Coyle, D., *The Weightless World: Strategies for managing the digital economy* (Capstone, 1997)

Coyle, D., *GDP: A Brief but Affectionate History* (Princeton University Press, 2015)

Crathorne, N., Eliot (Baroness of Harwood), K. and Dugdale, J., *Tennant's Stalk: The Story of the Tennants of the Glen* (Macmillan, 1973)

Dartnell, L., *The Knowledge: How to Rebuild our World from Scratch* (The Bodley Head, 2014)

Dartnell, L., *Origins: How the Earth Shaped Human History* (Vintage Digital, 2019)

Edgerton, D., *The Shock of the Old: Technology and Global History Since 1900* (Profile, 2008)

Ehrlich, P.R., *The Population Bomb* (Ballantine, 1989)

Fletcher, S., *Bottled Lightning: Superbatteries, Electric Cars, and the New Lithium Economy* (Hill & Wang, 2011)

Freinkel, S., *Plastic: A Toxic Love Story* (Mariner, 2011)

Friedel, R. and Israel, P.B., *Edison's Electric Light: The Art of Invention* (Johns Hopkins University Press, 2010)

Gates, B., *How to Avoid a Climate Disaster: The Solutions We Have and the Breakthroughs We Need* (Penguin, 2021)

Gertner, J., *The Idea Factory: Bell Labs and the Great Age of American Innovation* (Penguin, 2013)

Golding, B. and Golding, S.D., *Metals, Energy and Sustainability* (Springer, 2017)

Gordon, J.E., *The New Science of Strong Materials: Or Why You Don't Fall Through the Floor* (Penguin, 1991)

Gordon, R.J., *The Rise and Fall of American Growth: The U.S. Standard of Living since the Civil War* (Princeton University Press, 2017)

Guevara, E.C., *The Motorcycle Diaries, trans. Che Guevara Studies Center* (Penguin, 2021)

Gustafson, T., *Wheel of Fortune: The Battle for Oil and Power in Russia* (Belknap Press of Harvard University Press, 2012)

Hager, T., *The Alchemy of Air: A Jewish Genius, a Doomed Tycoon, and the Scientific*

Discovery That Fed the World but Fueled the Rise of Hitler (Crown, 2008)

Hall, C.A.S. and Klitgaard, K., *Energy and the Wealth of Nations* (Springer, 2018)

Hartcup, G., *War of Invention* (Brassey's, 1988)

Haskel, J. and Westlake, S., *Capitalism without Capital: The Rise of the Intangible Economy* (Princeton University Press, 2017)

Hecht, J., *City of Light: The Story of Fiber Optics* (Oxford University Press, 1999)

Higgins, T., *Power Play: Elon Musk, Tesla, and the Best of the Century* (WH Allen, 2021)

Higginson, J., *A Working Class in the Making: Belgian Colonial Labor Policy, Private Enterprise, and the African Mineworker, 1907-1951* (University of Wisconsin Press, 1989)

Hochschild, A., *King Leopold's Ghost: A Story of Greed, Terror and Heroism in Colonial Africa* (Picador, 2019)

Hochschild, A., *To End All Wars: A Story of Protest and Patriotism in the First World War* (Picador, 2011)

Hughes, T.P.P., *Networks of Power: Electrification in Western Society, 1880-1930* (Johns Hopkins University Press, 1993)

Hyde, C.K., *Copper for America: The United States Copper Industry from Colonial Times to the 1990s* (University of Arizona Press, 2016)

Israel, P., *Edison: A Life of Invention* (Wiley, 1998)

Johnson, S., *How We Got to Now: Six Innovations That Made the Modern World* (Penguin, 2015)

Jones, R.A.L., *Soft Machines: Nanotechnology and Life* (Oxford University Press, 2007)

Jonnes, J., *Empires of Light: Edison, Tesla, Westinghouse, and the Race to Electrify the World* (Random House, 2004)

Joralemon, LB., *Romantic Copper: Its Lure and Lore* (D. Appleton-Century Co, 1934)

King-Hall, S., *A North Sea Diary, 1914-1918* (Forgotten Books, 2012)

Kotkin, S., *Magnetic Mountain: Stalinism as a Civilization* (University of California Press, 1997)

Kurlansky, M., *Salt: A World History* (Vintage, 2003)

Kynge, J., *China Shakes the World: The Rise of a Hungry Nation* (Weidenfeld & Nicolson, 2010)

Labatut, B., *When We Cease to Understand the World* (Pushkin Press, 2020)

Laszlo, P., *Salt: Grain of Life* (Columbia University Press, 2001)

LeCain, T.J., *Mass Destruction: The Men and Giant Mines That Wired America and Scarred the Planet* (Rutgers University Press, 2009)

Leffler, W.L., *Petroleum Refining in Nontechnical Language* (Penn Well, 2020)

Le Vine, S., *The Powerhouse: Inside the Invention of a Battery to Save the World* (Penguin, 2015)

Lynch, M., *Mining in World History* (Reaktion, 2003)

Martin, G. and Macfarlane, A., *The Glass Bathyscaphe: How Glass Changed the World* (Profile, 2011)

Mathews, J.A. and Cho, Dong-sung, *Tiger Technology: The Creation of a Semiconductor Industry in East Asia* (Cambridge University Press, 2010)

Matthews, E. (ed.), *The Weight of Nations: Material Outflows from Industrial Economies* (World Resources Institute, 2000)

McAfee, A., *More From Less: The Surprising Story of How We Learned to Prosper Using Fewer Resources -And What Happens Next* (Simon & Schuster, 2019)

McGrayne, S.B., *Prometheans in the Lab: Chemistry and the Making of the Modern World* (McGraw-Hill, 2001)

McMahon, D., *China's Great Wall of Debt: Shadow Banks, Ghost Cities, Massive Loans and the End of the Chinese Miracle* (Little, Brown, 2018)

McMurray, S., *Energy to the World: The Story of Saudi Aramco* (Aramco, 2011)

Meadows, D.H. et al., *The Limits to Growth* (Universe, 1972)

Miller, C., *Chip War: The Fight for the World's Most Critical Technology* (Simon & Schuster, 2022)

Miodownik, M., *Stuff Matters: The Strange Stories of the Marvellous Materials that Shape Our Man-made World* (Penguin, 2013)

Mokyr, J., *A Culture of Growth: The Origins of the Modern Economy* (Princeton University Press, 2018)

Morris, E., *Edison* (Random House, 2019)

Moxham, R., *The Great Hedge of India* (Constable, 2001)

Mumford, L., *Technics and Civilization* (University of Chicago Press, 2010)

Nephew, R., *The Art of Sanctions: A View from the Field* (Columbia University Press, 2018)

Norton, M.G., *Ten Materials That Shaped Our World* (Springer, 2021)

Norwich, J.J., *A History of Venice* (Penguin, 2003)

Osborne, R., *Iron, Steam & Money: The Making of the Industrial Revolution* (Pimlico, 2014)

Pence, P. (ed.), *The Next Greatest Thing* (National Rural Electric Cooperative Association, 1984)

Pilkey, 0.H. and Cooper, J.A.G., *The Last Beach* (Duke University Press, 2014)

Pitron, G., *The Rare Metals War: The Dark Side of Clean Energy and Digital Technologies* (Scribe Publications, 2020)

Plokhy, S., *The Gates of Europe: A History of Ukraine* (Penguin, 2015)

Pollan, M., *Omnivore's Dilemma: The Search for a Perfect Meal in a Fast-Food World* (Bloomsbury, 2009)

Rackham, 0., *Trees and Woodland in the British Landscape* (Orion, 2020)

Rasmussen, S.C., *How Glass Changed the World*, Vol. 3, Springer Briefs in Molecular Science (Springer, 2012)

Reader, W.J., *Imperial Chemical Industries: A History: Vols 1 and 2* (Oxford University Press, 1970)

Rhodes, R., *Energy: A Human History* (Simon & Schuster, 2018)

Ridley, M., *How Innovation Works* (Fourth Estate, 2020)

Sabin, P., *The Bet* (Yale University Press, 2013)

Sambrook, S.C., *The Optical Munitions Industry in Great Britain 1888 to 1923* (Routledge, 2016)

Sanderson, H., *Volt Rush: The Winners and Losers in the Race to Go Green* (Simon & Schuster, 2022)

Sass, S.L., *The Substance of Civilization: Materials and Human History from the Stone Age to the Age of Silicon* (Sky horse, 2011)

Shi, C., Krivenko, P. V. and Roy, D.M., *Alkali-activated Cements and Concretes* (Taylor & Francis, 2006)

Shurkin, J.N., *Broken Genius* (Palgrave Macmillan, 2008)

Smil, V., *Enriching the Earth: Fritz Haber, Carl Bosch, and the Transformation of World Food Production* (The MIT Press, 2000)

Smil, V., *Creating the Twentieth Century: Technical Innovations of 1867-1914 and Their Lasting Impact* (Oxford University Press, 2005)

Smil, V., *Making the Modern World: Materials and Dematerialization* (Wiley, 2013)

Smil, V., *Natural Gas: Fuel for the 21st Century* (Wiley, 2015)

Smil, V., *Still the Iron Age: Iron and Steel in the Modern World* (Butterworth- Heinemann, 2016)

Smil, V., *Energy and Civilization: A History* (The MIT Press, 2017)

Smil, V., *Oil: A Beginner's Guide* (Oneworld, 2017)

Smil, V., *How the World Really Works: A Scientist's Guide to Our Past, Present and Future* (Penguin, 2022)

Smith, A., *The Wealth of Nations* (Penguin, 2000)

Standage, T., *A Brief History of Motion: From the Wheel to the Car to What Comes Next* (Bloomsbury, 2021)

Thompson, H., *Disorder: Hard Times in the 21st Century* (Oxford University Press, 2021)

Watts, S., *The People's Tycoon: Henry Ford and the American Century* (Vintage, 2009)

Welland, M., *Sand: The Never-Ending Story* (University of California Press, 2009)

Winchester, S., *Exactly: How Precision Engineers Created the Modern World* (William Collins, 2018)

Wrigley, E.A., *Energy and the English Industrial Revolution* (Cambridge University Press, 2015)

Yergin, D., *The New Map: Energy, Climate, and the Clash of Nations* (Penguin, 2020)

Yergin, D., *The Prize: The Epic Quest for Oil, Money & Power* (Simon & Schuster, 2012)

Zuckerman, G., *The Frackers: The Outrageous Inside Story of the New Energy Revolution* (Penguin, 2013)

致謝

原料世界的故事有一個最精采、但也最具挑戰的重頭戲：這個地方不能切合任何既已存在的科學或文學類型。原料世界是一個地質學的故事，但它也涉及工程。這是一個有關歷史與經濟的故事，但它也論及材料科學與化學，更不用說物理學與生物學。簡言之，它是一個什麼都能沾上一點邊的大雜燴。但這也正是做為區區一個記者的我，竟敢講述這樣故事的最佳護身符。

寫這本書的樂趣之一是，它像是給了我一紙執照一樣，讓我有機會找上世界頂尖的專家，就世界如何真正運作的事提出一些傻問題。這本書是我與科學家、環保主義者、決策人士與商界領導人數以百計對話的成果，至於我與原料世界本身的居民——包括將這些原料轉換成產品的礦工與工程師——的互動，自然更不在話下。即便他們的名字沒有出現在書封上（或那些因為希望匿名，名字沒有出現在這篇致謝上），我希望這本書講述的，是他們的故事，而不是我的故事。

在寫這本書的過程中，承蒙以下許多人撥冗為我提供建議與構想，還不厭其煩地回答我的蠢問題，讓我非常感念：Julian Allwood、Justin Baring、Tom Bide、Nigel Bouckley、Flo Bullough、Tom Butler、Diane Coyle、Django Davidson、Stefan Debruyne、Athene Donald、David Edgerton、Simon Evans、Andrew Fulton、Paul Gait、Ben Goldsmith、Ben Gordon、Sarah Gordon、Andy Haldane、Reiner Haus、Andrew Heald、Neil Hume、Michael Lodge、David Mapstone、Brian Menell、Chris Miller、Simon Moores、Bram Murton、Malcolm Penn、Jose Ignacio Perez、Simon Price、Andrew Rabeneck、Caspar Rawles、Matt Ridley、Vaclav Smil、Jonathan Spencer、Judy Stevenson、Ricky Tite、Frances Wall、Giles Wilkes 等等。我要特別向 Jamie Bell、Andrew Bloodworth、Richard Davies、Richard Jones 與 Rob West 等幾位申致謝忱，感謝你們幫我審閱本書初稿，為我提供必不可少的建議與更正。不過如果文中仍然有誤——鑒於原料世界題材如此廣泛，如果竟能不出差錯會讓我稱奇——當然一切責任唯我是問。

寫這本書的構想真正起源於我與我的經紀人 Jonathan Conway 的一次交談。我們同姓，雖不是親戚，但是多年老友，現在又因這本書，我們的關係更加非比尋常。我希望他能像我一樣，也以這本書為傲。非常非常感謝 Jamie Joseph 以及我在 WH Allen 與 Ebury 的同事，幫我把我那些雜亂不文的初稿整理成……一本書。我要感謝我的公司「天空新聞」，特別是我的老闆John Ryley與Jonathan Levy，甚至在我們記憶所及新聞界最忙碌的一段歲月還給我時間，支持我寫這本書。我也要向不得不在莫名其妙之間，採訪煉油與製鹽機制這類冷門議題的同事們致上我的謝意與歉意。我希望你如果讀到這裡，能了解這一切究竟是怎麼回事。最重要的，我得感謝我的家人。

謝謝妳，Eliza，妳是我畢生之愛，我的靈感與快樂的來源，我的第一位、也是最敏銳的一位讀者。謝謝妳們，我的女兒，忍受一位成天忙著寫作、沒時間陪妳們去海灘或公園遊玩的父親。每在結束地底或海上之行返家時，我總怕帶回來的紀念品——那些石塊與土，那些晶體與奇怪的粉末——會讓妳們大失所望。在看到妳們以如此驚豔、如此喜不自勝地把玩它們，總能提醒我這本書真正的精髓所在：看似單純的原料其實充滿魔力。事實證明，這是最發人深省的教訓。

國家圖書館出版品預行編目 (CIP) 資料

供應鏈戰爭 : 砂、鹽、鐵、銅、鋰、石油的戰略價值 / 埃德 . 康威 (Ed Conway) ;
譚天譯 . -- 第一版 . -- 臺北市 : 遠見天下文化出版股份有限公司 , 2023.11
面 ; 公分 . -- (財經企管 ; BCB819)

譯自 : Material world : a substantial story of our past and future

ISBN 978-626-355-513-6 (平裝)

1.CST: 供應鏈管理 2.CST: 自然資源 3.CST: 地緣政治

494.5 112019255

財經企管 BCB819

供應鏈戰爭 砂、鹽、鐵、銅、鋰、石油的戰略價值
Material World: A Substantial Story of Our Past and Future

作者 — 埃德・康威（Ed Conway）
譯者 — 譚天

總編輯 — 吳佩穎
責任編輯 — 張立雯
封面設計 — 張議文
內頁排版 — 芯澤有限公司

出版者 — 遠見天下文化出版股份有限公司
創辦人 — 高希均、王力行
遠見・天下文化 事業群榮譽董事長 — 高希均
遠見・天下文化 事業群董事長 — 王力行
天下文化社長 — 王力行
天下文化總經理 — 鄧瑋羚
國際事務開發部兼版權中心總監 — 潘欣
法律顧問 — 理律法律事務所陳長文律師
著作權顧問 — 魏啟翔律師
社址 — 台北市 104 松江路 93 巷 1 號 2 樓
讀者服務專線 —（02）2662-0012 ｜傳真 —（02）2662-0007；2662-0009
電子郵件信箱 — cwpc@cwgv.com.tw
直接郵撥帳號 — 1326703-6 號 遠見天下文化出版股份有限公司

製版廠 — 中原造像股份有限公司
印刷廠 — 中原造像股份有限公司
裝訂廠 — 中原造像股份有限公司
登記證 — 局版台業字第 2517 號
總經銷 — 大和書報圖書股份有限公司｜電話 — (02)8990-2588
出版日期 — 2023 年 11 月 30 日第一版第 1 次印行
2024 年 4 月 4 日第一版第 4 次印行

定價 — NT650 元
ISBN — 978-626-355-513-6
EISBN — 9786263555105（EPUB）；9786263555112（PDF）
書號 — BCB819
天下文化官網 — bookzone.cwgv.com.tw